农户畜禽饲料配制技术丛书

奶牛饲料科学配制与应用

主 编

张 力 陈桂银

编著者

张 力 陈桂银 刘海霞
任善茂 刘俊栋

U0298216

金盾出版社

内 容 提 要

本书综合了国内外有关奶牛营养与饲料方面的研究成果,主要介绍奶牛常用饲料原料及营养特性、常用饲料添加剂作用及其使用技术、配合饲料及其配合技术和奶牛饲养常用的粗饲料的青贮技术、微贮技术,以及奶牛常见疾病的诊治技术等内容。在奶牛全价饲料配方选辑中全面收集了国内奶牛典型饲料配方,部分配方是经过实践验证,且使用效果良好,具有较强的针对性、实用性。本书通俗易懂,实用性强,适合于奶牛养殖场(户)、饲料加工厂和农业技术推广人员使用。

图书在版编目(CIP)数据

奶牛饲料科学配制与应用/张力,陈桂银主编 . —北京:金盾出版社,2007.6
(农户畜禽饲料配制技术丛书)
ISBN 978-7-5082-4447-1

Ⅰ. 奶… Ⅱ. ①张…②陈… Ⅲ. 乳牛-饲料-配制
Ⅳ. S823.95

中国版本图书馆 CIP 数据核字(2007)第 004690 号

金盾出版社出版、总发行
北京太平路 5 号(地铁万寿路站往南)
邮政编码:100036 电话:68214039 83219215
传真:68276683 网址:www.jdcbs.cn
封面印刷:北京精美彩色印刷有限公司
正文印刷:北京蓝迪彩色印务有限公司
装订:北京蓝迪彩色印务有限公司
各地新华书店经销
开本:787×1092 1/32 印张:9.625 字数:216 千字
2008 年 9 月第 1 版第 2 次印刷
印数:13001—24000 册 定价:15.00 元
(凡购买金盾出版社的图书,如有缺页、
倒页、脱页者,本社发行部负责调换)

序

20世纪80年代以来,我国各地农村如雨后春笋般地发展起一大批养殖专业户,并在现代化养殖场的示范带动和新兴饲料工业的有力支持下,逐渐步入商品化养殖业范畴,成为发展农村经济强有力的支柱产业,成为我国养殖业的重要组成部分。

饲料占养殖业成本的60%以上,饲料的科学配制对满足畜禽营养需要、发挥其生产潜力、提高饲料转化效率和养殖效益具有举足轻重的作用。不仅如此,人们越来越看重的是,通过饲料的科学配制,生产优质、安全的畜禽产品;同时,减轻养殖业对环境的污染,保护人类和动物共同的生存环境。

当前我国饲料工业的规模、布局和生产的饲料系列,尚不能完全满足各种类型养殖户的需求。一方面在现阶段生产的饲料系列中,按畜禽种类区分很不平衡,猪料约占总产量的45%,禽料占40%,而牛羊等草食家畜的饲料产品仅占5%左右,且主要是奶牛料;另一方面众多的小型饲料厂,普遍存在着配方设计不科学或检控不严格或产量质量不稳定的问题。因此,一些农村养殖户希望用自产的或当地购买的廉价饲料原料自配全价饲料。其中部分养殖户期望采用简单的替代,应用已有的配方配制全价料,并希望在此方面能获得相应的技术指导。为满足这些读者的需求,金盾出版社组织一批资深的专家、教授,策划、编写、出版这套"农户畜禽饲料配制技术丛书",包括《猪饲料科学配制与应用》、《奶牛饲料科学配制与应用》、《肉牛饲料科学配制与应用》、《羊饲料科学配制与应用》、

《鸡饲料科学配制与应用》、《家兔饲料科学配制与应用》、《肉鸽鹌鹑饲料科学配制与应用》等七个分册。考虑到当前多数农村条件下尚不具备微机，或本丛书的主要读者一时还难掌握这方面的技术，这套"丛书"主要介绍手工设计配方的方法，并以此为基础介绍配方中原料替代的原则与方法。与机配法相比，手工方法不可能反复多次地计算，很难配出成本最低的优化配方，但它是最基本的设计配方的方法，也是进一步学习机配法的基础。饲养标准和按标准生产出的全价饲料（或浓缩料），凝聚了动物营养科学与饲料科学的基本原理与最新研究成果，认真地学习和了解这些方面的内容，才能使配方设计、饲料配制或替代较为合理与得心应手，因而这套"丛书"的各分册均用一定篇幅介绍了有关的基本理论与基础知识。同时，配制出符合畜禽需要的全价饲料后，还必须采用科学的饲喂与管理方法，方能充分发挥饲料的作用，获得高的生产与经济效益，为此，"丛书"各分册均介绍了相应的饲养管理技术。

饲料科学配制也是在不断发展和提高的，需要持续地进行知识充实与更新。限于本"丛书"编者已有基础和继续教育的水平，以及对读者要求理解的差距，在所写内容及深度方面可能存在不妥，错误之处也在所难免。敬请读者给予批评指正，以便再版时做相应修改。

郝正里

2005 年 7 月

前　言

　　进入 21 世纪以来的几年时间里,我国的奶业出现了前所未有的大发展。2005 年,全国奶类总产量达 2 864.8 万吨,人均奶类占有量为 21.7 千克,奶牛存栏 1 216.1 万头,分别比 2000 年增长 2.1 倍、2 倍和 1.5 倍。但与世界人均 70 千克奶的消费水平相比有相当大的差距。随着人们物质生活水平的逐步提高,对鲜奶和奶制品需求将会不断增加,奶业发展的空间和潜力仍然很大。

　　近年来,由于政府的推动和奶类消费热潮的兴起,奶和奶制品正在成为我国城市居民每天消费的生活必需品,有力地刺激了奶业生产的快速发展,极大地促进了城郊农民饲养奶牛的积极性。各级农业部门、广大农民和农业企业,看好奶业的发展前景,纷纷筹资饲养奶牛和进行奶制品加工以及奶牛饲料的开发与生产。有不少养殖户通过饲养奶牛脱了贫、致了富。但总体来说,我国奶牛养殖还处于初级阶段,饲养规模小,种质参差不齐,养殖方式比较粗放,饲养管理技术不规范。奶牛饲养的成本 60%～70% 来自于饲料,但是许多养殖场户缺乏必要的奶牛营养与饲料科学配制的知识,奶牛营养问题较多,营养代谢疾病多,饲料、饲草生产和加工体系建设滞后,缺乏优质青绿饲料。许多奶牛饲养场户饲料搭配极不科学,全价配合饲料的数量和品质不适应生产发展的需求,极大地限制了奶牛生产潜力的发挥,产奶量和牛奶质量低下,造成很大的经济损失。

　　要达到先进生产力水平,需要采用先进的科学技术。本书参考了国内外大量资料和最新研究成果,结合国内的生产实际,围绕奶牛健康养殖,提高牛奶产量和质量,增加经济效益的生产目的,对奶牛饲料科学配制与加工调制进行论述,并针对各种精饲料原料和粗饲料原料以及加工副产品的糟渣类原料列举了大量配方,供奶牛养殖者参考。介绍了目前市场上销售的各种奶牛饲料添加剂的科学使用知识,常见奶牛营养代谢疾病的防治等方面的内容,对奶牛养殖户有较好的指导作用。

由于笔者水平有限,编写时间仓促,难免有不妥之处,敬请读者批评指正。

张 力

2006 年 1 月

目　录

第一章 奶牛饲料分类、营养特点与作用

奶牛饲料是根据奶牛饲养标准中所规定的各种营养物质的种类、数量和奶牛的不同生理要求与生产水平,选用合适的饲料原料,以适当比例配制而成的。通过科学配制,使各种营养成分互相弥补,营养全面,满足奶牛的营养需要,提高饲料的适口性和利用率,避免饲养过程中的饲料浪费,充分发挥奶牛的生产潜力。

第一节 奶牛饲料分类

根据国际饲料命名及分类原则,按饲料特性可将饲料分为粗饲料、青绿饲料、青贮饲料、能量饲料、蛋白质饲料、矿物质饲料、维生素饲料、添加剂饲料等八大类。这些饲料的特点是营养成分含量不平衡,仅靠某种单一饲料不能满足奶牛的生产需要。

第二节 粗 饲 料

粗饲料指干物质中粗纤维含量在 18% 以上,并以风干物质为饲喂形式的一类饲料。包括干草、农作物秸秆、藤蔓、秕壳、荚壳、糟渣等。

一、粗饲料的营养特点

这类饲料容积大,可消化养分少,粗纤维多,富含钠及维生素,故具有填充瘤胃、刺激瘤胃壁以保持其正常的消化功能和供应能量、提高乳脂率等生理作用,是饲养奶牛的最基本饲料。

二、常用的粗饲料

(一)牧草干草类饲料 牧草或青草在适宜的生长期,刈割下来晒干或烘干所得的一类饲草。它是奶牛不可缺少的主要粗饲料。制备良好的干草仍保留一定的青绿颜色,所以称为青干草。优良的青干草营养成分保存良好,气味芳香,适口性好,可以取代部分精饲料。但劣质干草却与农作物秸秆差不多。干草的营养价值取决于制作它们的原料植物的种类、生长阶段及调制技术。

抽穗期的禾本科牧草、孕蕾期的豆科牧草或始花期的豆科和禾本科混播牧草都可以晒制成富有营养价值的优质干草。也就是说,这些牧草在上述生长阶段收刈做青干草最为适宜。过早收刈,不利于干物质形成;过迟则营养物质含量、营养价值降低,尤其是粗纤维增加,造成消化率下降。另外,胡萝卜素、维生素 B 的含量也随着植物成熟而降低,但维生素 D 例外,它在太阳晒制过程中含量增加。据研究,在牧草成熟晚期之后每延迟收获 1 天,可使干草的营养价值损失 1%。

调制技术对干草品质也有较大影响。地面晒干法调制干草由于干燥过程缓慢,植物分解与破坏过程持续过久,因而使营养损失过多。采用草架或棚内干燥的方法,虽比地面干燥法制得的干草质量高,但保存青草原料的营养仍不多。因此,国外普遍利用各种能源来进行青绿饲料的人工脱水干制,这种方法中有的几乎可以完全保存青饲料的营养价值。人工干制的干草俗称人工干草,人工干制法有低温与高温的不同,低温法可以采用45℃～50℃的温度在小室内停留数小时使青料干燥;高温法则是采用500℃～1000℃的热空气脱水6～10秒即可干燥完毕。这两种方法的最后产品中含水量为5%～10%。高温可以破坏青草中的维生素C,但奶牛自身可以合成这种维生素,故无关紧要。至于胡萝卜素,在良好的人工干草中破坏常不超过10%。人工干草的惟一缺点是缺乏维生素D。

1. 豆科青干草 是奶牛的主要粗饲料,如苜蓿、三叶草、草木樨、苕子、大豆干草、红豆草等,这类干草营养价值较高,蛋白质含量较高,为10%～19%,富含钙和胡萝卜素及其他矿物质。奶牛日粮中配合一定数量的豆科干草,可以弥补饲料中蛋白质数量与质量方面的不足。如用豆科青干草和玉米青贮饲料搭配饲喂奶牛,可以减少精料用量。

2. 禾本科青干草 如羊草、冰草、黑麦草等。这类干草来源广,数量大,适口性好,是奶牛的优质粗饲料。禾本科青干草一般含钙和粗蛋白质较少,和豆科青干草搭配使用效果更好。

(二)秸秆与秕壳类饲料 这类饲料是指农作物在籽实成熟后,收获籽实后所剩余的副产品。脱粒后的作物秸秆、藤蔓和附着的干叶统称为秸秆;籽实外皮、荚壳、颖壳等称为秕壳。

秸秕饲料营养特性可归纳为四点:第一,粗纤维含量高,干物质中粗纤维含量在30%～50%之间,其中木质素比例大,一般为6.5%～12%,适口性差,消化率低,能量价值也低;第二,蛋白质含量很低,粗蛋白质的含量为2%～8%,并且蛋白质品质差,缺乏必需氨基酸,豆科作物较禾科作物要好些;第三,矿物质含量高,其中大部分为硅酸盐,钙、磷含量低,且钙磷比例不适宜;第四,维生素缺乏,除了维生素 D 以外,其他维生素都很缺乏,尤其缺少胡萝卜素。

1. 秸秆饲料 各类秸秆的营养价值差别很大,一般来说豆科秸秆稍高于禾本科。

(1)谷草 谷草的营养价值在禾本科秸秆类饲料中居首位,相当于品质中下等的干草。质地柔软厚实,营养丰富,可消化粗蛋白质和可消化总养分均较麦秸、稻草高。是我国北方农区养牛的主要粗饲料。

(2)麦秸 麦类作物很多,主要包括有小麦、大麦、黑麦、燕麦和莜麦等,这类作物的秸秆以燕麦秸为最好,黑麦秸最差。而大麦秸又优于小麦秸,春小麦秸则比冬小麦秸好。麦秸用来饲喂奶牛,应以氨化或微贮处理为好。奶牛粗饲料中不能全部用麦秸,应该和优质干草搭配使用。

(3)稻草 稻草的营养价值优于麦秸,但低于谷草。奶牛粗饲料中不能全部用稻草,应该和优质干草搭配使用。牛对稻草的消化率在 50% 左右。

(4)玉米秸 刚收获的玉米秸饲用价值较高,在干燥与贮藏过程中,经风吹、日晒、雨淋,干物质损失严重,达 20% 甚至更高,特别是可溶性碳水化合物、粗蛋白质和维生素的损失更多。牛对玉米秸粗纤维的消化率在 65% 左右,对无氮浸出物的消化率在 60% 左右。青贮是保存玉米秸养分的有效方法,玉米青贮料是奶牛的常用粗饲料。

(5)豆秸 收获后的大豆、豌豆、豇豆、蚕豆等的茎叶,都是豆科作物成熟后的副产品,叶子大部分脱落,茎也木质化,但与禾本科秸秆比较,豆科秸秆的粗蛋白质含量和消化率都较高。在豆秸中,蚕豆秸和豌豆秸粗蛋白质含量最高,豌豆秸质地较其他豆秸为软,适口性好。

2. 秕壳类饲料 农作物在收获脱粒时,除分离出秸秆外还分离出许多包被籽实的颖壳、荚皮与种皮等。这些物质统称为秕壳。除稻壳、花生壳外,一般秕壳的营养价值略高于同一作物的秸秆。

(1)豆荚 最具代表性的就是大豆荚,是一种比较好的粗饲料。豆荚含无氮浸出物 12%～50%,粗纤维 33%～40%,粗蛋白质 5%～10%,营养价值较高。

(2)谷类皮壳 有稻壳、小麦壳、大麦壳、荞麦壳、高粱壳等。营养价值次于豆荚。稻壳营养价值很差,对牛消化能最低,适口性也差,大麦秕壳带有芒刺,易损伤口腔黏膜引起口腔炎。皮壳一般不做奶牛饲料。

(三)糟渣类饲料 这类饲料包括酿酒、制糖等工业性副产品,如啤酒糟、甜菜渣、酒糟、甘蔗渣、醋糟、酱油糟、豆腐渣等。这类饲料由于原料、加工工艺等的不同,其营养成分差别较大。糟渣类饲料一般含粗纤维较高,粗蛋白质因其各自的原料不同而有很大差异;这部分饲料对于单胃动物其消化利用率并不是很高。而对奶牛来讲,由于它有庞大的瘤胃,消化吸收率要比单胃动物高。这类饲料喂牛时,宜与青干草、精饲料混合饲喂,不可大量单纯喂给糟渣类饲料,以免引起消化不良或发生消化道疾病。

第三节 青绿饲料

青绿饲料是指水分含量在 45% 以上的新鲜栽培牧草和草原牧草、野青草、叶菜及水生植物类、根茎类、新鲜藤蔓和青饲作物类等。

一、青绿饲料的营养特点

（一）粗蛋白质含量丰富，品质优良，生物学价值高　粗蛋白质含量一般占干物质重的 10%～20%，其特点是叶片中的含量较秸秆多，豆科比禾本科多。青绿饲料所含粗蛋白质品质较好，对奶牛生长、繁殖和泌乳都有良好的作用。因青绿饲料中所含的氨基酸较全面，所以蛋白质的生物学价值较高，其效价可达 80%。

（二）维生素含量丰富　青绿饲料中含有大量的胡萝卜素，每千克为 50～80 毫克，高于其他饲料。此外，青饲料中还含有丰富的维生素 B_1、烟酸等 B 族维生素，以及较多的维生素 E、维生素 C 和维生素 K 等。

（三）钙、磷含量差异较大　按干物质计，青绿饲料的钙含量为 0.2%～2%，磷为 0.2%～0.5%。豆科植物的钙含量高，青饲料中的钙、磷多集中于叶片内。叶片所占干物质的百分比随着植物的成熟程度提高而下降。

（四）无氮浸出物含量较多，粗纤维较少，容易被奶牛消化吸收　青草的粗纤维含量约占干物质的 30%，无氮浸出物含量占 40%～50%。良好的牧草中有机物消化率为 75%～85%。青绿饲料可视为奶牛的保健性饲料。

青绿饲料因其生长阶段不同，营养差异较大，如收获期掌握不当，将会影响其质量。收获过早，饲料幼嫩，含水量高，产量低，品质差；收获过晚，粗纤维含量高，消化率下降。一般以抽穗或开花前营养价值较高。因此，适期收割和合理利用是提高青绿饲料营养价值的有效措施。

二、常用的青绿饲料

（一）**紫花苜蓿**　俗称"苜蓿"，是世界上栽培最早的牧草，有"牧草之王"的美称。具有适应性广、产量高、品质好等优点，是奶牛最好最经济的饲料。一年种植可多年利用，每667平方米年产鲜草3000～4000千克，水肥条件较好时可达5000千克以上。

苜蓿的营养价值与收获时期关系很大，幼嫩苜蓿含水量较高，随着生长阶段的延长，纤维素含量增加，蛋白质含量减少。不同生长阶段苜蓿所含营养成分如表1-1。

表1-1　不同生长阶段苜蓿营养成分的变化

生长阶段	干物质（%）	占鲜重（%）						占干物质（%）				
		粗蛋白质	粗脂肪	粗纤维	无氮浸出物	灰分		粗蛋白质	粗脂肪	粗纤维	无氮浸出物	灰分
营养生长	18.0	4.7	0.8	3.1	7.6	1.8		26.1	4.5	17.2	42.2	10.0
花　前	19.9	4.4	0.7	4.7	8.2	1.9		22.1	3.5	23.6	41.2	9.6
初　花	22.5	4.6	0.7	5.8	9.3	2.1		20.5	3.1	25.8	41.3	9.3
1/2 盛花	25.3	4.6	0.9	7.2	10.5	2.2		18.2	3.6	28.5	41.5	8.2
花　后	29.3	3.6	0.7	11.9	10.9	2.2		12.3	2.4	40.6	37.2	7.5

按单位面积内营养物质产量计算，苜蓿最适宜的收刈时期是现蕾期至初花期，此时收获的苜蓿干物质、粗蛋白质产量均较高，植株再生能力强。在现蕾前收获蛋白质含量高，饲用价值大，但产量较低，对植株再生也不利。收获过迟，草质粗老，饲用价值低，且基部长出新枝，收获的青草老嫩不齐，影响干草调制。

苜蓿可与禾本科牧草混合饲喂,奶牛青饲时每天喂量为25～40千克。

(二)**红豆草** 与苜蓿一样,红豆草属豆科多年生牧草,是干旱半干旱地区很有前途的牧草,凡能栽种苜蓿的地方均可种植,故有"牧草皇后"之称。红豆草是奶牛的优质饲草,含有丰富的营养物质,除蛋白质外,还含有丰富的维生素和矿物质。红豆草的最大优点之一就是奶牛放牧时不得膨胀病。据研究,该草放牧时之所以不会导致奶牛发生膨胀病,主要是因为它在各个生育阶段均含有很高的浓缩单宁,能沉淀可溶性蛋白质。

(三)**三叶草** 三叶草常见的有白三叶和红三叶两种。红三叶是短期多年生牧草,一般利用年限为2～3年,属上繁草,是较好的放牧和青刈草;白三叶是优良的下繁草,耐践踏,放牧利用好,一般可利用7～8年。三叶草适口性好,营养价值高,干物质总产量随生育期而增高,开花期蛋白质含量最高,脂肪、碳水化合物含量变化不大,但碳水化合物以开花期为最多,纤维素随生长期延长而迅速增加。两种三叶草营养成分如表1-2所示。三叶草可用于与其他禾本科牧草混播,用于放牧奶牛;亦可收刈后用于调制青贮饲料。高产奶牛可从白三叶草地获得全部养分的65%以上。

表1-2 两种三叶草的营养成分 (%)

牧草名称	干物质	可消化蛋白质	总可消化养分	各种营养物质平均总含量						
				蛋白质	脂肪	纤维素	可溶性碳水化合物	矿物质	钙	磷
红三叶	27.5	3.0	19.1	4.1	1.1	8.2	12.1	2.0	0.46	0.07
白三叶	17.8	3.8	12.3	5.1	0.6	2.8	7.2	2.1	0.25	0.09

（四）沙打旺　　这是一种优良的豆科牧草，喜温暖，抗旱耐碱，再生能力强，第二年至第四年每 667 平方米产鲜草可达 5 000 千克左右。沙打旺茎叶鲜嫩，营养丰富，是饲喂奶牛的好饲料。沙打旺适口性稍差，尤其是老化后茎秆粗硬，品质低劣，不宜青饲，可与其他多汁饲料混合饲喂奶牛或青贮，幼嫩时奶牛也喜食。

（五）紫云英　　又名红花草。多分布于我国长江流域及其以南各地。是我国水田地区主要豆科牧草和冬季绿肥作物。具有产量高（一般每 667 平方米 1 500～2 500 千克，高者可达 3 500～4 000 千克）、蛋白质、各种矿物质及维生素含量丰富、鲜嫩多汁、适口性好等特点，是我国南方饲养奶牛的优质青饲料。紫云英现蕾期干物质中粗蛋白质含量高达 31.76％，粗纤维只有 11.82％。开花时品质仍属优良。盛花期以后蛋白质减少，粗纤维显著增加。研究证明，紫云英现蕾期产量仅为盛花期的 53％，就总营养物质产量而言，以盛花期收刈为佳。

（六）黑麦草　　属禾本科牧草，常见的最有经济价值的为多年生黑麦草和一年生黑麦草，这两种黑麦草广泛用作奶牛的禾本科牧草。黑麦草生长快，分蘖多，繁殖力强，茎叶柔嫩光滑，品质较好，各种家畜均喜食。可在年降水量 500～1 500 毫米的地方良好生长，较能耐湿却不耐旱，每 667 平方米产鲜草平均在 4 000 千克左右，高者可达 7 500 千克以上，在几种最重要的禾本科牧草中可消化物质产量最高。黑麦草干物质组成因收刈时期及生长阶段而不同。从表 1-3 中可以看出，随生长阶段延长，粗蛋白质、粗脂肪、粗灰分含量逐渐减少，粗纤维明显增加，其中难以消化的木质素增加尤为显著。

表 1-3　不同生长时期黑麦草的干物质组成　（%）

生长时期	粗蛋白质	粗脂肪	粗灰分	无氮浸出物	粗纤维	粗纤维中木质素含量
叶丛期	18.6	3.8	8.1	48.3	21.2	3.6
花前期	15.3	3.1	8.5	48.3	24.8	4.6
开花期	13.8	3.0	7.8	49.6	25.8	5.5
结实期	9.7	2.5	5.7	50.9	31.2	7.5

（七）无芒雀麦　属多年生禾本科牧草,适应性广,生活力强,是一种适口性好、饲用价值高的优良牧草。抗逆性强,为禾本科牧草中抗旱性最强的一种。具有茎少叶多、营养丰富等特点,幼嫩期无芒雀麦干物质中所含粗蛋白质不亚于豆科牧草中粗蛋白质的含量;种子成熟期营养价值显著降低。无芒雀麦具地下茎,易结成草皮,耐践踏,再生能力强,收刈青饲或放牧利用均宜。

（八）羊草　属多年生禾本科牧草,具有适应性强、易栽培、营养丰富、饲用价值高等特点。是饲养奶牛的好饲料。羊草干物质中粗蛋白质含量达 12%,品质优良,除放牧外,还可青刈舍饲等。一般每 667 平方米产鲜草 300～1 000 千克,高者可达 1 200 千克以上。

（九）披碱草　是适应性极强的一种多年生禾本科牧草,它的突出优点是产量高、易栽培,其营养成分较为丰富,鲜草干物质中含粗蛋白质 8.3%,较羊草略低。幼嫩期青绿多汁、质地细嫩,可用于放牧。稍老的披碱草,除直接饲喂奶牛外,还可进行调制,作为奶牛优质贮备饲料。

（十）青饲作物　利用农田栽培农作物或饲料作物,在其结实前或结实期收割作为青饲料用,最常见的有青割玉米、青割燕麦、青割大麦等。青割的作物柔嫩多汁、适口性好,营养价值比收获籽实后剩余的秸秆高得多。在生产中常把饲料玉米青贮作为奶牛的主要粗饲料。青饲料是一种营养相对平衡的饲料,但由于干物质中粗蛋白质和消化能含量低,在生产中应注意和其他饲料搭配使用。

第四节　能量饲料

能量饲料是指干物质中粗纤维含量低于 18%,同时粗蛋白质含量低于 20% 的饲料。这类饲料常用于补充奶牛饲料中的能量不足,与蛋白质浓缩料合用组成全价奶牛精料补充料,或与高蛋白牧草混用补充能量不足。能量饲料主要包括谷实类、糠麸类、块根块茎类、油脂类等。

一、谷实类饲料

谷实类饲料是配合饲料的基础原料,是能量饲料中能值较高的一类。常用的有玉米、高粱、小麦、大麦、燕麦、稻谷类等。

谷实类饲料的营养特点是:其一,能量值高,成熟的籽实水分少,多在 14% 以下,无氮浸出物(主要成分为淀粉)含量高,占 70%~80%,只有燕麦低(占 61%)。其二,粗纤维含量低,一般在 6% 以下,只有燕麦的粗纤维含量较高(占 13% 以上)。其三,有机物质的消化率高,去壳皮的籽实消化率达 75%~90%。其四,蛋白质含量不足,一般为 6.7%~16%,且必需氨基酸不足,特别是限制性氨基酸不足。其五,脂肪含量少,一般在 2%~5% 之间,脂肪中的脂肪酸易酸败,使用时应特别注意。其六,钙磷比例不平衡,钙含量普遍少,一般都低于 0.1％，而磷的含量丰富，可达 0.31％～0.45％。其七，含有丰富的维生素 B_1 和维生素 E，而缺乏维生素 D。

（一）**玉米** 是配合饲料中的主要能量饲料，也是奶牛的主要能量饲料。其营养特点是含能量高，每千克玉米含总能为 17.1～18.2 兆焦。无氮浸出物丰富，含量约占干物质的 83.7％，粗纤维少约 2％，消化率高，可达 92％～97％。粗蛋白质含量低，为 8％左右，且品质差，尤其缺乏赖氨酸、蛋氨酸和色氨酸。钙磷含量少，且比例不平衡（约 1∶8）。黄色玉米含有较多维生素 A 和维生素 E，但不含维生素 D，比其他谷实含核黄素少，比小麦、大麦含烟酸少，而硫胺素含量则较多。玉米中还含有较多的脂肪，其不饱和脂肪酸含量较高，其中亚油酸含量高达 2％，是所有谷实类中含量最高的。因其不饱和脂肪酸含量较高，玉米粉碎后易酸败变质，不宜久贮。在配合饲料中玉米占 50％～70％。由于玉米营养价值高，适口性强，能量浓度在谷实类中占首位，因而被称之为"饲料之王"。用玉米喂奶牛时要与蛋白质饲料等混合饲喂，稍加压扁即可，不宜粉碎得过细。

（二）**高粱** 籽实能量水平因品种不同而不同，带壳少的高粱籽实能量含量与玉米相近；粗蛋白质含量略高于玉米，一般为 9％～11％，缺乏赖氨酸和色氨酸；脂肪含量低于玉米，一般为 2.8％～3.3％。高粱含有单宁，单宁是影响高粱利用的主要因素之一，苦涩味重，影响适口性，与蛋白质及消化酶类结合，干扰消化过程，影响蛋白质及其他养分的利用率。单宁含量与籽粒颜色有关，深色高粱单宁含量高，黄色居中，白色含量低。高粱的营养成分接近玉米，经蒸煮加工后可取代奶牛饲料中的任何其他谷类，与玉米配合使用效果可得到增强，并可提高饲料效率与增重。高粱整粒饲喂时，约有 1/2 不消化而排出体外,所以必须粉碎或压扁。压片、水浸、蒸煮及膨化等均可改善奶牛对高粱的利用。

(三)**大麦**　一般分皮大麦和裸大麦两种。带壳的叫皮大麦,即通常所说的大麦,我国多为六棱大麦,多供酿酒用或饲用。不带壳的叫裸大麦,也叫青稞,成熟时壳易脱离。大麦的蛋白质含量高于玉米,其粗蛋白质的含量为 11%～14%,且品质较好,赖氨酸含量比玉米、高粱约高 1 倍。大麦籽实包有一层质地坚硬的颖壳,粗纤维含量高,约为 5%左右,淀粉及糖类比玉米少,故有效能低于玉米。大麦富含 B 族维生素,其中烟酸含量较高,脂溶性维生素 A、维生素 D、维生素 E 含量低。大麦是奶牛的优良精料,但谷粒坚硬、不易消化,在饲喂奶牛前必须将其压扁,但不能粉碎的太细(易引起瘤胃臌胀),用蒸汽蒸煮、微波及碱处理可改善适口性和消化率等。

(四)**燕麦**　品种很多,大体分为两类,皮燕麦和裸燕麦。皮燕麦即通常所说的燕麦,裸燕麦也称莜麦。燕麦的麦壳占的比重较大,一般占到 28%,整粒燕麦籽实的粗纤维含量较高达 8%～13%。淀粉含量 33%～43%,为玉米淀粉含量的 1/3～1/2,也较其他谷实类少,因而含能值较低。含油脂高于其他谷类,多为不饱和脂肪酸。燕麦蛋白质含量达 11.5%以上,高于玉米,与大麦相似,而且赖氨酸含量高达 0.4%左右,故蛋白质品质优于玉米。富含 B 族维生素,但烟酸含量较低,脂溶性维生素和矿物质含量均低。使用燕麦饲喂奶牛时应将其压扁或粉碎。

二、糠麸类饲料

糠麸类饲料是面粉业的副产品。包括米糠、麸皮、玉米皮等,是奶牛的主要能量饲料原料。

糠麸类饲料的营养特点是：其一，营养价值较籽实低，能量偏低。无氮浸出物含量占 53.3%～63.7%，纤维素占干物质的 10% 左右，有机质的消化率和能量的利用率都低于其籽实。其二，粗蛋白质含量高于籽实，生物学价值高。其三，B 族维生素含量较籽实丰富，尤其含硫胺素、烟酸、胆碱和吡哆醇、维生素 E 较多，缺乏维生素 D 和胡萝卜素；磷多钙少。其四，较籽实容积大，同籽实类搭配，可改变配合饲料的物理性质。这类饲料吸水性强，容易结块发霉，且由于脂肪含量较多，易酸败，故应注意妥善贮藏。

（一）**小麦麸** 俗称麸皮，是面粉厂用小麦加工面粉时得到的副产品，其来源广、数量大，是奶牛的主要能量饲料原料。麸皮包括种皮、胚及少量面粉。麸皮的营养价值随出粉率的高低而有变化，出粉率高的营养价值低，出粉率低的营养价值高。小麦麸所含蛋白质的品质较玉米和整粒小麦要好，其含钙量低而含磷量较高，且大部分为植酸磷。小麦麸几乎不含胡萝卜素和维生素 D，但富含烟酸和维生素 B_1，维生素 B_2 含量虽少，但要比整粒小麦高 2 倍。麸皮粗纤维含量高，质地疏松，容积大，具有轻泻性，是母牛产前及产后的好饲料，饲喂时最好用开水冲泡饮用。泌乳母牛由高产转低产时，日粮中精料的比例降低，可增加麸皮喂量，这对牛的健康有利，是较理想的调养性饲料。

（二）**米糠与脱脂米糠（米糠饼粕）** 稻谷的加工副产品称为稻糠，稻糠可分为砻糠、米糠和统糠。砻糠是粉碎的稻壳；米糠是糙米精制成大米时的副产品，由种皮、糊粉层、胚及少量的胚乳组成；统糠是米糠与砻糠的混合物。其中砻糠和统糠营养价值很低，不能列入糠麸类饲料。米糠榨油后为脱脂米糠。米糠提油的方法有压榨法和溶剂浸提法两种，前者的副产品称为米糠饼,后者的副产品称为米糠粕。米糠的营养成分随加工程度不同而不同,变化范围见表1-4。

表1-4 米糠与脱脂米糠营养成分 (%)

成 分	米 糠		脱脂米糠	
	平均值	范 围	平均值	范 围
水 分	10.5	10.0~13.5	11.0	10.0~12.5
粗蛋白质	12.5	10.5~13.5	14.0	13.5~15.5
粗脂肪	14.0	10.0~15.0	1.0	0.4~1.4
粗纤维	11.0	10.5~14.5	14.0	12.0~14.0
粗灰分	12.0	10.5~14.5	16.0	14.5~16.5
钙	0.10	0.05~0.15	0.10	0.1~0.2
磷	1.60	1.00~1.80	1.4	1.1~1.6

米糠的粗蛋白质含量比麸皮低,但比玉米高,品质比玉米好,赖氨酸含量高达0.55%。米糠的粗脂肪含量很高,可达15%,为麦麸、玉米糠的3倍多,能值位于糠麸类饲料之首。脂肪酸多属不饱和脂肪酸,富含维生素E,B族维生素含量也高,但缺乏维生素A、维生素D、维生素C。钙、磷含量高,锰、钾、镁含量也较多。米糠适口性好,能值高,但米糠中的色素可转移到牛乳的脂肪中,影响牛奶的质量。因此,米糠作为奶牛饲料,其用量不能超过精饲料的30%。

(三)**玉米皮** 玉米制粉的副产品,含有种皮、一部分麸皮和极少量的淀粉屑。玉米皮粗蛋白质含量较高,为7.5%～10%;无氮浸出物在同类饲料中最高,为61.3%～67.4%;脂肪含量变化大,为 2.6%～6.3%,且多为不饱和脂肪酸。因此,饲料中长期用量过多会使奶牛体脂变软,牛奶生产的黄油变软。玉米皮不易消化,饲喂时应经过浸泡、发酵,以提高消化率。

三、块根块茎类饲料

块根、块茎和瓜果类含水分高达 70%～90%,干物质含量仅 10%～30%,故常又称为多汁饲料。然而其干物质中主要是淀粉和糖,符合能量饲料条件,故将其归属为能量饲料。

(一)**甜菜** 是奶牛优良的多汁饲料。根据甜菜中干物质含量的不同,可分为饲用甜菜和糖用甜菜两种。饲用甜菜中干物质含量较少,只有 12%左右,总营养价值不高。糖用甜菜中干物质含量较多,而且富含糖分。甜菜的块根粗大,喂时应该先洗净、切碎,并要现切现喂,以免腐烂。甜菜腐烂的茎叶中含有亚硝酸盐,喂时须防中毒。甜菜叶中还含有大量草酸,不利于牛消化吸收饲料中的钙。最好将甜菜与其他饲草混喂,以防奶牛腹泻。

(二)**胡萝卜** 含有较多的糖分和大量的胡萝卜素(100～250 毫克/千克),适口性强,具有调养作用,是奶牛维生素 A 的最好来源,对生长牛和泌乳牛都具有良好的作用。胡萝卜以生喂为宜,但必须洗净后再喂。切勿高温蒸煮,以防维生素被破坏。鲜胡萝卜不易保存,而且养分易损失。可将胡萝卜切碎,加入麦麸、草粉等密封在窖内贮存。

(三)**甘薯** 干物质含量约占 30%,主要为淀粉和糖分,营养价值较高。红色和黄色的甘薯含有大量的胡萝卜素(60～120 毫克/千克),硫胺素与核黄素的含量不多,缺乏钙与磷。

甘薯味甜美,适口性好。饲喂甘薯易造成腹泻,影响产奶量。饲用感染黑斑病的甘薯,会使牛患气喘病,严重的可导致死亡。为防止甘薯感染黑斑病,可将它切成片并晒干,或切碎后装窖封闭调制成青贮饲料。

四、油脂类饲料

油脂类饲料用作能量饲料,包括植物油脂、动物油脂和合成脂类饲料等。植物油脂主要有棕榈油、米糠油、大豆油、菜籽油等;合成脂类饲料有脂肪酸钙等。油脂类饲料具有很高的能值,通常是用来增加日粮的能量浓度,同时也具有一定的生理作用,可改善机体对其他营养物质的吸收,具有增热效应。植物性油脂还是必需脂肪酸亚油酸的重要来源之一。奶牛无公害养殖中严禁使用动物油脂。

第五节　蛋白质饲料

蛋白质饲料是指干物质中粗纤维含量在 18% 以下,粗蛋白质含量为 20% 及以上的饲料。一般来说,这类饲料干物质中粗纤维含量少,而且易消化的有机物质较多,每单位重量所含的消化能较高。蛋白质含量高于能量饲料,常和能量饲料配合使用,可用来补充奶牛能量饲料或粗饲料中的蛋白质不足,组成平衡日粮。蛋白质饲料一般分为植物性蛋白质饲料、动物性蛋白质饲料、单细胞蛋白质饲料和其他蛋白质饲料。

一、植物性蛋白质饲料

植物性蛋白质饲料包括豆科籽实类和油料作物榨油后的饼粕类及淀粉工业副产品。这类饲料的营养特点为:蛋白质含量较高,赖氨酸和色氨酸的含量较低。其营养价值随原料的种类、加工工艺有很大差异。一些豆科籽实、饼粕类饲料中还含有抗营养因子。

(一)豆类 这类饲料一般含油脂高,或者含淀粉高,无氮浸出物高,有效能值高,是奶牛的良好的蛋白质饲料原料。豆科植物的籽实,主要有大豆、蚕豆、豌豆及小豆等。

1. 大豆 富含蛋白质和脂肪,干物质中粗蛋白质含量约为37%,粗脂肪含量为11.9%～19.7%,是豆类饲料中含量最高的一种,而且含粗纤维少,营养物质易消化。蛋白质的生物学价值优于其他植物性蛋白质饲料,赖氨酸含量高达2.09%～2.56%,蛋氨酸含量相对较少,为0.29%～0.73%,但仍是同类饲料中含量最高的。钙磷含量少,胡萝卜素和维生素D、硫胺素、核黄素含量都不多。含烟酸多,如饲喂过多,会使畜禽对维生素的需要量加大,加工后的油籽饼粕则无此影响。

2. 蚕豆 是以蛋白质和淀粉为主要成分的豆科籽实,其脂肪含量远低于大豆,无氮浸出物含量高于大豆,为47.3%～57.5%,是大豆的2倍多。粗蛋白质含量低于大豆,干物质中粗蛋白质含量为23%～31.2%,总的营养价值基本与大豆相似。

3. 豌豆 是以蛋白质和淀粉为主要成分的豆科饲料,无氮浸出物含量多,为49.3%～59.9%。干物质中粗蛋白质含量为20.7%～33.6%,虽低于大豆,但氮的利用率则高于大豆。营养价值与蚕豆基本相同。豆类籽实常规饲料营养成分见表1-5。

表 1-5　几种豆类籽实常规营养成分表　（%）

成　分	品　种			
	黄　豆	黑　豆	豌　豆	蚕　豆
干物质	88.0	88.0	88.0	88.0
粗蛋白质	37.0	36.1	22.6	24.9
粗脂肪	16.2	14.5	1.5	1.4
粗纤维	5.1	6.8	5.9	7.5
无氮浸出物	25.1	29.4	55.1	50.9
钙	0.27	0.24	0.13	0.15
磷	0.48	0.48	0.39	0.40
赖氨酸	2.30	2.18	1.61	1.66
蛋氨酸	0.40	0.37	0.10	0.12

（二）**饼粕类**　富含脂肪的豆类籽实及其他油料作物籽实提取油脂后的副产品统称为饼粕类饲料。经压榨提油后的饼状副产品称作油饼；经浸提脱脂后的碎片或粉状副产品称粕。饼粕类是奶牛的主要蛋白质饲料原料，常见的有大豆饼（粕）、棉籽饼（粕）、菜籽饼（粕）、花生饼（粕）、胡麻（亚麻仁）饼（粕）、向日葵饼（粕）、芝麻饼（粕）、玉米胚芽饼（粕）、棕榈饼（粕）等。我国东北地区以大豆饼（粕）为主要蛋白质饲料；华南、华东、中南地区以菜籽饼（粕）为主要蛋白质饲料；西北、华北、华中以棉籽饼（粕）为主要蛋白质饲料；河南、山东等地多以花生饼（粕）为主要蛋白质饲料；西北有的以亚麻仁饼为主要蛋白质饲料。由于加工原料和加工方法不同，这类饲料营养及饲用价值有相当大的差异。此类饲料的特点是：蛋白质含量高，可达30%～45%，氨基酸的组成除蛋氨酸及胱氨酸外，其他氨基酸含量齐全。各种饼粕的粗脂肪含量的多少，随加工方法的不同而变化。用压榨法所得的饼渣，含残油多，为 4%～8%，可利

用能高;浸提法所得的粕,含残油很少,为 1%～2%,粗蛋白质含量高。各种饼粕中粗纤维的含量变化较大,主要看加工时带壳多少,净仁粗纤维含量低,营养价值高。维生素以 B 族维生素含量丰富,缺少维生素 A 与胡萝卜素。

1. 大豆饼(粕) 是大豆榨油后的饼粕。大豆饼(粕)是饼粕中质量最佳、使用最广泛、用量最多的植物性蛋白质饲料。其粗蛋白质含量为 38%～47%,必需氨基酸比例合理,赖氨酸的含量在所有饼类中最高,为 2.5%～2.8%,是棉仁饼、菜籽饼及花生饼类饲料的 1 倍。大豆粕的缺点是蛋氨酸含量不足,一般需要另外添加 DL-蛋氨酸。大豆饼(粕)中胡萝卜素含量少,仅 0.2～0.4 毫克/千克,硫胺素(B_1)和核黄素(B_2)含量亦少,为 3～6 毫克/千克,烟酸和泛酸含量稍多,在 15～30 毫克/千克,胆碱含量丰富,达 2 200～2 800 毫克/千克。矿物质中钙少磷多,硒的含量低。大豆饼(粕)是奶牛的优质蛋白质饲料,适口性好,成年奶牛可有效利用未经加热处理的大豆粕。大豆饼(粕)在瘤胃中的降解速度较快,不可与富含尿素的饲料共用;用含油量高的豆饼喂牛,量大时会影响黄油硬度。大豆粕可用于配制代乳饲料和犊牛开食料。在奶牛饲料中的比例可以占到 30%,但从饲料成本方面考虑,高产奶牛可以用到 20%～25%,中低产奶牛的用量低于 15%。

2. 棉籽(仁)饼(粕) 我国棉籽年产量在 50 亿千克以上,是一项极为丰富的蛋白质饲料资源。棉籽饼(粕)是棉花籽实榨油后的剩余物。因加工条件不同,营养价值相差很大。完全脱了壳的棉仁榨油后的副产品叫棉仁饼(粕),而不脱壳所加工而得的饼叫棉籽饼(粕)。棉仁饼(粕)蛋白质含量可达41%～44%,蛋氨酸、色氨酸高于大豆饼(粕),但赖氨酸缺乏,代谢能含量较高,为 10 兆焦/千克;棉籽饼(粕)蛋白质含量在

22%左右,代谢能只有 6 兆焦/千克。棉籽(仁)饼(粕)中胡萝卜素、维生素 D 含量很低,B 族维生素和维生素 E 含量丰富,含硫胺素和核黄素 4.5～7.5 毫克/千克,烟酸 39 毫克/千克、胆碱 2700 毫克/千克,钙 0.2%左右,磷含量高(在 1%以上),含硒很少,约为 0.06 毫克/千克,不及菜籽饼(粕)的 7%。在棉籽中含有一种毒素叫棉酚,经过榨油后仍有不等数量的棉酚以游离棉酚的形式存在于饼粕中,棉籽(仁)饼(粕)中游离棉酚含量在 0.02%以下时无毒,0.02%～0.05%时有轻微的毒性,高于 0.15%时则具有强毒性。成年奶牛瘤胃微生物可以分解棉酚,所以对游离的棉酚具有一定的耐受性。因此,可作为良好的奶牛蛋白质饲料的来源。棉籽粕蛋白质在瘤胃中的降解速度适中,在奶牛精料中棉籽粕用量可达到 10%左右。在喂棉籽饼(粕)的奶牛饲料内加入微量硫酸亚铁,可以减缓其毒性。4 月龄前的犊牛则不宜饲喂。

3. 菜籽饼(粕)　菜籽饼、粕为油菜籽榨油后的饼粕。在我国分布广、产量大,是奶牛的良好的蛋白质饲料原料。菜籽饼粗蛋白质含量中等,约 36%左右,菜籽粕约为 38%左右;代谢能较低,约为 8.4 兆焦/千克。其中蛋氨酸含量高于豆饼(粕),为 0.4%～0.8%;赖氨酸为 1%～1.8%,色氨酸 0.5%～0.8%,胱氨酸为 0.3%～0.7%,胆碱为 6 400～6 700 毫克/千克。菜籽饼(粕)含有有毒成分,主要从油菜籽中所含硫葡萄糖苷酯类衍生出来的,在介子酶的作用下,分解产生有毒物质异硫氰酸盐和噁唑烷酮等,影响动物正常生理,阻碍生长。菜籽粕在瘤胃内的降解速度低于豆粕,过瘤胃部分多,奶牛精饲料中使用 5%～20%。另外菜籽饼(粕)对牛的适口性差,奶牛精料中可控制在 10%左右。

4. 花生饼(粕)　有带壳和脱壳的两种。粗蛋白质含量带壳的约为 29%，去壳的为 42%～48%。其中赖氨酸、蛋氨酸含量都很低，但精氨酸是蛋白质饲料中最高的(约为 5.2%)。不带壳的花生仁饼(粕)有效能最高。B 族维生素含量丰富，但胡萝卜素、维生素 D、钙、磷含量均低。花生饼(粕)略有甜味，适口性好，但不耐贮存，特别在高温、潮湿条件下容易被黄曲霉菌污染产生大量黄曲霉毒素，易导致牛奶制品黄曲霉毒素超标，对人类的健康带来威胁。因此，应对花生饼(粕)妥当保管。对黄曲霉菌污染的饼粕进行去毒处理，再进行饲喂。尤其是对犊牛或幼牛更应该搭配使用，或补加限制性营养素。

5. 向日葵籽饼(粕)　由于品种、脱壳程度和榨油方法的不同，其营养成分变动很大。脱壳向日葵籽饼(粕)干物质中粗蛋白含量达 35.5%～49%，蛋氨酸含量高于花生饼、棉仁饼和大豆饼，但赖氨酸含量不足。粗纤维含量为 11.8%～13.5%，粗脂肪含量为 2.4%。我国目前生产的完全脱壳的向日葵籽饼(粕)很少，多为带壳的，其粗纤维含量在 20%左右，可利用能量水平很低，每千克只有 5.94～6.5 兆焦代谢能。向日葵籽饼(粕)适口性好，是奶牛的良好蛋白质饲料原料。其营养成分见表 1-6。

表 1-6　向日葵籽饼(粕)的常规营养成分　(%)

组　成	向日葵籽饼(粕)		脱壳向日葵籽饼(粕)	
	压榨饼	浸提粕	压榨饼	浸提粕
水　分	10.0	9.0～11.5	10.0	10.0
粗蛋白质	28.0	29.3～34.1	41.0	46.0
粗脂肪	6.0	0.5～2.1	7.0	3.0
粗纤维	24.0	20.1～24.7	13.0	11.0
粗灰分	6.0	5.0～6.8	7.0	7.0

组 成	向日葵籽饼（粕）		脱壳向日葵籽饼（粕）	
	压榨饼	浸提粕	压榨饼	浸提粕
钙	—	0.56	—	—
磷	—	0.90	—	—

6. 亚麻仁饼（粕） 又称胡麻仁饼（粕）。其粗蛋白质含量为 32%～38%。赖氨酸含量不足，精氨酸含量很高，约为 3%。所以，在使用亚麻仁饼（粕）时，要与赖氨酸高的饼粕类饲料搭配使用。粗脂肪含量为 3.8%～8.4%，粗纤维含量为 5.7%～13.5%。含磷量比同类饲料高。亚麻仁饼（粕）含有少量的亚麻苦苷，如果制油过程中亚麻仁加热不充分，所含亚麻酶仍保持活性，动物采食后因亚麻苦苷被亚麻酶分解产生氢氰化物而导致动物中毒。亚麻酶还是维生素 B_6 的颉颃物。对奶牛也具有毒害作用。

亚麻仁饼（粕）是反刍奶牛良好的蛋白质来源，适口性好，奶牛饲料中亦可使用。由于含有黏性的亚麻籽胶质，具有润肠通便的效果。饲喂亚麻仁饼（粕）可使奶牛毛皮滑润有光泽。亚麻仁饼（粕）的用量取决于其榨油方法，如果用机械热榨，亚麻苦苷及亚麻酶绝大部分遭到破坏，其饼粕中的氢氰酸含量一般较低，毒性也低，用量可增加。热榨的亚麻仁饼（粕）在奶牛精料中用量可达 20%。和其他蛋白质饲料配合使用，互相弥补不足效果更佳。

7. 芝麻饼（粕） 营养特点是粗蛋白质含量较高，可达 40%；蛋氨酸达 0.8% 以上，是所有植物性饲料含蛋氨酸最高的，但赖氨酸含量不足，精氨酸含量过高。粗纤维含量为 7% 左右。粗脂肪含量因加工方法等不同而差异较大，一般在

5.4%～12.4%范围内。芝麻饼(粕)不含对各种畜禽发生不良营养的物质,是安全的饼类饲料。

8. 玉米加工副产品饲料

(1)玉米蛋白粉　又称面筋粉。其粗蛋白质含量因工艺不同差异较大,一般在25%～60%。赖氨酸和色氨酸含量严重不足,分别为0.75%和0.2%,但蛋氨酸含量较高。

(2)玉米麸料　也叫玉米面筋麸料或玉米蛋白麸料,是含有玉米外皮、玉米浸渍液和玉米胚芽粕的混合物。其粗蛋白质含量为10%～20%,有的可达25.8%。赖氨酸含量不足,只有0.8%;蛋氨酸含量很低,只有0.3%;精氨酸含量低,只有0.8%。粗纤维含量为7.3%。铜、锰含量高,分别为47.9毫克/千克和23.9毫克/千克。

(3)玉米胚芽饼(粕)　是玉米胚芽抽油后所余下的渣滓。其粗蛋白质含量较其上述两种副产品低,只有17.7%。粗纤维含量为10.9%,粗脂肪含量为0.9%,无氮浸出物含量很高,为57.9%。赖氨酸含量较高,为1.1%;蛋氨酸含量低,只有0.43%;色氨酸含量也很低,为0.25%;精氨酸含量高,为1.4%。

二、动物性蛋白质饲料

动物性蛋白质饲料包括奶及奶制品、鱼粉、血粉、屠宰场的下脚料、蚕蛹、蚯蚓等。其特点是蛋白质含量高,最高可达88.4%,氨基酸组成好,钙磷含量高,富含多种微量元素及维生素B_2和维生素B_{12}等,纤维素含量为零,可利用能高。这类饲料价格高,适合与植物性蛋白质饲料搭配使用,弥补植物性蛋白质饲料的不足。

(一)鱼粉　鱼粉是最常用、质量最好的奶牛蛋白质饲料。

因来源和加工方法不同其营养成分变化很大。我国使用的鱼粉，有进口鱼粉和国产鱼粉，是指以全鱼为原料制成的优质鱼粉。鱼粉粗蛋白质高，进口鱼粉粗蛋白质含量可高达 62%，国产鱼粉一般在 45%～55%。富含各种必需氨基酸，且氨基酸平衡。含有效能值高。富含维生素 B_2、维生素 B_{12}、生物素、烟酸等。钙、磷含量高，且二者比例合适。含硒量高，每千克可达 2 毫克左右，碘、锌、铁含量也很高。另外鱼粉在瘤胃内的降解速度较慢，过瘤胃蛋白质比例较大，其营养作用优于植物蛋白质饲料。由于价格高，奶牛饲料中不常用。一般在犊牛及种公牛饲料中少量使用，对促进生长、改善精液品质有良好效果。在使用鱼粉时应注意掺假与发霉变质问题。

（二）**血粉**　动物屠宰后的废弃血液经干燥而制成的粉末叫血粉。其品质因动物种类和生产工艺不同而异。血粉的粗蛋白质含量很高，可达 80%，但氨基酸组成极不平衡，赖氨酸含量高，为 7%～8%，组氨酸含量也较多，亮氨酸含量很少，精氨酸、蛋氨酸、色氨酸含量也低。血粉的钙、磷含量很低，微量元素铁、铜、锌等含量丰富，并含有丰富的维生素 B_2 和维生素 B_{12}。

血粉在瘤胃中的降解率很低，大部分蛋白质为过瘤胃蛋白质，可以通过瘤胃进入小肠。因此，国外常用新鲜血液包被在瘤胃降解快的蛋白质饲料，保护这些蛋白质，避免在瘤胃中降解，这是一种较适用的方法，既可以有效地利用动物的血液，又容易和其他蛋白质饲料组成合理的比例，平衡饲料蛋白质的供应，满足奶牛对蛋白质的需要。在实际使用时，应注意与其他蛋白质饲料如花生饼（粕）、棉仁饼（粕）等配合使用，用量一般不超过 3%～4%。

（三）**羽毛粉**　羽毛粉是家禽羽毛在一定温度下高压水解

后的产品。因加工方法和原料不同,其质量也有差别。粗蛋白质含量约为 80% 以上,主要是角蛋白和纤维蛋白。蛋白质消化率为 70%～80%。缺乏赖氨酸、蛋氨酸、组氨酸和色氨酸,但甘氨酸和丝氨酸含量都很高,分别为 6.3% 和 9.3%。羽毛粉在配合饲料中不宜单独做蛋白质补充料,必须与其他动、植物蛋白质饲料搭配使用。奶牛日粮的用量为 2%～3%。

三、单细胞蛋白质饲料

主要指利用发酵工艺生产的细菌、酵母等产生的菌体蛋白。其产品种类主要有饲用酵母粉等。

饲用酵母粉富含蛋白质,粗蛋白质含量达 40%,且蛋白质生物学价值较高,但蛋氨酸、胱氨酸含量相对较低。富含 B 族维生素,含磷较少。另外,铁、锌含量较多。是饲喂奶牛的优良蛋白质饲料,可以提高产奶量,在奶牛配合饲料中的添加量以 10% 为宜。

四、其他蛋白质饲料

奶牛可以利用非蛋白氮作为合成蛋白质的原料。非蛋白氮类是一种含氮量很高的配合饲料原料,它可为奶牛瘤胃内微生物合成菌体蛋白提供氮源,起到补充营养的作用。目前,非蛋白氮类应用最广泛的是尿素。尿素含氮量 47%,蛋白质当量的 288,即 1 千克尿素相当于 2.88 千克粗蛋白质,相当于 5 千克鱼粉或 7 千克大豆饼的粗蛋白质含量,在饲粮中适当添加尿素能节省蛋白质饲料。但要注意的是,当饲料中含有足够的粗蛋白质或瘤胃可降解氮时补充尿素无效。尿素安全添加量为:成年母牛每头每日 100～200 克,6 日龄以上犊牛 40～60 克。

在使用尿素时要注意以下几点：严格掌握饲喂量。尿素不能单独饲喂或溶于水中饮用，饲喂前与精料拌匀。不能把1天的量1次喂完，必须分2～3次饲喂，喂后不能马上饮水。喂前要有适应期，经10～15天，逐步达到计划给量。为了使尿素在瘤胃内的酵解时间延长，能完全、充分地被奶牛利用和预防动物氨中毒，通常将尿素经过处理，制成缓释型制剂使用，也可使用脲酶抑制剂。

第六节　矿物质饲料

在以上所讲的各类饲料原料中都含有一定量的矿物质元素，但是各种饲料原料所含的矿物质有不同的特点，因而不可能用一种饲料来满足奶牛的矿物质需要。奶牛需要矿物质的种类很多，但在一般的饲养条件下，需要量并不大，但若缺乏，则会发生营养代谢病，并使产奶量下降，胎儿发育不良。通常补充的矿物质主要含钠、氯、钙、磷、铁、镁等元素。常用的矿物质饲料有食盐、石粉、贝壳粉、骨粉等。

一、食　盐

一般植物性饲料中含钠和氯的数量较少，相反含钾丰富。为了保持生理上的平衡，在奶牛日粮中应补加一定量的食盐，习惯用量为精料补充料的 0.5%～1%。

食盐除了具有维持体液渗透压和酸碱平衡的作用外，还可刺激唾液分泌，提高饲料适口性，增强奶牛食欲。

二、钙饲料

通常植物性饲料中的含钙量不足，不能满足奶牛的需要，对处于生长发育期、泌乳期、妊娠后期的奶牛日粮中常需补钙。通常用含钙高的矿物质饲料补充，常用的含钙矿物质饲料有石灰石粉、贝壳粉等。石灰石粉又称石粉，为天然的碳酸钙，含钙35%左右，是补充钙的廉价原料。

奶牛日粮中补充含钙饲料时一般应在测定或计算日粮中的钙含量之后，缺多少补充多少，不能使用过多，如使用过多则影响钙磷消化吸收代谢。钙磷比例适合也可提高日粮的适口性。

三、磷 饲 料

奶牛日粮只要选择原料中含有饼粕类、糠麸类、鱼粉等富含磷的饲料一般不缺乏磷。但对于生长期、哺乳期、妊娠后期的奶牛来说，每日需磷量较高，日粮中需补加含磷饲料，补充磷的不足。奶牛常用饲料中通常钙含量也不足，而通常的补磷饲料也含有一定量的钙，可将钙和磷一起补充。

常用的富磷的矿物质饲料有磷酸一钙、磷酸二钙、骨粉。磷酸一钙又称磷酸二氢钙或过磷酸钙，含磷22%左右，含钙15%左右。磷酸二钙也叫磷酸氢钙，含磷18%以上，含钙21%以上。骨粉是以家畜骨骼为原料加工而成的，是奶牛配合饲料中良好的钙磷补充原料，其钙磷比例适宜，同时富含多种微量元素。其中以脱胶骨粉、焙烧骨粉为优，这类骨粉颜色洁白，含钙32%～35%，含磷15%～16%。用简易方法生产的骨粉，不经脱脂、脱胶和热压灭菌而直接粉碎制成的生骨粉，因含有较多的脂肪和蛋白质，易腐败变质，有异臭味，呈灰泥色，常携带大量病菌，用于奶牛饲料中常易引发疾病。

第二章 奶牛的营养需要
和饲养标准

奶牛为了维持生命活动、生长发育、产奶和繁衍后代，需要大量的营养物质。这些营养物质包括水分、能量、蛋白质、矿物质、维生素等，它们大部分由饲料供给。奶牛体内可合成一些营养物质，如瘤胃微生物蛋白质、水溶性维生素、维生素K、维生素D等。奶牛的营养需要是指每天每头奶牛对能量、蛋白质、矿物质和维生素等各种营养物质的需要量。奶牛的每一部分营养需要又分为维持营养需要和生产营养需要两个部分。根据不同的生理阶段、不同的生产目的，又划分为生长牛、妊娠牛、泌乳牛、种公牛四个生理阶段的营养需要。

我国的奶牛营养学家经过大量反复实验，确定了既能保证奶牛健康，又能高产的各种营养物质需要量数据，并将这些数据绘制成奶牛营养需要表格（见附录一）。在营养需要量表格中列出了成年母牛维持、每产1千克奶、母牛妊娠最后4个月的每天的干物质、能量、粗蛋白质、钙、磷的需要量数据。生长母牛营养需要量表格用于计算不同日增重的生长母牛每天的营养物质需要量；成年母牛维持营养需要和每产1千克奶营养需要量表格用于计算泌乳牛每天的营养物质需要量等。

奶牛对以上营养物质的需要量，由奶牛常用饲料所提供，对饲料中所含的干物质、能量、蛋白质、钙、磷等营养成分进行分析化验，编制成饲料营养成分及营养价值表格（见附录二），用于计算多少饲料可满足每头牛每天的营养需要量。将以上两种表格汇总为一体，我们称为《奶牛营养需要和饲养标准》，由我国著名奶牛营养学家冯仰廉教授主持制定,由国家农业部标准质量标准司作为部颁标准向全国发布。它是指导科学饲喂奶牛的基础数据,奶牛的饲养应按照一定的饲养标准合理地供给奶牛所需要的营养物质,才能达到高产低成本的目标。因此它是科学配制奶牛日粮的参考依据,供生产实践中配制奶牛日粮时参考使用。

第一节　干物质采食量

　　干物质采食量就是奶牛一天需要采食的饲料风干物质量。干物质采食量决定着维持奶牛健康和产奶所需养分的数量。对制定饲料配方尤为重要,它可以防止供给养分的不足或过剩,以及促进养分的有效利用。如果奶牛没有采食到它们所需的干物质,而且日粮浓度没有增加时,将导致体重下降、产奶量减少。若母牛干物质采食量超过它们的需要量,则母牛会变肥。干物质采食量和体重、年龄、泌乳阶段、环境条件、管理技术、饲料能量浓度、饲料类型和品质、产奶量密切相关。日粮中不可消化干物质是奶牛饲料采食量的主要限制因素,一定限度内,干物质采食量随日粮消化率的上升而增加,当饲喂偏粗料型日粮时,瘤胃的充满程度是干物质采食量的限制因素;当饲喂偏精料型日粮时,采食能量平稳,而干物质采食量实际上降低,此时代谢率成为干物质采食量的限制因素;干物质消化率在52%～68%之间时,干物质采食量随干物质消化率而增加,当消化率超过68%时,采食量则与奶牛的能量需要量相关,而母牛能量需要量主要由它的产奶水平所决定。

　　奶牛的干物质采食量在泌乳前3周比泌乳后期平均低15%～18%,在泌乳早期的最初几天最低,仅为体重的1%～

1.5%。产奶高峰一般发生在产后 4～8 周,而最大干物质采食量一般发生在产后 10～14 周。因此干物质采食量不能满足泌乳高峰期的营养需要,而引起母牛在泌乳早期能量负平衡。母牛动用体组织,特别是体脂产奶,以克服能量不足,这就会导致体重下降。饲养正常的高产奶牛,泌乳中期最大干物质采食量可达体重的 3.8%～4.5%,整个泌乳期平均为每 100 千克体重 2.5～3 千克干物质。

泌乳中期和后期,随着干物质采食量的增加,产奶量保持一段时期的平稳以后开始下降;体重从不变到逐步增重,增加的幅度也从低到高(每日每头从 0.15 千克到 0.5 千克再到 1千克)。在干奶期,母牛体重继续增加(每日每头 0.35～0.5 千克),但母牛的干物质采食量则明显下降,从 2.8%～3.5%降到 1.5%～2%。

在夏季高温环境下,热应激抑制了母牛的食欲,随着采食量的减少和维持需要量的增加,母牛的营养入不敷出。如气温上升到 35℃时,1 头日产奶 27 千克的奶牛,其干物质采食量应为 20.2 千克才可保持其产奶量。实际上母牛仅可食入16.7 千克干物质,母牛产奶量下降 33%,40℃时产奶量下降50%以上。

日粮水分过高也可影响奶牛对干物质的采食量。日粮水分超过 50%,干物质采食量降低。奶牛仅以玉米青贮为日粮时,其采食量为体重的 2.2%～2.5%,而喂以优质豆科干草时,则为其体重的 3%。在玉米青贮中补充蛋白质饲料、尿素或氨化物时,其采食量可增加。因此,在生产中应在日粮中搭配 25%～50%的优质干草,才能保证高产奶牛对总营养物质的采食量和泌乳需要。

在《奶牛营养需要和饲养标准》中,对不同体重、生理状况、产奶量的奶牛的干物质需要采食量作了详细的规定。它是制定饲粮配方的重要基础数据。

第二节　能量需要

奶牛为了维持生命活动以及生产活动均需要消耗一定的能量。所有这些能量都需从采食的饲料中获得。奶牛能量的需要可以分为维持需要、生长需要、繁殖(怀孕)需要和泌乳需要几个部分。能量不足和过剩都会对奶牛产生不良的影响。如果能量供给不足，青年牛的生长就会受阻，初情期延迟；产奶牛能量供给低于产奶需要时，不仅产奶量降低，泌乳牛还会消耗自身营养转化为能量，维持生命与繁殖需要，以保证胎儿的正常生长发育，严重时将导致繁殖功能障碍。能量过剩奶牛往往表现体躯过肥，母牛出现性周期紊乱、难孕、胎儿发育不良、难产等。还会造成脂肪在乳腺内大量沉积，妨碍乳腺组织的正常发育，影响泌乳功能而导致泌乳量减少。

奶牛所采食的饲料中的能量(总能)，在体内的消化、吸收及代谢过程要损失掉一部分，而以体增热及维持奶牛本身正常生命活动所需的能量又占食入总能的很大比例，最后用于生产净能只占食入总能的 20% 左右。因此，只有设法减少消化代谢过程中各种形式的能量损失，才能提高生产净能占总能的比例，提高奶牛对饲料的利用率和生产效益。所以，应该加强对奶牛的饲养管理，对饲料进行科学的加工调制，采用正确合理的日粮配合技术等，减少奶牛的能量损耗，提高奶牛的生产效率。

一、能量需要表示单位

日粮的能量指标包括消化能(DE)、代谢能(ME)、维持净能(NEM)、增重净能(NEG)和产奶净能(NEL)等。我国生产实践中贯用"奶牛能量单位(NND)"来表示能量值,一个奶牛能量单位相当于 1 千克含脂率 4% 的标准乳含有的能量,即等于 3.138 兆焦的产奶净能。

二、能量需要

在我国《奶牛营养需要和饲养标准》(2004)表中详细地列出了母牛维持、产奶、妊娠能量需要,生长母牛能量需要,生长公牛的能量需要。使用时只要查表格中的数据即可。

由于第一和第二泌乳期奶牛生长发育尚未停止,故第一泌乳期的能量需要须在维持的基础上增加 20%,第二泌乳期增加 10%。

奶牛的维持能量需要以适宜的环境温度为标准,低温时体热的损失增加。国内外试验表明,在 18℃ 基础上每降低 1℃,则牛体产热增加 2.51 千焦/$W^{0.75} \cdot 24$ 时,因此低温要提高维持能量需要。表 2-1 为我国推荐的低温环境下维持能量需要。

表 2-1 我国奶牛饲养标准对低温环境推荐
的维持能量需要

环境温度(℃)	维持能量需要(兆焦/$W^{0.75}$)
5	0.389
0	0.402
−5	0.414

环境温度(℃)	维持能量需要(兆焦/$W^{0.75}$)
—10	0.427
—15	0.439

母牛在泌乳期间需要相当大的能量,其需要量仅次于水,奶牛对能量的需要,主要决定于泌乳量和乳脂率两个因素,同时注意奶牛体重的变化情况。我国奶牛饲养标准规定,体重增加1千克相应增加8个奶牛单位(NND),失重1千克相应减少6.55个奶牛单位(NND)。奶牛泌乳时,每产1千克含脂率4%的奶,需3.138兆焦产奶净能,作为一个"奶牛能量单位"。

产后泌乳初期阶段,母牛的食欲和消化功能较差,能量进食不足,须动用体内贮存的能量满足产奶需要。往往在产后的头15天内为剧烈减重阶段,在此期间既应保持消化功能并应注意增加采食量,防止过度减重。

一般荷斯坦牛的最高日产奶出现在产后60天以内。因此,当食欲恢复后,采用引导饲养,给量应稍高于需要。

体重增重的速度泌乳期要比干奶期效率高。此时能量利用效率较高,与产奶相似。应在泌乳后期增加一定体重,对下一个泌乳期是有利的。

妊娠母牛从第六个月开始,胎儿能量沉积明显增加,因此,体重550千克的妊娠母牛,最后4个月(妊娠第六、第七、第八、第九月)时,每日需要的能量按产奶净能计分别为44.56,47.49,52.93和61.3兆焦,如妊娠第六个月尚未干奶,则再增加产奶的能量需要,按1千克标准乳需要产奶净能3.138兆焦供给。

第三节　蛋白质需要

蛋白质是动物一切生命和生产活动所不可缺少的物质，它在动物体内的特有生物学功能不能为其他任何物质取代或转化。蛋白质供给不足时，消化机能减退、生长缓慢、体重下降、繁殖机能紊乱、产奶量下降、抗病力减弱、组织器官结构和功能异常，严重影响动物的健康和生产。当蛋白质过剩时，由于机体对氮代谢的平衡具有一定的调节能力，所以对机体不会产生持久性的不良影响。过剩的饲料蛋白质含氮部分以尿素或尿酸形式排出体外；无氮部分作为能源被利用。然而，机体的这种调节能力是有限的，当超出机体的承受范围之后，就会出现有害影响。如代谢紊乱、肝脏结构和功能损伤、饲料蛋白质利用率降低，严重时会导致机体中毒。奶牛从消化的蛋白质中吸收必需氨基酸，用于维持、产奶、繁殖生长和泌乳需要四个方面，这些氨基酸来源于饲料非降解的日粮蛋白质或瘤胃合成的微生物蛋白质。实际上，作为能量来源而饲喂奶牛的粗料与精料中所含有的蛋白质提供了一些非降解蛋白质，这些蛋白质加上微生物蛋白质，可满足每天生产 20 千克牛奶的需要。随着产奶量的增加，蛋白质需要大多来自于蛋白质补充料，且必须是非降解蛋白质，这样才能满足奶牛对蛋白质的需要。

一、蛋白质需要表示单位

由于用传统的粗蛋白质体系表示奶牛的蛋白质需要存在许多缺点，在我国《奶牛营养需要和饲养标准》(2004)表中用可消化粗蛋白质和小肠可消化粗蛋白质表示奶牛对蛋白质需要量。在奶牛常用饲料营养价值表中的数据仅列出了粗蛋白质和可消化粗蛋白质的数据。因此,在配制奶牛日粮配方时,仍然应用可消化粗蛋白质。仍然需要一段时间过渡到小肠可消化粗蛋白质。

二、蛋白质需要

在我国《奶牛营养需要和饲养标准》(2004)表中,详细的列出了母牛维持、产奶、妊娠可消化粗蛋白质和小肠可消化粗蛋白质需要,生长母牛可消化粗蛋白质和小肠可消化粗蛋白质需要,生长公牛的可消化粗蛋白质和小肠可消化粗蛋白质需要。计算需要量只需查表格中的数据即可。

第四节 粗纤维需要

饲料纤维的分析指标常用的是粗纤维(CF)、酸性洗涤纤维(ADF)和中性洗涤纤维(NDF),而表示纤维的最好指标是中性洗涤纤维。奶牛是草食家畜,日粮中必须需要一定量的植物纤维。日粮中纤维不足或饲草长度过短,将导致奶牛消化不良,瘤胃酸碱度下降,易引发酸中毒、蹄叶炎、真胃变位,并可使牛奶的乳脂率下降等。如果日粮中植物纤维比例过多,则会降低日粮的能量浓度,减少奶牛对干物质的采食量,同样对奶牛产生不利。

一、饲料纤维的作用

(一)维持正常的消化生理活动 饲料纤维能刺激瘤胃壁,促进瘤胃蠕动和正常反刍,使牛每日有 7～8 个小时的反刍时间。通过反刍,重新进入牛瘤胃内的食团中混入了大量碱性唾液,因而使瘤胃环境的氢离子浓度保持在 100~1 000 纳摩/升(pH 值 6~7),进而使瘤胃内细菌正常繁殖和发酵。

(二)保持乳脂率不下降　实验观测表明,牛每采食 1 千克干物质,其咀嚼时间与饲料纤维含量呈正比。为了保持正常的乳脂率所需的咀嚼时间是每千克干物质 31~40 分钟(每日为 7~8 小时)。

二、纤维的供给量

奶牛泌乳早期,营养平衡的高产奶牛日粮中的粗纤维不应少于 15%,或酸性洗涤纤维不低于 17%,或中性洗涤纤维不低于 25%,一般泌乳牛应分别不低于 18% 或 19% 和 28%;干奶牛和生长牛分别不低于 20% 或 21% 和 33%。6 月龄以内的犊牛不要给予过多纤维。

第五节　矿物质需要

矿物质在奶牛日粮中尽管所占比例小,但它对奶牛机体正常代谢、奶牛的骨骼和乳汁的形成作用很大。实际饲养条件下,通常需要在日粮中补加几种矿物质元素,以满足奶牛的需要。奶牛需要的矿物质元素可分为两大类,即常量元素和微量元素。在过量的日粮浓度下易对动物造成有害后果。一种矿物质元素的最大耐受水平是指以该水平饲喂动物一定时间而不损害动物,且在该动物生产的人类食品中不存在有害的残留物。

一、常量元素

常量元素指那些需要量较大和在动物体组织内比例较高

的矿物质,如钙、磷、钠、氯、钾、镁和硫等。在计量时多用克来表示,计算日粮结构时用百分比。

(一)钙和磷的需要　钙是奶牛需要量最大的矿物质元素,特别是对泌乳牛。除了参与牛体组成和代谢外,还是牛奶的重要组成元素。机体内的钙约98%存在于骨骼和牙齿中,接近体重的2%,剩下2%的钙广泛分布于软组织和细胞外液。钙缺乏或过量都会使幼龄动物患佝偻病,成年动物患软骨症,奶牛患乳热症(分娩瘫痪)。利用率随钙采食量增加而下降,当钙的采食量超过动物的需要量时,不论钙的可利用率如何,其吸收率都降低。一般情况下,日粮中钙的总量可以高于需要量的20%~40%。

磷除了参与组成有机体的骨骼外,其在许多生化、生理方面有重要的作用,是体内物质代谢必不可少的物质。若磷不足,动物患佝偻病,成年动物患软骨症,生长速度和饲料利用率下降、食欲减退、乏情、产奶量降低、全身虚弱、异食癖、发情不正常、屡配不孕等。奶牛日粮中的钙、磷配合比例通常以1~2：1为宜。

奶牛每天从奶中排出大量的钙磷。由于日粮中钙磷不足、钙磷利用率过低而造成奶牛缺钙磷的现象比较常见,是奶牛饲养的一个重要问题。

一般豆科牧草和向日葵含钙量较高,而禾本科牧草和谷类籽实如玉米相对缺乏钙。植物营养生长部分比繁殖部分含有较多的钙。在以作物秸秆为主的奶牛日粮中常需补加钙、磷。谷类籽实中的磷的含量是秸秆中的3~4倍。饲草青贮期间磷会损失,在多雨季节制作干草也易损失磷,因为饲草中的3/4以上的磷是水溶性的。油饼油粕、麦麸中磷的含量相当丰富。但是它们的35%~85%常以植酸磷的形式存在,由于反刍动物瘤胃内含有大量的微生物,微生物分泌的植酸酶可以充分分解植酸磷,因此奶牛饲料中的磷含量以总磷计。然而幼年奶牛由于瘤胃功能发育尚不健全,因此对植酸磷的利用率较低,一般为35%左右。

在我国《奶牛营养需要和饲养标准》(2004)表中,详细的列出了母牛维持、产奶、妊娠母牛最后4个月的钙、磷需要,生长母牛的钙、磷需要,生长公牛的钙、磷需要。计算需要量只需查表格中的数据即可。即维持需要按每100千克体重给6克钙和4.5克磷;每千克标准乳给4.5克钙和3克磷可满足需要。生长牛维持需要按每100千克体重给6克钙和4.5克磷;每千克增重给20克钙和13克磷可满足需要。

泌乳期奶牛钙、磷消耗是不均衡的,泌乳初期奶牛易出现钙、磷负平衡,随着泌乳力下降,钙、磷趋向平衡,到后期,钙、磷有一定沉积,为此应注意在后期适量增加高于产奶和胎儿所需要的钙、磷,以弥补前期的损耗和增加骨组织的贮存。

(二)食盐的需要 食盐主要由钠和氯组成,钠和氯主要分布于细胞外液,是维持外液渗透压和酸碱平衡的主要离子,并参与水的代谢。当动物缺乏时,无明显的症状,仅表现为动物生长性能受阻,饲料转化率降低,成年动物生产性能下降等。一般钠适当时,氯的量是适当的。分泌到奶中的钠是泌乳牛总钠需要量中一个很大的部分,非泌乳牛的需钠量较低,泌乳牛日粮钠的需要量约占日粮干物质的0.18%(相当于0.46%食盐),非泌乳牛的需要量约占日粮干物质的0.1%(相当于0.25%食盐)。奶牛维持需要的食盐量约为每100千克体重3克,每产1千克标准乳供给1.2克。

(三)钾的需要 钾是动物体组织的第三大矿物质元素,在渗透压的调节、水的平衡、神经传导、肌肉收缩、氧和二氧化碳的运输、酸碱平衡和酶反应中发挥功能,是细胞内液的主要阳离子。奶牛缺钾时,采食量明显降低、体重和产奶量下降、全身肌肉无力、肠音变弱、异食癖、被毛失去光泽、血浆和奶中含钾降低。一般情况下,奶牛的日粮中缺钾的可能性较低,不需要额外补充。研究表明,泌乳牛钾的最小需要量约占日粮干物质的 0.8%,应激特别是热应激时应增加钾的需要量,可增加至 1.2%。

(四)镁的需要 动物体内的镁约有 70%以上以镁盐的形式存在于骨骼和牙齿中。镁与某些酶的活性有关,是机体内许多酶的活化剂,在糖和蛋白质代谢中起重要作用。一定浓度的镁能保证神经、肌肉、器官的正常功能,镁的浓度低时,神经、肌肉兴奋性提高,浓度高时则抑制。牛奶中含有大量的镁,因此随母牛的产奶水平提高可适当增加日粮中镁含量。母牛的维持需要量为 2~2.5 克/日·头,在此基础上每产 1 千克奶增加 0.12 克镁,泌乳早期的高产奶牛,镁的需要量可按日粮的 0.25%~0.3%计算。饲料中的镁含量与其他矿物质一样,随植物的种类、生长的土壤和气候条件而发生变化。通常豆科牧草中含镁量比禾本科高。早春牧草中含镁量下降。谷类饲料中含镁 1.1%~1.7%,而油料籽实、亚麻仁饼、花生饼和大豆饼中的镁含量大约是谷类饲料的 2 倍。含镁最丰富的植物饲料是麸皮、油饼、油粕、向日葵、饲用和糖用甜菜叶(4~8 毫克/千克干物质)。干草平均含镁 2~3 毫克/千克,禾本科 2 毫克/千克。对于在含氮肥或钾肥牧草生长茂盛的草地上,凉爽季节放牧的泌乳母牛、老母牛易发生低血镁症,引起抽搐,要注意适当补饲镁添加剂。

(五)硫的需要 硫是奶牛体蛋白和几种其他化合物的必需成分,占体组织的 0.15%,它还是蛋氨酸和 B 族维生素的组成成分。奶牛日粮中缺硫时,会导致饲料采食量和消化率降低,增重缓慢,产奶量下降。过量时表现有厌食、失重、抑郁等症状,给泌尿系统造成过重的负担。硫的主要来源是饲料蛋白质中的含硫氨基酸,因此大部分能满足蛋白质需要的日粮,基本上能满足硫的需要。如鱼粉、血粉等含硫可达 0.25%~0.35%,饼粕类为 0.25%~0.4%,谷实和糠麸类为 0.15%~0.25%。玉米青贮及块根块茎类含硫贫乏,仅为 0.05%~0.1%。在以尿素为氮源或氨化秸秆、秸秆日粮饲喂奶牛时很易产生缺硫现象,需补加含硫添加剂。无机的硫酸钠、硫酸钾、硫酸镁、硫酸铵等可用作硫的添加剂,以 0.2% 的硫水平在高产奶牛日粮中添加硫酸钠、硫酸钙、硫酸钾能维持最适硫平衡。

二、微量元素

微量元素是那些需要量较小,在动物体组织内含量较低的元素,如钴、碘、铁、锰、铜、硒和锌等。通常微量元素用毫克计算,即每千克日粮干物质含的毫克量。

(一)铁的需要 奶牛体内的铁有 70% 存在于血液和肌肉中,还有一部分铁与蛋白质结合形成铁蛋白,贮存于肝、脾及骨髓中。铁的主要功能是作为氧的载体以保证体组织内氧的正常输送,并参与细胞内生物氧化过程。铁缺乏时,奶牛会出现红细胞性贫血,肢体无力,采食量和体重都下降,还能降低免疫系统的功能,导致发病率和死亡率增加。奶牛铁的需要量为每千克日粮干物质含铁 50 毫克。牛对铁的耐受性很高,中毒症状是腹泻、采食量和体重降低,且高铁日粮会影响铜和锌的吸收。

禾本科秸秆、油籽饼、糠、甘蔗渣、血粉和鱼粉中含铁丰富。铁含量低的饲料有乳汁、脱脂乳等。在正常生理情况下，铁被组织吸收后可被高效还原和再利用，因此铁的维持需要可以被忽略。由于奶牛体内排泄的铁量有限，因此已成年奶牛为了维持其体内铁的平衡，每日吸收的铁量并不高。当给铁多时，吸收率会更低。若是在幼年或机体需铁时，饲料铁的吸收率则会显著提高。

（二）铜的需要　体内的铜主要集中在肝脏，其次是脑、肾、心及毛发中。铜为血红蛋白的必需成分之一，也是制造血细胞所需的辅酶成分，与细胞生成、骨骼形成、被毛色素沉着及脑细胞的代谢有关。铜对维持瘤胃正常的微生物区系是必需的，瘤胃液中铜的浓度的变动范围是 0.1～1 毫克/升，主要来源于饲料。奶牛铜缺乏易造成贫血，影响造血功能，运动失调，被毛粗糙和褪色，毛的组织结构发生变化，四肢骨端肿大，骨骼脆弱易导致骨折，繁殖障碍，生长较慢或体重下降、体弱、产奶量下降等。

铜广泛存在于饲料中，富含铜的植物性饲料包括油籽饼、苜蓿草粉、甘蔗渣、糖蜜和酵母，动物性饲料包括骨粉、肉骨粉等。常规饲料中含有的铜基本上能满足奶牛各种生理活动功能的需要，除非是来自缺铜地区的饲料或饲料中含有某些铜拮抗物质或机体吸收代谢功能方面发生障碍，可能发生铜的不足或缺乏。奶牛泌乳期对铜的需要量更高，一般日粮中铜的需要量为每千克干物质含铜 12～15 毫克。

（三）钴的需要　钴是维生素 B_{12} 的组成成分，给日粮提供足够的钴，奶牛瘤胃微生物可在体内合成维生素 B_{12}，奶牛日粮不需要补充维生素 B_{12}，而钴是奶牛所必需的微量元素之一。奶牛采食含钴量低于 0.07 毫克/千克的日粮时，维生素 B_{12} 的合成迅速降低，出现维生素 B_{12} 缺乏症。症状为：食欲不振,营养不良,生长停滞、消瘦、贫血等。

一般动物性饲料中含钴量较丰富且生物学价值也高,酵母、糖蜜中含钴也高。植物性饲料中,豆科植物的钴含量比禾本科高,种子部分含钴量高于植株部分,种皮含钴量高于种仁部分。日粮中钴的需要量为每千克干物质含钴 0.1 毫克。

(四)锰的需要 锰参与形成骨骼基质中的硫酸软骨素,是成骨作用的必需元素。锰还是二羧甲基戊酸激酶催化胆固醇合成所不可缺少的因素,而胆固醇是性激素合成的前体,因而锰与繁殖功能有关。锰能维持众多酶的活性。缺锰会导致奶牛生产受阻、骨骼畸形、犊牛软组织增生引起关节肿大、新生犊牛畸形,繁殖功能受阻或紊乱、妊娠初期易流产等症状。奶牛对锰的耐受力较强,日粮锰含量为 1 000 毫克/千克。

植物饲料中的锰含量变化很大,主要取决于植物的品种、生长的土壤类型以及土壤中锰的含量。富含锰的饲料包括甜菜渣、三叶草、糠麸、油籽饼,所有谷类作物、禾本科和豆科植物中锰含量均很贫乏。奶牛对饲料中的锰吸收率非常低,平均只有 2%～5%,成年奶牛可达到 8%～10%。已证明,锰是瘤胃微生物不可缺少的微量元素。奶牛锰的需要量为每千克日粮干物质中含锰 40 毫克。

(五)锌的需要 锌是体内 100 多种酶的成分之一,是蛋白酶、羧肽酸酶、碱性磷酸酶和核糖核酸聚合酶的组成成分,这些酶参与碳水化合物、蛋白质和核酸的代谢。锌调节钙蛋白、蛋白激酶 C、甲状腺素受体和磷酸肌醇的合成。锌也是胸腺素的组成成分。胸腺素是由胸腺细胞产生的一类激素,能够调节细胞免疫功能。锌参与维持上皮细胞和被毛的正常形态、生长和健康。当锌缺乏时,食欲下降和生长受阻,随之发生皮肤不全角质化症,蹄角质软化和蹄肿胀,脱毛,大面积皮炎,腿、头部和脖颈周围的皮肤出现角质化等症状,公牛睾丸发育不良,无精子,出现繁殖障碍。奶牛锌的需要量为每千克日粮干物质含锌 50 毫克。

植物中的锌浓度随其成熟度而降低,谷物籽实含锌量种间差异不大,锌在谷物籽实中的分布与镁一致,在表皮中含量高,因此粮食加工后副产品如麸皮、胚芽含锌量高于籽实 2～3 倍。动物性饲料如肉粉、鱼粉等的含锌量远远高于植物性饲料,而且它们所含锌的生物学价值也高。在骨肉粉中含锌量高,但利用时必须注意,因为高钙会减少奶牛机体对锌的吸收。豆科植物、酵母含锌较高,禾本科植物含量最低。粮食加工副产品中含锌高,如糠麸类和饼粕类,其次为豆类、谷实类。草粉、薯粉,含锌量低,每千克饲料样品(含 87% 干物质)中含锌 10 毫克左右。块根块茎含锌贫乏,一般含锌 4～6 毫克/千克。饲料中的锌含量受土壤中锌含量的直接影响。一般植物性饲料中锌的吸收及利用率较差,而动物性饲料中锌的吸收及利用率较高。

(六)碘的需要 碘在机体内含量甚微,多集中于甲状腺,与动物基础代谢有关,参与多种物质代谢,但功能非常重要,是合成调节能量代谢的甲状腺素所必需的成分。当碘缺乏时甲状腺素产生减少,从而降低了所有细胞的氧化率。通常新生犊牛缺碘的症状是甲状腺肿大,也会出现无毛、虚弱和死亡。泌乳母牛在妊娠的情况下会发生胎儿死亡。成年牛缺碘会导致甲状腺肿大,繁殖率降低,死亡率增高。

除了海藻之外植物中含碘量很少。海产品含碘高,我国缺碘具有一定的地区性,在我国西南、西北及某些内地山区缺碘,即使在一些不缺碘的地区,奶牛常用饲料中含碘量也不能完全满足其需要,生产中常需补充。奶牛碘的需要量为每千克日粮干物质含碘 0.33 毫克。无公害牛奶生产中,奶牛日粮干物质的含碘量不得超过 0.5 毫克/千克。

(七)硒的需要　硒是许多酶的组成成分,也存在于其他一些蛋白质中。硒缺乏时会出现白肌病和肌肉营养不良症,这些疾病的临床症状是腿脆弱和硬化,跗关节弯曲,肌肉颤抖,心肌和骨骼肌可见明显的条纹且坏死。给母牛妊娠后期补加或注射硒,会降低胎衣不下的发病率。

植物中的硒与其生长的土壤含硒量高度相关。在我国东北、西北及华东一带存在着缺硒地区。这些地区必须重视饲料中补硒。而我国陕西省紫阳县和湖北省恩施县部分地区则为高硒土壤地区,这些地区常常会引起家畜的硒中毒。

鱼粉中含有较高的硒,草粉和草叶粉次之,再次为饼粕类和糠麸类。牧草叶子含硒量高于茎秆 1.5～2 倍。谷物和薯类含硒较低,其中尤以玉米含硒量较少。除奶产品外,其他大部分动物副产品含硒量都较高。肌肉中的硒与日粮中硒的浓度有高度正相关关系。牛乳中的硒含量主要受饲料中硒含量的影响。奶牛饲料中补加硒或注射硒,牛乳中硒的浓度迅速提高。

奶牛硒的需要量为每千克日粮干物质含硒 0.3 毫克。硒具有毒性,每千克日粮干物质含硒 2 毫克是奶牛最大耐受水平。

奶牛矿物质饲料添加剂中矿物质元素的相对生物学价值各不相同,现将常用矿物质补充饲料及其生物利用率列于表2-2,供奶牛饲养者参考使用。

表 2-2 常用矿物质添加剂中矿物质元素的相对生物学价值(反刍动物)*

元 素	来 源	分子式	相对生物学价值(%)
钙	磷酸一钙	$CaH_4(PO_4)_3$	137
	石灰石		88
磷	磷酸一钙	$CaH_4(PO_4)_3$	100
	磷酸一钠	NaH_2PO_4	107
	植酸钙		66
	植酸磷		60
镁	氧化镁	MgO	85
	硫酸镁	$MgSO_4$	58～113
	碳酸镁	$MgCO_3$	86～113
硫	硫酸钙	$CaSO_4$	60～80
	硫酸钾	K_2SO_4	60～80
	硫酸铵	$(NH_4)_2SO_4$	60～80
钠、氯	食盐	$NaCl$	氯:100、钠:100
硒	硒化钠	Na_2Se	44
	亚硒酸钠	Na_2SeO_2	100
	硒酸钠	Na_2SeO_4	74

摘自杨胜《矿物质补充饲料及其生物利用率》,1985

第六节 维生素需要

维生素是奶牛维持正常生产性能和健康所必需的营养物质,维生素可分为脂溶性和水溶性两大类,脂溶性维生素包括维生素 A、维生素 D、维生素 E、维生素 K,水溶性维生素包括 B 族维生素和维生素 C。奶牛瘤胃内微生物可合成维生素 K、维生素 C 和 B 族维生素,脂溶性维生素 A、维生素 D 和维生素 E 必须由外源性饲料补充。脂溶性维生素只能和脂肪在一起才能被奶牛吸收,一般贮存于脂肪中,能在体内贮存,因此短期内供应不足对奶牛的生长和健康不会造成不良影响。幼犊在瘤胃未充分发育以前,瘤胃内还没有完全定居微生物和原生动物,合成 B 族维生素和维生素 K 的能力有限,应补充所有的重要维生素。

维生素具有多种生物学功能,参与许多代谢途径,并具有免疫细胞和基因调控的功能。每种维生素的缺乏都会导致某种特定的缺乏症,造成生产性能的降低。

一、常用维生素

(一)维生素 A   维生素 A 又称生长维生素。仅存在于动物性饲料中,以鱼肝油含量最高,其次是蛋黄、肝脏、血粉、全脂乳和鱼粉。植物性饲料不含维生素 A 但含有胡萝卜素。胡萝卜素在肠道壁及肝脏中可经过胡萝卜素酶作用转化为维生素 A,以 β-胡萝卜素活性最高,以脱水苜蓿含量最高,其次是晒干苜蓿、牧草、胡萝卜、红色甘薯、黄色玉米。植物中的 β-胡萝卜素大部分都存在于营养器官中,所以饲草中含有相当数量的 β-胡萝卜素。大部分谷物和谷物副产品都缺乏 β-胡萝卜素(玉米蛋白粉中含有一定数量的 β-胡萝卜素)。除黄玉米外,谷物籽实的类胡萝卜素含量极少。新鲜饲草(牧草)中含有相对较高的 β-胡萝卜素。因此饲喂新鲜饲草的奶牛可减少维生素 A 添加量。饲料暴露于高温空气和阳光中则胡萝卜素迅速被破坏。高精料日粮、褪色或在干旱条件下生长的牧草,饲草过分暴晒以及饲草过度加工等可能出现维生素 A 缺乏。一般青绿饲料,调制优良的青草、青贮玉米胡萝卜素含量都较高。

维生素 A 主要参与机体许多功能的调节。机体细胞的正常生长和增殖,保护呼吸系统,消化系统和生殖系统上皮细胞组织结构的完整健康,维持正常的视力都需要维生素 A。同时维生素 A 还参与性激素的形成,对提高奶牛的繁殖力有着重要作用。缺乏维生素 A 时可引起上皮组织角质化,夜盲症,干眼病,幼畜生长受阻,抵抗力下降,繁殖功能障碍,被毛粗乱无光,呼吸道疾病,共济运动失调,下痢,消瘦等。

瘤胃对维生素 A 的破坏作用很大。饲喂干草和玉米籽实的奶牛,添加的维生素 A 大约有 60% 被瘤胃破坏。采食高粗料饲粮的奶牛瘤胃可以破坏大约 20% 的维生素 A,采食高精料饲粮的奶牛瘤胃对维生素 A 的破坏上升到 70%。饲粮中的 β-胡萝卜素在瘤胃中的破坏率在 0%～35% 之间变化。

在计算饲料中维生素供应盈缺时必须考虑饲料中胡萝卜素含量,计算为有效维生素 A 的量,然后考虑添加多少商品维生素。维生素 A 的需要量一般以胡萝卜素来表示,1 毫克 β-胡萝卜素相当于 400 个单位的维生素 A,生长奶牛每 100 千克体重需要 10.6 毫克 β-胡萝卜素,繁殖和泌乳牛每 100 千克体重需 19 毫克。

(二)维生素 D 维生素 D 是骨骼生长发育和更新中不可缺少的重要物质,是钙、磷代谢所需要的一类脂溶性维生素。维生素 D 调节钙、磷代谢,促进肠道对钙、磷吸收,预防佝偻病,强化奶牛抗病力。用高青贮日粮和高精料日粮喂牛时,配合日粮中常需添加维生素 D 添加剂。

奶牛有两个主要的自然维生素 D 来源,即奶牛皮下的 7-脱氢胆固醇在日光照射下转化为维生素 D_3 和植物含有的麦角固醇经日光照射转化为维生素 D_2。维生素 D_3 主要来源于动物性饲料,以鱼肝油含量最高,其次是蛋黄、全脂乳等。维生

素 D_2 主要来源于经暴晒干燥的豆科或禾本科牧草(植物中的维生素 D 原经紫外线照射后转变为维生素 D_2)。

维生素 D_3 是一种激素原,参与机体钙、磷的吸收与代谢调节,奶牛的皮肤能够在光照作用下合成维生素 D_3。舍饲奶牛光照不足,特别易发生维生素 D 缺乏症。维生素 D 缺乏可导致成年牛骨质变脆变软易折,犊牛佝偻病,四肢关节变形,牙齿发育不良,主要由于骨骼沉积和利用钙和磷的功能发生障碍而造成,伴随出现的症状通常包括血液中钙和无机磷减少、关节肿胀僵硬、厌食、兴奋、抽搐和惊厥,生长速度减慢、奶牛泌乳期缩短等。

研究表明,中产奶牛建议补充 1 万~1.5 万单位维生素 D,而高产奶牛可达 2 万单位,生长奶牛的推荐量为 660 单位/100 千克体重。

(三)维生素 E　维生素 E 也称生育酚、抗不育维生素。是一种抗氧化剂,为细胞色素还原酶的辅助因子,参与细胞膜的维护,能提高机体的免疫力、抗病力和生殖功能,减轻有毒元素对细胞的危害,多方面与硒协同作用保护机体,降低胎衣不下的比例,降低乳房炎的发生率。维生素 E 与微量元素硒有密切关系,主要作用在于防止细胞膜的损坏。维生素 E 主要来源于植物性饲料,以脱水苜蓿含量最高,其次是小麦麸、棉籽粕、菜籽粕、玉米胚芽饼及青绿饲料、优质青干草等。

奶牛维生素 E 缺乏症一般表现为幼畜肌肉营养不良,急性表现为心肌变性(突然死亡),亚急性表现为骨骼肌变性(运动障碍);最初症状包括腿部肌肉萎缩,引起犊牛后肢步态不稳,系部松弛和趾部外向,舌肌组织营养不良,损害犊牛的吮乳能力。成年母牛受胎率下降、死胎、弱仔。犊牛营养上维生素 E 和硒有协同作用,有些缺乏症,如白肌病,用维生素 E 和硒都有效果。高产奶牛每天需供给 300～500 毫克维生素 E 方能满足需要。正常情况下维生素 E 的日需要量为每天 150 毫克 α-生育酚或按每千克饲粮含维生素 E 15 单位。

维生素 E 的主要来源为青粗饲料和禾本科籽实。粗饲料贮存期间,维生素 E 含量下降。当饲料中存在较多的不饱和脂肪酸和亚硝酸盐时,则提高奶牛对维生素 E 的需要。

(四)维生素 K　维生素 K 与生物合成骨骼钙沉积的蛋白质有直接关系,它在骨骼形成与骨质化过程中积极参与钙的代谢。维生素 K 分为维生素 K_1 和维生素 K_2。维生素 K_1 的主要来源是各种新鲜或干燥绿叶,维生素 K_2 多在瘤胃中合成。如果奶牛日粮中精料过多,优质粗料过少则需要补充维生素 K。

(五)B 族维生素　畜禽 B 族维生素的需要量一般是以不出现明显的缺乏症为标准的。奶牛瘤胃微生物能够合成足够量的 B 族维生素,因此正常条件下不需要向其日粮中补充 B 族维生素。然而,随着奶牛品种的改良和养殖集约化程度的提高,奶牛的产奶量显著提高,对营养水平提出了更高的要求。B 族维生素作为机体营养代谢途径中重要的辅助因子,其需要量因此也必须得到相应的提高。最近研究表明,高产奶牛整个身体实际处于一种亚健康状况,为了维持高产奶牛的正常体况和生产性能,必须提供营养全面的日粮,特别是多年以来一直被忽视的 B 族维生素,目前许多研究证实奶牛日粮中添加 B 族维生素是大有益处的,饲料中补充某些维生素 B 的确能够改善生产性能或消除缺乏症。

二、奶牛维生素的应用动向

目前,在成年奶牛饲养中对烟酸的研究比较多,对其他几种水溶性维生素的研究刚刚开始。近年来的报道则提倡在高产奶牛的日粮中增加 B 族维生素。有报道，肌内注射维生素 B_1 可以提高受胎率;每天给奶牛加喂 12 克烟酸,可以预防奶牛酮血症。烟酸参与蛋白质、脂肪和碳水化合物的代谢,促进微生物蛋白质合成。有人在奶牛泌乳初期日粮中补加烟酸 3～6 克,结果是奶牛的产奶量得到明显的提高。饲喂钴缺乏的饲料,奶牛很容易缺乏维生素 B_{12},原因是由于钴的不足使得瘤胃微生物合成维生素 B_{12} 的原料不足,或者合成量很低。动物营养学家对奶牛的维生素 B_1、烟酸、维生素 B_2、胆碱、生物素和叶酸的需要研究的较多。

(一)烟酸与体脂肪代谢　奶牛妊娠后期与泌乳早期,由于烟酸影响体脂肪和酮的代谢,因此发生酮病时补充烟酸有好处。泌乳早期体脂肪代谢最旺盛,因为此阶段产奶所需能量最高。科学家认为妊娠最后 2 周和泌乳早期的奶牛,尤其是管理较好的奶牛,每天每头喂给 6 克烟酸有助于提高脂肪代谢,防止酮体的积累。如果饲喂量增加到每头每天 12 克则有治疗酮病的作用。还认为,烟酸在体脂肪代谢中的作用表明奶牛饲料中添加烟酸可能有一些益处。

(二)硫氨素和氰钴素　硫氨素又称维生素 B_1,氰钴素又称钴氨素、维生素 B_{12}。高能日粮需要硫氨素,更好地消化纤维素需要维生素 B_{12},牛和羊采食高精料或含糖量高的饲粮会出现维生素 B_1 的缺乏,造成脑灰质软化。有人推断这种饲粮刺激了瘤胃微生物合成维生素 B_1 分解酶或与此酶有关的物质。另一方面,这种饲粮能促进瘤胃内维生素 B_1 类似物的生成,与维生素 B_1 有颉颃作用。维生素 B_{12} 在泌乳奶牛丙酸代谢中起作用。可能的原因是,维生素 B_{12} 或其合成所需钴的缺乏会降低纤维的消化。正常情况下,奶牛通过牧草能够获得钴,但许多土壤缺乏足够的钴以保证合成适量的维生素 B_{12}。

（三）胆碱与生物素 与 B 族维生素相比，奶牛对胆碱的需要量最大，因为它对脂肪的代谢有重要意义。美国最近研究表明，奶牛采食高精料低饲草日粮时每头每天补充 3～4 克氯化胆碱提高了乳脂率和校正乳脂率后的产奶量 10%～30%。但当前并不推荐在饲料中补充氯化胆碱。

在奶牛日粮中补充生物素是值得提倡的，因为它在保证蹄部健康所需的表皮组织分化中起重要作用。而且，生物素还有许多其他代谢方面的功能：①必需脂肪酸的代谢；②糖原异生作用；③脂肪酸的合成；④氨基酸的合成；⑤丙酸的生成。采食谷物含量高的饲料易造成的瘤胃内酸性会抑制瘤胃中生物素的合成，近年来集约化生产条件下的研究表明，每头奶牛每天口服 10～20 毫克生物素后蹄角硬度和张力改善，产奶量提高，开放式饲养天数减少。

（四）叶酸对组织代谢的作用 奶牛组织代谢中叶酸对细胞分裂和蛋白代谢起着重要的作用。新组织生成、胎儿和胎膜生长、乳腺发育和乳蛋白合成时动物对叶酸需要将大大提高。这也是研究高产奶牛最佳生产水平时把叶酸作为 B 族维生素中首要考虑的原因。研究人员发现，非妊娠奶牛血清中叶酸浓度远超过妊娠奶牛，奶牛产犊后 2 个月到下一次产犊时其血清中的叶酸浓度下降了 40%，经产奶牛产犊前 2 个月比产犊后 3 周对叶酸的摄取量大得多，说明了妊娠、高产时奶牛体组织对叶酸需要量提高，血清中叶酸浓度降低。补充叶酸以改善奶牛生产性能方面国外已有大量的研究报道。研究结果证实，饲料中添加叶酸可以提高奶牛的产奶量与乳蛋白质含量，对采食量无影响。

第七节　水的需要

水是奶牛必需的营养物质。维持体液和正常的离子平衡，营养物质的消化、吸收和代谢，代谢产物的排出和体热的散发，为发育中的胎儿提供流动环境和营养物质输送都需要水。奶牛每天摄入的水来自于饮水、饲料中的水和有机营养物质代谢形成的代谢水。总摄入水的 83% 是通过饮水获得。每产 1 千克奶估计需要 0.87 千克水。奶牛体内的水经唾液、尿、粪、汗、奶、体表蒸发和呼吸道排出体外。由奶排出的水分占总摄入水的 34%，粪中水排出量和奶中水排出量相类似，为总摄水量的 30%～35%，尿中排出的水占 15%～20%。奶牛体内水的排出量受牛的活动、环境温度、湿度、呼吸率、饮水量、日粮组成和其他因素的影响。奶牛机体含水量占其总体重的 56%～81%，机体损失的水超过 20% 就会有生命危险。影响奶牛饮水量的因素很多，产奶量、干物质采食量、环境温度等，食盐摄入量是主要因素。在平常气温下每 100 千克体重要求每天供应 10 升水。气温升高时饮水量增加。气温 4.4℃，体重 635 千克的未怀孕母牛，每天产奶 36 千克，需水量 102 千克；气温 32℃时，每天饮水量为 174 千克。日粮中盐、碳酸氢钠和蛋白质含量过高会增加水摄入量，比如钠的摄入量增加 1 克，饮水量就增加 0.05 千克/天。在最后 3 个月的妊娠期中还需增加饮水量。

奶牛每天要饮水多次，通常与采食量有关，泌乳牛每天饮水次数在 6 次以上，主要发生在白天，一般多集中在上午 10 时到下午 7 时之间。奶牛场水的供给非常重要，但往往又容易被忽视。奶牛运动场应设有足够的水槽，保证奶牛能随时饮到干净的水,水槽的高度为 90 厘米为好,1 个饮水槽供 10 头牛饮水。

　　水的质量对奶牛生产和健康是一个很重要的问题,在评价人和家畜饮水质量时通常考虑 5 个指标:即气味特性、理化特性(pH 值、总可溶固体物、总溶解氧和硬度)、有毒物质(重金属、有毒金属、有机磷和碳氢化合物)的存在与否、矿物质或化合物(硝酸盐、钠、硫和铁)是否过量以及细菌存在与否。水的供给和水的质量对奶牛的健康和生产性能的发挥非常重要,限制奶牛的饮水会对奶牛的产奶量产生严重影响。有关水的污染物,如硝酸盐、氯化钠和硫酸盐,会对奶牛健康和生产产生影响,因此在奶牛饮水问题上,既要注意水的供给数量又要注意质量。

第三章　奶牛配合饲料及配合技术

奶牛配合饲料是根据奶牛不同生理阶段、不同生产水平对各种营养成分的需要量及饲料资源、价格情况，优选出营养完善、价格便宜的科学配方，把多种饲料原料和添加成分，按照配方规定的比例配料，并加工均匀混合的饲料工业产品。

使用配合饲料可以避免由于饲料品种单一、营养物质供应不全、营养不平衡而造成的饲料浪费。将各种饲料合理搭配、取长补短，使饲料的能量、蛋白质、矿物质、维生素含量充足，全面均衡的供给奶牛的各种营养物质需要，能最大限度地发挥动物生产潜力，增加奶牛生产效益。同时，配合饲料的使用也能充分、合理、高效地利用各种饲料资源。

第一节　配合饲料的分类

奶牛配合饲料按营养组成和使用方式可分为预混合饲料、精料补充料、浓缩饲料和全混合日粮。

一、预混合饲料

预混合饲料又叫添加剂预混合饲料、预混料。它是由一种或多种饲料添加剂加上载体和稀释剂按配方制成的均匀混合物。预混料有多种类型，由单一添加剂原料配制成的预混料，如维生素预混料、微量元素预混料等；由多种添加剂配制成的复合性预混料。

预混料使用时应注意：添加剂预混料不能直接用来饲喂

奶牛,必须与能量饲料、蛋白质饲料、常量矿物质饲料按比例均匀混合后才能使用。添加剂预混料用量很小,一般占精料补充料的 0.2%~1%,但却具有补充奶牛微量营养成分和提高饲料利用率,促进生长,防治疾病,减少饲料贮藏期间营养物质损失等作用。这种产品技术要求条件高,一般由技术条件好的大饲料厂或科研单位生产。各级浓缩饲料厂、配合饲料厂可用它来生产各级饲料。专业户、养殖厂在专家的指导下也可以用来配制配合饲料。

二、精料补充料

精料补充料是针对反刍动物的专用精饲料。根据奶牛的营养需要设计饲料配方,选用能量饲料、蛋白质饲料、矿物质饲料、添加剂预混料等原料,并经加工调制,配合而成。这是一种混合均匀、并可直接饲喂奶牛的混合饲料。

精料补充料使用时应注意:奶牛不能仅喂精料补充料,因其浓度较高,如果过量饲喂或仅喂精料,会造成营养素中毒与营养代谢病。在喂给奶牛精料补充料后,还要搭配使用粗饲料、青贮饲料和青饲料。精料补充料的作用是弥补奶牛所食粗饲料、青饲料的营养不足或不全、不平衡的缺陷,是一种平衡型混合精料。对奶牛来说,应根据不同的生产情况确定饲粮中精、粗料比例,一般按干物质计,比例为 3∶7 或 4∶6 较为适宜。各地奶牛用粗饲料品种、质量、数量不尽相同,不同季节所使用的青饲料、粗饲料不同,精料补充料应根据这些情况的变化来设计配方。在全饲粮配合料的基础上,合理地用好精料补充料。一般奶牛场可以根据奶牛的生产情况和原料情况自己配合加工精料补充料,但预混料要从专业加工厂购买。

三、浓缩饲料

浓缩饲料又称蛋白质平衡饲料或蛋白质添加浓缩料。它是精料补充料中减去能量饲料,剩余的那部分饲料,主要由蛋白质饲料、常量矿物质饲料、添加剂预混料按一定配方比例配制而成的均匀混合物。

浓缩饲料使用时应注意:浓缩饲料是一种营养浓度很高的饲料产品,不能直接饲喂奶牛,一般占精料补充料的20%~50%。使用它时再加一定比例的能量(如玉米、大麦、小麦麸等)饲料即可。浓缩饲料使用方便,主要供给能量饲料比较充足的养殖户,可减少能量饲料的运输成本,亦可避免有些偏远地区采购常量矿物质饲料、各种饲料添加剂不便利的麻烦,也可以使不具备饲料营养科学知识的广大农民很方便地使用这种有现代营养科学含量的产品,使现代饲养科学技术得到推广使用。因此使用浓缩饲料是推广和普及使用全价配合饲料,提高饲料报酬和经济效益的最有效的方法。

四、全混合日粮(TMR)

TMR是英文"Total Mixed Ration"三个单词的第一个大写字母,中文含义为"全混合日粮"。实际上,就是根据奶牛不同泌乳阶段、产奶量、胎次、体况等具体情况下的营养需要,将奶牛的粗饲料、精饲料、青贮饲料以及各种饲料添加剂按照适当的比例混合在一起,以满足奶牛对于各种营养的需要。奶牛全混合日粮可以直接用来饲喂奶牛,并能满足奶牛的全部营养需要。

使用全混合日粮具有以下优点:饲喂TMR日粮可简化饲料配制程序;增加奶牛的干物质进食量,有效防止挑食;保证稳定的精、粗料比例,有利于瘤胃微生物的动态平衡;节约饲料成本;提高饲料的利用率;提高劳动率;提高奶牛的产奶量,适宜大规模集约化经营方式。

使用全混合日粮时应注意:TMR 配制应精、粗料比例合理,营养素间搭配合理,过瘤胃蛋白、过瘤胃脂肪要适量,注意矿物质平衡(钙、磷比为 $1.5 \sim 2 : 1$),水分含量适当($40\% \sim 50\%$);能量、蛋白合理。TMR 的混合均匀度要求高,因此需有专门的机械设备和性能良好的混合设备。TMR 要求原料水分要准确,当青贮料、青绿饲料等较湿原料的水分发生较大变异时,需对投料量进行校正,至少每周测一次原料水分。TMR 营养浓度不易控制,其原料应每周化验一次。需进行干物质采食量预测。根据有关公式计算出理论值,结合实际情况,如奶牛不同年龄、胎次、产奶量、泌乳期、乳脂率、乳蛋白率、体重推算出实际采食量。使用 TMR 需对奶牛进行合理分群。对于大型奶牛场,泌乳牛群根据泌乳阶段可分为早、中、后期牛群,干奶早期、干奶后期牛群。对于泌乳中期的奶牛中产奶量相对较高或很瘦的奶牛应该归入早期牛。对处在泌乳早期的奶牛,不管产量高低,都应该以提高干物质采食量为主;泌乳中期应尽可能维持产奶量不应再过度饲喂;泌乳后期奶牛对营养的需求比较低,主要提供粗饲料,应注意避免使奶牛过肥。对于小型奶牛场,可以根据产奶量分为高产、低产和干奶牛群。一般泌乳早期和产奶量高的牛群为高产牛群,泌乳中后期牛为低产牛群。依据各牛群的规模大小,每个牛群应有各自的 TMR,或者制作基础 TMR＋精料(草料)的方式满足不同牛群的需要。TMR 配制要保证适口性好,成本低,经济合理。

第二节　奶牛饲料配合技术

一、奶牛饲料配合的一般原则

　　合理搭配饲料是畜牧生产中非常重要的技术环节。饲料搭配的合理与否，直接影响到动物的健康、生产性能、生产成本及养殖业的经济效益，配方的设计质量直接反映着一个企业或配方技术设计者的技术素质、管理水平和预测能力。奶牛饲料配方设计一般应考虑以下几条原则。

（一）保证配合饲料营养平衡，充分发挥奶牛的生产潜力

　　1. 保证全面、充足、平衡的营养　设计饲料配方的营养水平，必须以饲养标准为基础，对第一个泌乳期及高产奶牛应适当提高标准。饲料配方中应含有奶牛所需要的全部营养物质或其原料、前体。配方中每一种养分的可利用量应能满足奶牛高效生产的需要。另外，还应保证配方中各养分间比例适当，重点应考虑能量与蛋白质之间的比例、矿物元素之间的比例。

　　2. 合理选择饲料原料，正确评估和决定饲料原料营养成分含量　饲料配方平衡与否在很大程度上取决于设计时所采用的原料营养成分值。条件允许的情况下，应尽可能多的选择原料种类。原料营养成分值，要注意原料的规格、等级和品质特性。对重要原料的重要指标最好进行实际测定，提供准确的参考依据。

　　3. 正确处理配合饲料配方设计值与保证值的关系　由于奶牛品种、饲养环境条件、饲养水平等不同，奶牛对养分的需要存在差异；特别是考虑到外界环境与加工条件等对饲料

原料中活性成分的影响，因而设计配方时配合饲料的营养成分设计值通常应略大于配合饲料保证值。

（二）符合奶牛的生理特点　日粮中应有适当的精、粗料比例。奶牛是复胃动物，日粮中粗纤维的含量应在15%～17%，才不易发生消化代谢疾病。因而，一般青、粗饲料占奶牛采食干物质总量的60%～90%。对于育成期奶牛、空怀奶牛和非繁殖期成年种牛等生产力较低的奶牛，可以只供给青粗饲料。但在奶牛妊娠期、泌乳期、繁殖期应适当补充精料（精料补充料）。

（三）注意日粮的性状

1. 配合奶牛日粮时应注意容重　在以禾本科干草及秸秆为主的日粮中，应适当多用一些麦麸等略带有轻泻性的饲料，特别是母牛产犊前后更应如此。麸皮在泌乳期奶牛的日粮中可占精料的20%左右。

2. 奶牛配合饲料必须有较好的适口性　日粮一般应含有粗饲料、多汁饲料和4～5种以上的精饲料。精饲料应混合均匀。为提高饲料的适口性，可以在配合精料补充料时加些甜菜渣、糖蜜等"甜味"饲料。

3. 必须保证奶牛日粮干物质的采食量　奶牛对日粮干物质的采食量与体重和泌乳量密切相关。消化道未能充满或过分充满，均会影响奶牛健康。

（四）保证配合饲料的安全性

1. 配合饲料对动物自身必须是安全的　发霉、酸败、污染和未经处理的含毒素等饲料原料不能使用。对含有毒素和抗营养因子的饲料原料须控制用量。

2. 动物采食配合饲料后，生产的动物产品对人类健康必须是安全的　不应使用违禁药物来提高奶牛的生产性能，对某些饲料添加剂(如抗生素等)的使用量和使用期限应符合安全法规。

3. 饲料使用后,对环境不造成或尽量减少造成污染 可通过提高奶牛的饲料利用率、配制营养平衡日粮、添加酶制剂等饲料添加剂来解决。

(五)成本相对较低

饲料成本约占奶牛生产总成本的 70% 以上,因而其对奶牛生产的效益影响很大。要设计出成本相对较低的配方应注意做到:根据市场和饲养管理水平确定适当的营养水平;用多种饲料搭配并选择当地资源最多、易收集、产量多,且价格相对较低的饲料做原料,特别是充分利用农副产品,以降低饲料费用和生产成本;按最低成本或最高效益的要求设计配方。

二、奶牛日粮配合步骤和方法

(一)奶牛日粮配合的步骤

1. 查出奶牛的营养需要 奶牛每天的营养需要量包括维持需要和生产需要。根据奶牛的体重(群体按平均体重)、平均产乳量、乳脂率,按照《奶牛饲养标准》(附录一)规定的指标,求出生产的营养需要量。然后将所计算的维持需要和生产需要的数值相加,就是奶牛每天的营养需要量。

2. 查出选用饲料的营养成分 选用适当的饲料(粗饲料尽量选用本地产的),从《奶牛常用饲料成分与营养价值表》(附录二)中查出饲料中各种营养成分值(如有条件,最好分析化验营养成分含量)。

3. 对粗饲料进行试配,初步满足奶牛对粗料的需要 每天给以占体重 1%～2% 的粗饲料或相当于干草干物质的青贮料。下面的几组数字可供参考:每天每 100 千克体重可供给

1.5～2千克干草,如给予3～4千克青贮料或4～5千克块根块茎,可减少干草给量1千克。在正常情况下,每100千克体重可喂1千克干草和3千克青贮料。

4. 再次试配,调整补充不足 试配后的日粮中营养不足部分,可由精料补充料来补充。经再次试配和调整,使能量和蛋白质两项满足或接近营养需要量。

5. 补足钙、磷、食盐及维生素等营养物质需要 再次试配和调整后的日粮中,考虑钙、磷含量及钙、磷比例(1～2:1),不足部分用高磷和高钙饲料加以补充。胡萝卜素在大量饲喂青料和青贮料的情况下可不考虑。每100千克体重补充食盐3克,每产1千克标准乳补食盐1.2克。

(二)奶牛日粮配合的方法 奶牛日粮配合的方法有多种,如营养试差法、代数法、计算机法等。适合农户养牛使用的是营养试差法。

营养试差法又称凑数法,是目前中小型饲料企业和养殖场(户)经常采用的方法。其具体做法是:首先根据经验初步拟出各种饲料原料的大体比例,然后用各自的比例乘以该原料所含各种养分的百分含量,再将各种原料的同种养分相加,就得到该配方的此种养分总含量,将所得结果与饲养标准相比较,若有某种养分超过标准或不足时,可通过减少或增加相应的原料比例进行调整和重新计算,直到所有的营养指标都基本满足饲养标准时为止。这种方法简单易学,且学会后可以逐步深入,掌握各种配料技术,因而广为应用。但缺点是计算量大,比较烦琐,且盲目性大,不易筛选最佳配方,成本也可能较高。

例:某奶牛场成年奶牛平均体重为500千克、日产乳脂率为3.5%的乳15千克。现有饲料原料种类:玉米秸、玉米青贮、苜蓿干草等粗饲料原料,另有玉米、麸皮、豆饼等精饲料原料,矿物质饲料原料为磷酸氢钙。要求用试差法配制奶牛日粮。

第一步:查奶牛营养需要表(附录一),列于表 3-1。

表 3-1 奶牛营养需要量

营养需要	日粮干物质(千克/头·日)	产奶净能(兆焦/头·日)	可消化粗蛋白质(克/头·日)	钙(克/头·日)	磷(克/头·日)	食盐(克/头·日)
500 千克体重维持需要	6.56	37.57	317	30	22	15
1 千克 3.5% 乳营养需要	0.41	2.93	53	4.2	2.8	1.2
15 千克乳的营养需要	15×0.41 =6.15	15×2.926 =43.89	15×53 =795	15×4.2 =63	15×2.8 =42	15×1.2 =18
营养需要合计	6.56+6.15 =12.71	37.57+43.89 =81.46	317+795 =1112	30+63 =93	22+42 =64	15+18 =33

第二步:查所选用的饲料原料营养成分(附录二,如有条件,自行分析)列于表 3-2。

表 3-2 饲料原料中营养成分含量

原料	干物质(%)	产奶净能(兆焦/千克)	可消化粗蛋白质(克/千克)	钙(克/千克)	磷(克/千克)
玉米秸秆	90	4.22	20	—	
苜蓿干草	91.3	6.01	123	14.3	2.0
玉米青贮	22.7	4.98	42	4.4	2.6
玉 米	88.4	8.10	63	0.9	2.4
麸 皮	89.3	6.66	101	1.6	6.0
豆 饼	90.6	9.15	308	3.5	5.5
磷酸氢钙	99.9	—	—	180.0	232.0

第三步:首先满足奶牛对青、粗饲料的需要。本配方初拟粗:精饲料比为 6:4,即粗饲料占 60%,精料占 40%。则粗饲料干物质用量为 $12.71 \times 60\% = 7.626$ 千克,取 7.6 千克即可。粗饲料组成及其所提供的营养物质进行以下初步计算,见表 3-3。

表 3-3　粗饲料配方

粗料组成	干物质（千克）	产奶净能（兆焦）	可消化粗蛋白质（克）	钙（克）	磷（克）
玉米秸秆	1.6	6.75 (1.6×4.22)	32 (1.6×20)	0	0
苜蓿干草	3.5	21.03 (3.5×6.01)	430.5 (3.5×123)	50.1 (3.5×14.3)	7.0 (3.5×2.0)
玉米青贮料	2.5	12.45 (2.5×4.98)	105 (2.5×42)	11.0 (2.5×4.4)	6.5 (2.5×2.6)
粗料提供养分合计(A)	7.6	40.23(6.75+21.03+12.45)	567.5	61.1	13.5
营养需要合计(B)	12.71	81.46	1112.0	93.0	64.0
精料提供养分量(B−A)	5.11	41.23	544.5	31.9	50.5

第四步:不足的养分,由精料补充料来补。初步定为 3 千克玉米、1 千克麸皮和 1 千克豆饼来组成精料补充料,初拟精料配方如表 3-4 所示。

表 3-4　初拟精料补充料配方

精料组成	干物质 （千克）	产奶净能 （兆焦）	可消化粗 蛋白质（克）	钙 （克）	磷 （克）
玉　米	3	24.30 (3×8.1)	189 (3×63)	2.7 (3×0.9)	7.2 (3×2.4)
麸　皮	1	6.66 (1×6.66)	101 (1×101)	1.6 (1×1.6)	6.0 (1×6.0)
豆　饼	1	9.15 (1×9.15)	308 (1×308)	3.5 (1×3.5)	5.5 (1×5.5)
精饲料总 计(A)	5(3+1+1)	40.11	598	7.8	18.7
需要精料 提供(B)	5.11	41.23	544.5	31.95	50.5
A－B	−0.11	−1.12	53.5	−24.2	−31.8

第五步：调整精料配方。由表3-4可见，与差值部分比较，干物质差0.11千克，产奶净能差1.12兆焦，可消化粗蛋白质多53.5克，钙差24.2克，磷差31.8克。调整时先满足干物质和能量的需要，再考虑蛋白质及其他的营养物质。从这些差值中可以看出，能量饲料中玉米可略增一些，相应减少麸皮的量。计划将玉米增为3.5千克，麸皮减至0.61千克，豆饼保持为1千克，则调整后配方如表3-5所示。

表 3-5　调整后的精料配方

精料组成	干物质 （千克）	产奶净能 （兆焦）	可消化粗 蛋白质（克）	钙 （克）	磷 （克）
玉　米	3.5	28.35	220.5	3.15	8.40
麸　皮	0.61	4.06	61.61	0.98	3.66

精料组成	干物质 (千克)	产奶净能 (兆焦)	可消化粗 蛋白质(克)	钙 (克)	磷 (克)
豆 饼	1	9.15	308	3.50	5.50
精饲料总计(A)	5.11	41.56	590.11	7.63	17.56
需要精料提供(B)	5.11	41.23	544.5	31.95	50.50
(A－B)	0.00	0.33	45.6	－24.32	－32.94

再次调整后,干物质符合要求;能量超出 0.33 兆焦;蛋白质超出 45.6 克;钙缺 24.32 克;磷缺 32.94 克。

第六步:补充矿物质。以磷酸氢钙满足磷的需要,从饲料营养成分列表中查出磷酸氢钙含磷232 克/千克和钙180 克/千克;补充 32.94 克磷需要磷酸氢钙 0.142 千克(32.94/232);0.142 千克磷酸氢钙能提供的钙为25.56 克(0.142×180)。食盐的用量33 克。

第七步:将调整后的各种原料进行汇总,列于表 3-6。

表 3-6　奶牛的日粮组成

原 料	干物质 含量 (%)	干物质 (千克)	产奶净能 (兆焦)	可消化 粗蛋白 质(克)	钙 (克)	磷 (克)	食 盐 (克)
玉米秸秆	90	1.6	6.75	32.0	0	0	
苜蓿干草	91.3	3.5	21.03	430.5	50.1	7.0	
玉米青贮料	22.7	2.5	12.45	105.0	11.0	6.5	
玉 米	88.4	3.5	28.35	220.5	3.2	8.4	
麸 皮	89.3	0.61	4.06	61.6	1.0	3.7	
豆 饼	90.6	1	9.15	308.0	3.5	5.5	

原　料	干物质含量(%)	干物质(千克)	产奶净能(兆焦)	可消化粗蛋白质(克)	钙(克)	磷(克)	食盐(克)
磷酸氢钙	99.9	0.142	—	—	25.6	32.9	—
食　盐	99.9	0.033	—	—	—	—	33
合　计		12.89	81.79	1157.6	94.4	64.0	33
需要量		12.71	81.46	1112.0	93.0	64.0	33
占需要量(%)		101.4	100.4	104.0	101.5	100.0	100

　　根据饲养标准,分析表 3-6 中日粮,其组成基本上满足奶牛的营养需要。至于干物质含量比需要量稍高一些,这可根据产奶量酌情增减饲喂量。到目前为止,配方基本完成,但是生产中的原料大多为风干物质,有的为水分含量较高的原料,因此需要将绝对干物质换算为风干样或原样,这样在生产中操作起来容易一些,分别用干物质量除以干物质百分含量即可。另外,精料配方需要换算成生产配方后,才能进行精料补充料的生产。分别用精料的重量除以精料的总重即可得出原料配比(表 3-7),然后微调精料的比例加入 1% 的预混料,即成为精料补充料配方(表 3-8)。下面将换算后的平衡日粮配方及每头每天的日粮饲喂量,列入表 3-9 和表 3-10 中。

表 3-7　精料补充料的原料配比(风干样)

原　料	玉　米	麸　皮	豆　饼	磷酸氢钙	食　盐
配比	66.9	11.5	18.6	2.4	0.55
(%)	(3.96÷5.92)	(0.68÷5.92)	(1.1÷5.92)	(0.142÷5.92)	(0.033÷5.92)
	×100	×100	×100	×100	×100

表 3-8　精料补充料配方（风干样）

原料	玉米	麸皮	豆饼	磷酸氢钙	食盐	预混料
配比 （%）	66.5	11.0	18.6	2.4	0.55	1.0

表 3-9　奶牛平衡日粮配方（风干）　（单位：千克）

原料	玉米秸秆	苜蓿干草	玉米青贮	玉米	麸皮
重量	1.78 (1.6÷0.9)	3.83 (3.5÷0.913)	11.01 (2.5÷0.227)	3.96 (3.5÷0.884)	0.68 (0.61÷0.893)

原料	豆饼	磷酸氢钙	食盐
重量	1.10 (1÷0.906)	0.142 (0.142÷0.999)	0.033 (0.033÷0.999)

表 3-10　每头奶牛每天的日粮饲喂量

原料（风干）	玉米秸秆	苜蓿干草	玉米青贮料	精料补充料
饲喂量（千克）	1.78	3.83	11.01	5.92

利用试差法设计饲料配方时一般都需要一定的配方经验，在配方设计的过程中抓住以下关键点：①初拟配方时，可先将矿物质、食盐及预混料等原料的用量确定。②对原料的营养特性要有一定的了解，对含有毒素、营养抑制因子等不良物质的原料，可根据生产上的经验将其用量固定。③通过观察对比各原料的营养成分，来确定相互取代的原料。④矿物质不足或过高时应首先以含磷的原料调整磷的用量，并计算其钙含量。若钙仍有不足或过高，再以含钙的原料（如石粉、贝壳粉、蛋壳粉等）加以调整。⑤为防止由于原料质量问题而导致产品中营养成分的不足，配方营养水平应稍高于饲养标准。

⑥为了配料上的称量方便和准确,所用原料的配比最好为整数,若非有小数不可,应使带小数的原料种类越少越好。

第三节 不同生理阶段饲料配方
及饲喂技术要点

奶牛的饲养按生理阶段可分为犊牛饲养、育成母牛饲养、干奶母牛饲养、泌乳母牛饲养。不同生理阶段的奶牛生产目标不同,身体生长发育状态不同,所要求的营养物质不同,各具不同的饲养技术要点,在生产实践中应区别对待。

一、犊牛精料配方和饲粮组成
及饲喂技术要点

(一)犊牛精料配方和饲粮组成

1. 犊牛饲料特点 奶牛犊牛期是指从出生到 6 月龄,活体重在 40~180 千克之间的时期。这一时期是骨骼、肌肉和内脏器官快速发育阶段,相对增重最快,而此时犊牛的消化功能发育还不完善,要求饲料容易消化,有效能量、蛋白质和矿物质含量较高。

2. 犊牛精料配方和饲粮组成实例 见表 3-11,表 3-12。

表 3-11 哺乳期犊牛用饲料配方 (%)

原 料	配方编号					
	1	2	3	4	5	6
玉 米	48	49	45	44	54.9	51.9
高 粱	10.5	10	10	8.9	8.6	—
大豆粕(CP44%)	29.7	26.7	26	20	29.4	32
脱皮豆粕(CP49%)	—	—	—	13.5		

原　料	配方编号					
	1	2	3	4	5	6
亚麻油粕	—	—	5	—	—	—
麸　皮	3.4	4	4.6	4.7	1	—
苜蓿草粉	2	2	2	2	1	5
鱼　粉	—	2	—	—	—	—
糖　蜜	3	3	3	2	2	10
牛　油	—	—	1	1.5	—	—
磷酸二钙	1.8	1.7	1.7	1.7	1.8	1.0
碳酸钙	0.8	0.8	0.9	0.9	0.9	—
盐	0.5	0.5	0.5	0.5	0.1	0.1
预混剂	0.3	0.3	0.3	0.3	0.3	—
合　计	100	100	100	100	100	100

表 3-12　犊牛用饲料配方　（%）

原　料	配方编号					
	7	8	9	10	11	12
玉　米	52.0	—	18.0	—	39.0	—
麸　皮	—	15.0	30.0	—	—	—
大　麦	—	62.0	20.0	50.05	—	34.9
米　糠	20.0	—	—	30.0	15.0	15.0
大豆粕	19.5	5.0	10.0	6.0	10.0	—
花生粕	—	14.5	5.0	5.0	8.0	15.0
菜籽粕	—	—	4.0	5.0	—	7.0
干甜菜渣	5.0	—	10.0	—	—	5.0

原　料	配方编号					
	7	8	9	10	11	12
复合添加剂	1.0	1.0	0.5	1.0	0.85	1.0
磷酸氢钙	0.9	0.73	0.70	1.0	0.7	0.60
石　粉	1.25	1.37	1.40	1.50	1.2	1.15
食　盐	0.35	0.40	0.40	0.45	0.25	0.35
苜蓿干草粉	—	—	—	—	25.0	—
豆秸粉	—	—	—	—	—	20.0

注:其中配方 7～10 用于 1～3 月龄犊牛,每千克干物质中含产奶净能 7～7.5 兆焦,粗蛋白质 160～170 克,配方 11～12 用于 4～6 月龄犊牛,每千克干物质中含产奶净能 6.5～7 兆焦,粗蛋白质 150～160 克

(二)犊牛饲喂技术要点　犊牛的饲养可分为哺乳期和 3～6 月龄两个阶段。各阶段饲喂技术要点如下。

1. 哺乳期　犊牛于 2～3 月龄内为哺乳期。此期饲料应为干饲料,含有易发酵的碳水化合物并有足够的容积,饲粮粗蛋白质为 18%,产奶净能以 7.7 兆焦/千克为宜,含适量的粗纤维。混合精料主要由营养价值高和消化率高的玉米、高粱、麦类、小麦麸、大豆饼(粕)、优质鱼粉以及矿物质和维生素饲料组成。为提高精饲料的适口性可添加 4%～5% 的液体糖蜜;多汁饲料和青贮饲料应由少到多逐渐增加饲喂量。2 月龄时每日饲喂多汁饲料 1～1.5 千克;3 月龄时饲喂青贮饲料 1.5～3 千克,以后控制用量 4～5 千克为宜。每千克饲料添加维生素 A 2 200 单位,维生素 D 308 单位,维生素 E 55 单位。犊牛生后应尽早补饲,以促进胃的发育。犊牛不喜欢吃粉碎得很细的饲料,所以哺乳期料应具有一定大小的未加工颗粒或把饲料制粒。可用磨粉机代替锤片式粉碎机加工谷物。小牛

咀嚼饲料次数比成熟动物多，如果谷粒通过咀嚼能被破碎，那么就可以喂整粒的玉米或燕麦。干草被粉碎后，同精料补充料混合，其中各种成分颗粒的大小应尽可能大一些。若制成颗粒饲料，直径应在 4.8 毫米左右。

小牛哺乳期料应在刚出生就饲喂，并尽可能让牛多吃些。如果用吊桶饲喂牛奶或代乳料，小牛吃完后，在吊桶里还应放少量开食料，这样可更早地促进哺乳期料的采食。

2. 3～6 月龄 3～6 月龄期间断奶的犊牛，已建立起较完善的瘤胃微生物区系，能较好地消化植物性饲料，可以完全依靠采食固体饲料来满足营养需要，是犊牛由采食高能量饲料过渡到常规饲料的时期，此期饲粮粗蛋白质为 16%、产奶净能为 6.57 兆焦/千克为宜。

4 月龄前犊牛自由采食，从 5 月龄开始限制精料的喂量，以促进胃的发育，并防止母犊牛过肥。粗料在 5 月龄以后可自由采食，自由采食时，干草要切细，混入 5%～10% 的精料，3月龄以上的犊牛可喂青贮饲料。

二、育成牛精料配方和饲粮组成及饲喂技术要点

（一）育成牛精料配方和饲粮组成

1. 育成牛饲料特点 犊牛从断奶直到第一胎产犊前习惯上称为育成牛（或后备牛），更确切地说，犊牛从断奶（6 月龄）到配种年龄（18 月龄）称为育成牛，从配种妊娠到产犊期间（18～27 月龄）称青年牛。这期间是牛处于迅速发育期，饲料营养供应对今后的生产性能影响极大，直接影响到奶牛的发育、第一次发情、配种和产后产奶量。

从断奶到育成牛这一阶段，瘤胃容积增加 1～2 倍，饲料

质量发生了很大的变化,由断奶前的高质量饲料过渡到断奶后的质量较低的饲料,因此这一阶段应加强饲养,供给优质饲草,增强采食能力。精料每天饲喂2.5千克,干草自由采食。

这一阶段供应适口性好的优质饲草是关键,不能过量饲喂,也不能营养不足。营养不足,生长发育受阻,到配种年龄体重过小,发情推迟;营养过剩,造成过多体脂肪沉积,过度肥胖,母牛发情配种不易受胎,或产犊时发生难产。因此,这一阶段要求供给的饲料有一定体积,符合奶牛的消化生理特点。13月龄以后,育成母牛的生长速度逐渐减慢,对养分的相对需求降低,为了让奶牛的消化器官容积进一步扩大,这一阶段应以粗饲料为主,减少精饲料喂量。

2. 育成牛精料配方和饲粮组成实例

(1)6~12月龄育成母牛参考饲料配方 见表3-13。

表3-13 6~12月龄育成母牛参考饲料配方 (千克/日·头)

原　料	配方编号					
	1	2	3	4	5	6
小麦秸或大麦秸	1.5	2.5	—	—	稻草5.0	—
青　草	—	—	22	15.0		—
玉米秸	—	5.0	—	—		2.5
甜菜渣或甘蔗渣	—	—	—	—	2.5	—
整株玉米青贮	15.0	—	—	—		10.0
酒糟或玉米糟	—	—	—	7.0		4.0
小麦麸	1.5	2.0	—	—	糖蜜1.0	—
米　糠	0.5	—	1.0	2.5	1.0	—
棉籽饼	—	—	—	0.5	1.0	0.5

原　料	配方编号					
	1	2	3	4	5	6
菜籽饼	—	—	1.0	—	0.5	0.5
尿　素	0.05	0.04	—	0.04	—	—
食　盐	0.03	0.03	0.03	0.03	0.03	0.03
磷酸钙	0.15	0.15	0.12	0.13	0.17	0.12
石　粉	0.22	0.23	0.20	0.25	0.15	0.25
复合添加剂	0.05	0.05	0.05	0.05	0.05	0.05

(2)13～24 月龄育成母牛参考饲料配方　见表 3-14。

表 3-14　13～24 月龄育成母牛参考饲料配方　（千克/日·头）

原　料	配方编号					
	7	8	9	10	11	12
小麦秸或大麦秸	2.5	3.0	—	—	稻草 7.5	—
青　草	—	—	28.0	15.0	—	—
玉米秸	—	6.5	—	—	—	5.0
甜菜渣或甘蔗渣	—	—	—	—	5.0	—
整株玉米青贮	24.0	—	—	—	—	20.0
酒糟或啤酒糟	—	—	20.0	—	—	5.0
小麦麸	1.0	1.0	—	1.0	糖蜜 1.0	—
米　糠	糖蜜 0.5	—	—	糖蜜 1.0	0.5	—
棉籽饼	—	—	—	—	0.5	0.5
菜籽饼	—	0.25	1.0	—	0.5	0.5
尿　素	0.05	0.07				

续表 3-14

原　料	配方编号					
	7	8	9	10	11	12
食　盐	0.03	0.03	0.03	0.03	0.03	0.03
磷酸钙	0.12	0.10	0.12	0.15	0.12	0.17
石　粉	0.20	0.15	0.15	0.17	0.20	0.20
复合添加剂	0.05	0.05	0.05	0.05	0.05	0.05

（3）宋洛文推荐育成牛精料补充料配方　玉米 51％，麸皮 25％，花生饼（粕）10％，棉籽粕 5％，豆粕 5％，小苏打 1％，骨粉 2％，预混料 1％。

（二）育成牛饲喂技术要点　育成牛的饲养一般分为 3 个阶段，即 6～12 月龄、13 月龄至初次配种、受胎至第一次产犊。各阶段饲喂技术要点如下。

1. 6～12 月龄　要在供给优质粗饲料的同时，补充精饲料的量应占干物质采食量的 30％～40％，不同情况下精饲料喂量参见表 3-15。最终饲粮干物质中的产奶净能 6.53 兆焦/千克，粗蛋白质含量 14％，中性洗涤纤维含量在 25％以上。与奶牛犊牛饲料相比，精饲料中能量饲料所占比例逐渐增大，蛋白质饲料所占比例下降。

表 3-15　不同情况下精饲料给量　（单位：千克/日·头）

生后月龄	优质粗饲料	劣质粗饲料
6～7	1.0～1.4	2.6
7～8	1.4～1.8	3.0
8～9	1.6～2.0	3.1
9～10	1.7～2.1	3.4

生后月龄	优质粗饲料	劣质粗饲料
10～11	2.1～2.5	3.4
11～12	3.0～3.4	2.8
12～13	1.6～2.0	3.0
13～14	1.8～2.2	3.2
14～15	1.8～2.2	3.1
15～16	2.0～2.4	3.3

2. 13 月龄至初次配种　每天每头精饲料供应量在 1～2 千克为宜,对于低水平饲养的奶牛,甚至只要粗饲料供应充分就行,可以不给精饲料。

3. 受胎至第一次产犊阶段　已配种受胎的青年母牛,在妊娠前期的营养需要与前一阶段基本相同,只要维持其基本膘情即可,应避免因过多增加营养而导致牛体过肥,以影响生殖器官的正常发育。而妊娠后期的 3～4 个月内,由于胎儿生长发育较快,应提供的日粮必须满足胎儿生长和母牛本身发育对营养物质的双重需要。所以,日粮组成中必须提供充足的且品质优良的青、粗饲料,并且根据母牛妊娠期的营养需要补充可提供全面营养的混合精料,以保证胎儿正常生长和使青年母牛达到一定体重。

三、干奶牛精料配方和饲粮组成
及饲喂技术要点

(一)干奶牛精料配方和饲粮组成

1. 干奶牛饲料特点　干奶期指经产母牛停止产奶、准备产犊和调整、恢复消化道功能的阶段,是指在下胎产犊前有一段时间停止产奶,即在 2 个泌乳期之间不分泌乳汁这一段时间。干奶期一般为 60～65 天。前 45 天为干奶前期,后 15 天为干奶后期,也是围产前期。根据奶牛配种时间,一般泌乳奶牛怀孕 8 个月就要停止泌乳。这段时间要进一步调整日粮,以满足胎儿发育所需营养和恢复奶牛膘情,为下一泌乳期打好基础。

2. 干奶牛精料配方和饲粮组成实例　见表 3-16。

表 3-16　干奶牛参考饲料配方　(％)

原　料	配方编号	
	1	2
玉　米	38.3	43.3
高　粱	16.4	21
大豆粉	4.2	7
麸　皮	17	9
脱脂米糠	3	7
苜蓿粉	13	4.3
糖　蜜	5	5
磷酸二钙	0.7	0.5
磷酸钙	1.7	2.2
盐	0.5	0.5
维生素矿物质预混剂	0.2	0.2
合　计	100	100

宋洛文推荐干奶牛精料补充料配方:玉米 71％,麸皮 10％,菜籽粕 9％,棉籽粕 9％,预混料 1％。

(二)干奶牛饲喂技术要点

1. 干奶前期　干奶前期的日粮中要增加优质粗饲料的比例,可以禾本科干草为主,视膘情辅以青贮玉米(5～10千克/头·日),适当控制青饲料和精饲料(2～4千克/头·日)的比例,日采食干物质占体重1.8%～2.2%,足额补充维生素和微量元素。不喂或少喂多汁饲料、糟料和粥料,以促使母牛停止产奶。对于膘情较差的母牛,可按日产奶10～15千克的营养标准配制日粮。而对于膘情良好的母牛,只要供给优质的青干草即能满足营养需要。对于一般情况,日粮精、粗饲料搭配比例为36:64。因胎儿发育长大,日粮容积不能太大,一般不低于25千克。粗纤维占干物质的20%～22%,以保证奶牛体质健壮,膘情适宜。干乳牛营养需要量为粗蛋白质13%左右,可消化粗蛋白质10%左右,产奶净能5.23兆焦/千克。

2. 干奶后期　干奶后期因生理和激素的变化,奶牛食欲下降,干物质采食量仅占体重1.4%～1.8%;应提高饲粮的营养浓度和适口性,使饲粮粗蛋白质达14%～15%,产奶净能达5.72兆焦/千克;在这一阶段应防止产后酮血病的发生,可采用产前8天加喂烟酸4～8克,每天1次内服,连服8天;另外要防止产后瘫痪,可采用产前7天用维生素D_3 10 000单位,肌内注射,每天1次,连注7天;也可采用适当钙磷比例法,饲喂低钙(45～55克/头·日)、低钠及低钾的低阳离子盐日粮,停喂小苏打等瘤胃缓冲剂,防止代偿性碱中毒,避免高钙日粮;若高钙及阳离子盐高,可添加阴离子盐,降低血液pH值(可检测尿液pH值以6.2～6.8为宜),刺激甲状旁腺素在产前分泌,以减少奶牛产后乳热症和胎衣不下的发生,增加奶牛采食量,为产后奶牛健康、高产、稳产打下基础;适当逐渐增加青贮玉米和精料的饲喂量(可达占体重1%),这样能使瘤胃适应产后高精料日粮。

四、泌乳牛精料配方和饲粮组成及饲喂技术要点

（一）泌乳牛精料配方和饲粮组成

1. 泌乳牛饲料特点 奶牛泌乳阶段，泌乳量呈现规律性变化，因而泌乳牛的日粮配制应根据泌乳奶牛生理特点和泌乳规律来进行。日粮中要有充足优质的粗饲料，注意营养水平，尽量提高采食量，减少各方面的应激，发挥最佳产奶量。

2. 不同阶段泌乳牛精料补充料配方和饲粮组成实例

（1）日产奶 32.6 千克的荷斯坦牛 采用以下饲粮（千克/头·日）：玉米青贮 17.13，秋白菜 1.72，豆腐渣 7.31，玉米 1.25，棉籽饼 1.25，精料 7.3。精料组成（%）：玉米 50，麸皮 40，碳酸钙 4，食盐 2，鱼粉 4。每头每天饲粮营养供给水平：总干物质 20.73 千克，产奶净能 149.16 兆焦，粗蛋白质 3 082 克，粗纤维 3 059 克，钙 151 克，磷 88 克。

（2）体重 600 千克、日产奶 25 千克的荷斯坦牛 采用以下饲粮（千克/头·日）：玉米青贮 18，羊草 4，胡萝卜 3，精料 10.4。精料组成（%）：玉米 48，豆饼 25，麸皮 22.1，磷酸钙 2.9，食盐 2。每头每天饲粮营养供给水平：总干物质 17.06 千克，产奶净能 131.54 兆焦，粗蛋白质 2 690 克，钙 133 克，磷 121 克。

（3）体重 600 千克、日产奶 20 千克的荷斯坦牛 其饲粮组成为（千克/头·日）：玉米青贮 18，羊草 4，胡萝卜 3，精料 8.84。精料组成（%）：玉米 47.2，豆饼 28.3，麸皮 18.9，磷酸钙 3.3，食盐 2.3。每头每天饲粮营养供给水平：总干物质 15.43 千克，产奶净能 116.19 兆焦，粗蛋白质 2 359 克，钙 124

克,磷106克。

(4)体重600千克、日产奶15千克、乳脂率3.5%的荷斯坦牛 其日粮组成为(千克/头·日):玉米青贮16,羊草5,胡萝卜3,精料8.35。精料组成(%):玉米54,豆饼24,麸皮19,磷酸钙2,食盐1。每头每天饲粮营养供给水平:总干物质15.97千克,产奶净能118.3兆焦,粗蛋白质2254克,钙104克,磷78克。

(5)荷斯坦牛体重629千克、泌乳后期的饲粮 青贮玉米自由采食,精料6~8千克。精料组成(%):玉米30,麸皮25,高粱6,亚麻饼15,菜籽粕10,棉籽粕10,矿物质2,食盐2。

3. 泌乳牛典型饲料配方及推荐配方 见表3-17,表3-18,表3-19。

表 3-17　体重 600 千克日产奶 25 千克饲粮配方

饲　料	给量(千克/日·头)	占饲粮(%)	占精料(%)
豆　饼	1.6	4.53	16.2
植物蛋白粉	1.0	2.83	10.1
玉　米	4.8	13.60	48.5
麦　麸	2.5	7.08	
谷　草	2.0	5.67	
苜蓿干草	2.0	5.67	
青贮玉米	18.0	50.99	
胡萝卜	3.0	8.5	
食　盐	0.1	0.28	
磷酸钙	0.3	0.85	
合　计	35.3		

表 3-18　体重 600 千克日产奶 20 千克饲粮配方*

饲　料	给量(千克/日·头)	占饲粮(%)	占精料(%)
菜籽粕	1.4	4.20	17.5
棉籽粕	1.0	3.00	12.5
玉　米	4.0	12.00	50.0
麦　麸	1.6	4.80	20.0
苜蓿干草	4.0	12.00	
青　贮	18.0	53.91	
胡萝卜	3.0	8.99	
食　盐	0.1	0.30	
磷酸钙	0.26	0.78	
合　计	33.36		

* 宋洛文推荐配方

表 3-19　体重 600 千克日产奶 15 千克饲粮配方*

饲　料	给量(千克/日·头)	占饲粮(%)	占精料(%)
菜籽粕	1.0	3.09	12.3
棉籽粕	1.0	3.09	12.3
玉　米	4.5	13.91	55.6
麦　麸	1.6	4.95	19.8
谷　草	5.0	15.46	
玉米青贮	16.0	49.46	
胡萝卜	3.0	9.27	
食　盐	0.1	0.31	
磷酸钙	0.15	0.46	
合　计	32.35		

* 宋洛文推荐配方

　　(二)泌乳牛饲喂技术要点　根据具体情况,生产中可将整个泌乳期分为下面几个阶段,对于各个阶段饲料及饲喂技术应各具特点。

1. 围产后期 指产后 15 天内这段时期。母牛因产犊而体力消耗大,胃肠消化功能减弱,采食减少,而生殖器官和身体状况需要逐渐恢复,产奶量开始逐日上升。此期饲喂目标主要是尽量克服分娩后干物质采食量不足和能量负平衡,尽量增加采食量,防止过度减重。应优先考虑满足其对纤维素及蛋白质的最低需求量,同时使能量摄入达到最大,平衡碳水化合物和蛋白质间的比例;喂给优质适口性好的精、粗饲料,含水分高的副料应少喂,使奶牛干物质摄入量达到最大。有条件可饲喂全混合日粮。在母牛产后 2~3 天,根据其食欲和乳房的肿胀状况,及早增加精饲料的喂量,每头每天增加 0.25~1 千克。只要母牛食欲旺盛,粪便正常,乳房逐渐消肿,精饲料用量一直增加,使日粮的营养水平逐渐达到产奶的营养需要。产后7~15 天,精、粗饲料搭配比例从 45:55 逐渐提高到 47:53。提高日粮的营养水平,日粮干物质中含粗蛋白质 17%~18%,产奶净能 7.53 兆焦/千克,钙 1%,磷 0.6%。

2. 升乳期 指母牛产后 16~100 天。这一时期总的趋势是产奶量迅速达到高峰期,又称泌乳盛期。此期又可分为升乳期和泌乳高峰期。升乳期,即产后 15 天至泌乳高峰前。此期泌乳所需营养急剧增加,精、粗饲料比例应为 46:54,粗纤维应占干物质 18%左右。此期要给母牛优质、适口性好的饲料,在食欲状况良好的前提下,要最大限度的增加采食量,提高日粮营养浓度和干物质水平。泌乳高峰期,即产后 41~140 天。此期奶牛食欲最好,泌乳量最多,需要大量营养。母牛出现最高采食水平,体重趋于稳定,其精、粗饲料搭配比例可在 46~50:50~54,精、粗料采食量应分别达到 10~15 千克和 37~40 千克,粗纤维含量不能少于 17%,否则会影响泌乳奶牛的消化功能。

生产中应以"料领着奶走"的饲喂方法,逐渐增加精料的喂量,产奶高峰期精、粗比可达 60∶40;日粮中需添加碳酸氢钠 1.2%～1.6%,氧化镁 0.6%～0.8%。日粮营养浓度增至每千克干物质中含粗蛋白质 16%～17%,2.3～2.4 奶牛能量单位/千克,钙 0.9%,磷 0.5%,脂肪 5%～6%,干物质摄入占体重 3.2%～3.8%,中性洗涤纤维少于 25%。监控乳脂蛋白比,一般为 1.12～1.13,若过高(高脂低蛋),则表明可能是谷物类精料不足、粗蛋白质或过瘤胃蛋白缺乏、粗脂肪过高等造成,可适当增加精料和优质全株玉米青贮的喂量及提高日粮的过瘤胃蛋白含量;若过低(低脂高蛋),则表明可能是谷物类精料过高,粗饲料过低,有效洗涤纤维不足,存在酸中毒,应增喂优质干草、瘤胃调控剂等。根据牛只产奶量的持续力(本次奶量/上次奶量),可判别饲养是否到位。持续力一般为产后 0～70 天,头胎牛为 112%,成母牛为 106%;71～200 天,头胎牛为 98%,成母牛为 94%;产后＞200 天,头胎牛为 92%,成母牛为 88%。

3. 泌乳中期 产后 101～210 天。此期泌乳量逐渐平稳下降,呈平稳状态,在营养上仍要保持较高水平。这是因为奶牛在前期大量泌乳,营养呈负平衡,膘情下降,需调整营养,使其恢复膘情。再就是泌乳奶牛此时大部分又配种怀孕,胎儿发育也需大量营养。故此期要求供给奶牛全面营养,日粮中精、粗饲料搭配比例以 44∶56 为宜。这时的饲料应有充足的干草与青贮饲料,精料的喂量应以产奶量而定。

4. 泌乳后期 指分娩后 211 天至停乳。该时期是产奶量下降的时期,饲粮特点应以满足低产奶、体重恢复和胎儿发育为原则,日粮的营养水平应根据母牛的产奶量和膘情而调整,使母牛的体况在泌乳后期得到恢复。日粮精、粗饲料搭配比例为 40∶60,日粮容积控制在 40 千克左右。多喂优质青干草,少喂多汁饲料、糟料和粥料。

生产中应以"料跟着奶走"的饲喂方法,在停奶前半个月左右,把体膘控制在 3.5～3.75 分;日粮营养水平逐渐下降,日粮干物质中含粗蛋白质 13%～15%,2～2.2 奶牛能量单位/千克,中性洗涤纤维＞35%。

(三)泌乳牛抗热应激精料配方和饲粮组成及饲喂技术要点

1. 泌乳牛抗热应激精料配方和饲粮组成

(1)泌乳牛抗热应激饲料特点　奶牛是一种怕热耐寒的动物,对体温调节能力有限。因而高温应激在诸多应激因素中,影响尤为突出。高温应激将会使泌乳牛采食量降低,营养物质摄入不足,严重影响产奶量和乳脂率。因而夏季高温应及时调整日粮组成,增加优质饲料的用量,以提高饲料消化率。添加具有香、甜风味的饲料或饲料添加剂,以提高饲料的适口性,增加日粮干物质采食量。

(2)泌乳牛抗热应激精料配方和饲粮组成实例

①添加氧化镁的高产奶牛抗热应激配方　以干物质为基础:苜蓿干草 25%、玉米青贮 25%、高水分玉米 29%、豆饼 8.7%、全大豆 10%、磷酸氢钙 0.4%、磷酸氢钠 0.4%、石粉 0.9%、食盐 0.5%、氧化镁 0.1%。或苜蓿干草 45%、高水分玉米 35.3%、棉籽饼 8.3%、全棉籽 10%、磷酸氢钙 0.3%、石粉 0.5%、食盐 0.5%、氧化镁 0.1%。

②添加酵母培养物和碳酸钠的抗热应激配方　日粮组成(千克/日·头):玉米粉 2、大麦粉 2、棉仁饼 1.7、豆粕 0.9、棉籽 0.5、骨粉 0.2、苏打粉 0.15、奶牛预混料 0.10、糖糟 5、酒精

糟 4、青贮玉米 15、青菜 10、干草 1、稻草 1、芜菁 8,另加酵母培养物益康"XP"60 克。

2. 饲喂技术要点 对泌乳牛的饲喂技术可作如下变化。

(1)调整日粮结构,提高日粮中的营养浓度,保证营养物质的摄入量 对精、粗饲料比例进行相应调整,适当减少青贮料饲喂比例、增大鲜嫩多汁的青草及瓜类果皮等,以增加适口性,提高奶牛的采食量。在配合饲料中适当增加豆饼、鱼粉的含量,使日粮蛋白质含量提高 4% 左右,过瘤胃蛋白质占粗蛋白质比例达到 35%～38%。添加脂肪酸钙、整粒棉籽等过瘤胃脂肪,减少碳水化合物的用量,可增加日粮能量浓度。日粮中脂肪含量可提高到 5%～7%,脂肪酸钙在每千克日粮中的添加量可达 200 克。增加脂溶性维生素的添加量。

(2)增加电解质元素钾、钠、镁及其他矿物质元素如铬等的添加量 如日粮中可含 0.6% 的钠、1.6% 的钾、0.3% 的镁。添加缓冲剂碳酸氢钠,可缓解热应激,增加食欲,使产奶量减缓下降。

(3)加入糖蜜饲料,防止奶牛厌食 饲喂一些发酵饲料,如酒糟和米曲霉培养物等,可缓解热应激和提高乳脂率。

(4)调整饲喂时间,增加饲喂次数 夏季要保证奶牛每天有 6 小时的采食时间。如果日喂 3 次,要尽量避开每天的高温时段,将喂牛的时间改在每天早晨的四五点钟或晚上十点钟以后(可占日粮 60%～70%),加大喂量以弥补白天因天热而减少的采食量。最好夜间增喂 1 次,特别提倡夜间在运动场饲喂青草。精料要少给勤添,防止剩料在槽里酸败变质。

(5)保证清凉饮水 保证供给干净充足的清凉饮水,水温应在 10℃～15℃ 为好。自由饮用不限制。

(四)泌乳牛抗冷应激饲喂技术要点

1. 泌乳牛抗冷应激饲料特点　冬季只要对牛舍采取防寒保暖措施,冷应激一般对产奶量影响不大。但是,寒冷可使奶牛消耗更多的热量以维持正常的体温。奶牛为满足能量需要,就要增加采食量,从而增加蛋白质等营养物质的浪费。低温也会降低干物质的消化率。因而在产奶营养标准的基础上,应增加维持能量的需要。

2. 饲喂技术要点　温水拌料或精料的 20%～30%制成稠粥料。块根饲料可全部蒸煮成熟食。饮水加温。冰冻的饲料未经处理不得喂牛。在更换饲料种类时必须逐渐进行。只有慢慢的增加新的饲料,逐渐减少原来的饲料,才能使牛的消化功能不发生紊乱。更换饲料的过渡期应在 10 天以上。喂牛顺序,一般是先粗后精,先干后湿,先喂后饮。如按泌乳阶段群饲,精料按定量喂给,粗料自由采食。这样可以根据食欲强弱,自行调节营养物质的进食量。应定时饲喂,不应过早或过晚,否则都会影响牛的生活习惯,从而影响生产。

第四节　不同蛋白质饲料原料及酒糟、全棉籽、苹果渣的应用

一、不同蛋白质饲料原料的应用

奶牛日粮中蛋白质的含量与产奶量、乳成分含量关系密切。通常在奶牛日粮中粗饲料蛋白质含量低,不能满足产奶需要,需要由精料补充料中的蛋白质饲料补充。奶牛的蛋白质饲料主要由饼、粕类饲料组成。最常用的有大豆饼(粕)、菜籽饼(粕)、棉籽饼(粕)、胡麻饼(粕)、花生饼(粕)、芝麻饼(粕)、向

日葵饼(粕)、啤酒糟(干)、玉米蛋白粉、带绒棉籽等。由于这些蛋白质饲料蛋白质、氨基酸的含量以及在瘤胃中的降解率的不一样,有些蛋白质含有有毒的抗营养因子,不能在奶牛日粮中大量单独使用。因此,在奶牛日粮中这些蛋白质饲料应互相搭配使用,相互弥补其缺点,组成合理的日粮,提供奶牛产奶需要的蛋白质。下面介绍它们在配方中的应用,见表3-20。

表3-20 不同蛋白质饲料在配方中的应用

饲料原料	精料补充料配方(%)						
	1	2	3	4	5	6	7
玉　米	43.3	45.2	46.0	49.1	38.5	45.8	45.5
小麦麸	—	5.0	10.0	—	—	9.0	10.0
豆粕或米糠饼	—	6.0	—	—	11 米	5.0	5.2
菜籽粕	10.0	13.0	—	13.0	15.0	13.0	10.0
棉粕或棉籽	11 籽	12.8	13.0	—	15 籽	13.0	—
芝麻饼或胡麻饼	11.5	13 胡	25.7	16.0	15.2	9.0	24.0
酱油糟,啤酒糟粉	19 啤	—	—	17.0	—	—	—
小苏打	1.0	1.0	1.0	1.0	1.0	1.0	1.0
石　粉	0.8	0.8	1.2	0.8	0.9	1.0	1.0
磷酸氢钙	1.8	1.6	1.5	1.7	1.8	1.6	1.7
食　盐	0.6	0.6	0.6	0.4	0.6	0.6	0.6
预混料	1.0	1.0	1.0	1.0	1.0	1.0	1.0
日粮组成(千克/日·头)							
精料补充料(风干)	10.5	10.5	10.6	10.6	10.6	10.6	10.6
玉米秸秆青贮(鲜)	26.3	25.0	26.3	25.0	25.0	25.8	26.0

以上配方按表中的日粮组成饲喂,可满足600千克体重

的产奶牛,日产 20 千克鲜奶,乳脂率为 3.5%,日增重为 0.3 千克,产奶期为 20 周,妊娠期为 10 周的产奶牛每日营养需要量。如果有羊草或青干草,配方中的玉米秸秆青贮最好可用羊草或青干草代替一部分,可以降低瘤胃中的酸度,调节瘤胃环境,预防酸中毒,1 千克风干羊草可代替玉米秸秆青贮鲜草 3.06 千克。在饲喂青贮玉米秸秆后可以尽量让奶牛自由采食麦秸、稻草等其他粗饲料。配方中芝麻饼和花生饼可以互相代替。配方 1 中使用了啤酒糟干粉,粗蛋白质含量为 29.1%。配方 4 使用了酱油糟干粉,粗蛋白质为 29.2%,含盐量为 1%,精料补充料中扣除了其中的含盐量,精料中不易过多使用食盐,以免中毒。酱油糟的大概组成为豆粕 60%、麸皮 35%、炒小麦 5%。

二、酒糟饲料的应用

(一)啤酒糟在奶牛饲料中的应用　啤酒糟是以大麦为原料,经发酵水解提取可溶性营养物质后剩余下来的下脚料,含有麦芽、微生物蛋白等,质地松软。由于啤酒糟中酵母的裂殖增加了蛋白质总量,使其粗蛋白质含量在干物质状态时 (23%～29%)超过大麦等籽实饲料,啤酒糟中的粗蛋白质中过瘤胃蛋白(20.8%)和必需氨基酸(赖氨酸 0.72%、蛋氨酸 0.52%)的含量较高,另外啤酒糟中含有较多钴、铜、锌和丰富的 B 族维生素。由此可见,啤酒糟是奶牛的优质蛋白质饲料,再加上其特殊的香味,奶牛特别喜食,因此催奶效果十分明显,故生产中多用于饲喂泌乳牛。试验证明,奶牛每饲喂 1 千克鲜啤酒糟,可增加产奶量 0.2～0.3 千克。泌乳牛每头每日均饲喂鲜啤酒糟 7.5 千克,可增加产奶量 2 千克以上,对泌乳后期的奶牛效果更好。饲喂啤酒糟可减少精料的喂量和精料中蛋白质饲料的用量,从而降低饲喂成本。

啤酒糟的利用方式有湿糟和干糟两种。湿糟在运输和贮藏中极为不方便,只有少量被啤酒厂附近的养牛户利用。鲜啤酒糟含水量大,易腐败变质,不易贮存,一般冬季可饲喂 3~4 天,夏季需当日喂完。另外,啤酒生产有明显的季节性,全年停产时间长达 4~5 个月,啤酒糟供应的不均衡性问题十分突出。干啤酒糟是分离浓缩湿啤酒糟,得到半干状态的鲜啤酒糟,经进一步脱水烘干,而得到的含水较低的啤酒糟粉。干糟可以克服湿糟的弊端。

啤酒糟对奶牛虽有较高的利用价值,但饲喂过量会损害奶牛的健康,造成严重后果。主要表现是瘤胃酸中毒(可导致牛突然死亡)、消化道疾病、蹄叶炎、流产早产、犊牛瞎眼、软胎及犊牛死亡等疾病。因而在用其饲喂奶牛时要控制喂量,合理利用。

奶牛饲喂啤酒糟的注意事项:喂量要适度。据各地经验,每头每日喂量以 7~8 千克为宜,生产性能明显提高,对牛无不良影响。泌乳牛的日喂量一般不超过 10 千克(尤其是夏季),最多限量为 15 千克,一定要新鲜。啤酒糟含水量大,不宜放置过久,尤其是夏天极易腐败变质,产生大量有机酸、多种杂醇油及毒素等,喂牛可导致中毒甚至死亡。因此饲喂时一定要保证新鲜,对一时喂不完的要合理保存。夏季啤酒糟应当日喂完,过夜不宜再喂。而严重酸败的啤酒糟不可饲喂,同时每日每头可添加 150~200 克小苏打,注意营养平衡。啤酒糟粗蛋白质含量虽然丰富,其中大部分为过瘤胃蛋白,这也是其催奶效果好的原因之一。但啤酒糟的营养不够全面和不够平衡,在啤酒酿造过程中可溶性碳水化合物损失较多,有效能含量较低,钙磷含量低且比例不合适,因此饲喂时应提高日粮精料相应的营养成分浓度。其中所含有机酸还可与钙形成不溶性的钙盐影响钙的吸收,所以饲喂啤酒糟时应提高日粮的钙含量,比相应的饲养标准提高10%,在用干啤酒糟配制奶牛日粮时用量一般不宜超过干物质总量的30%,这样有利于产奶和奶牛健康。在使用含大麦的混合精料时要控制啤酒糟的用量,由于啤酒糟的价格低廉,一般在保证啤酒糟用量适当后,控制大麦的用量,即不超过精料的8%为宜。当然在混合精料中添加啤酒糟粉时,亦要考虑鲜啤酒糟的用量,对于成年母牛而言,所用啤酒糟的干物质的量不应超过摄食日粮中干物质总量的12%。对于后备牛而言,如果使用鲜啤酒糟,混合精料中最好不加干啤酒糟粉,或者混合精料中含有了啤酒糟粉,就不再饲喂鲜啤酒糟。在饲喂啤酒糟的同时饲料中应添加适量的小苏打作缓冲剂,一般占混合精料的1.5%左右,产奶牛不超过200克/头,以防止发酵啤酒糟对牛体的影响。注意饲喂时期,由于奶牛在泌乳初期营养常处于负平衡状态,所以对产后1个月内的泌乳牛应尽量不喂或仅喂少量啤酒糟,否则会延迟生殖系统的恢复,对发情配种产生不利影响。

(二)玉米酒糟及其残液干燥物(DDGS)的应用 指玉米深加工生产酒精(包括食用酒精、工业酒精、燃料乙醇)的副产物。尤其是近年世界能源的危机,国家大力推广乙醇汽油,越来越多的地方开始进行燃料乙醇的工业生产,DDGS的选择范围越来越广,产量越来越多。它是一种高蛋白、高营养、无任何抗营养因子的优质蛋白质饲料原料,已成为饲料生产中重要的蛋白质饲料原料。DDGS由两部分组成:DDG(干酒糟固形物)和DDS(可溶性的干酒糟滤液),其成分差异较大。须对它的营养组成有所了解,这样才能正确采购,科学使用。

1. DDG的营养特点 是玉米发酵提出酒精后余留的谷

物碎片经干燥处理的产物。对废液的处理只做简单的过滤,将滤渣干燥后做饲料,而滤清液被排放了。这种滤渣干燥后称为DDG。其中浓缩了玉米中除了淀粉和糖的其他营养成分,如蛋白质、脂肪、维生素等。

2. DDS 的营养特点　发酵提取酒精后的稀薄余留物中的酒精糟的可溶物干燥处理的产物。是将过滤的滤清液再蒸发,浓缩获得的产品称 DDS。其中包含了玉米中可溶性营养物质,发酵中产生的未知生长因子、糖化物、酵母等。

3. DDGS 的营养特点　将以上二者混合干燥,制成DDGS。DDGS 的常规营养水平见表 3-21,其营养特点如下。

(1)优质蛋白原料　其氨基酸含量及可消化氨基酸含量都比较高,蛋白在 28%左右,赖氨酸 1.3%,蛋氨酸 0.6%。

(2)维生素含量丰富　含有大量水溶性维生素和脂溶性维生素 E 及在发酵蒸馏过程中形成的未知生长因子。

(3)亚油酸含量较高　可达 2.3%,是必需肪脂肪酸亚油酸的良好来源。

(4)中脂肪含量较高　可达 9%~13%,纤维素含量中等,其适口性和饲喂效果都较好。

(5)反刍动物优质的过瘤胃蛋白　在瘤胃未降解率达46.5%,而豆粕仅为 26.5%。

(6)不含有任何抗营养因子　保证了它应用领域的广泛。

(7)纤维素消化率高　在发酵过程中,细菌分解了部分纤维素,同时破坏了纤维素和木质素之间的紧密结构,使 DDGS的纤维成分利用率得以提高,提高了其生物效价。

(8)含有糖化酶、酵母以及发酵产物　能增强胃肠良性微生物功能,提高畜禽免疫功能。

表 3-21　DDGS 常规营养成分

成　分	DDGS 粗蛋白质含量			
	30%	27%	26%	25%
干物质(%)	92	90	90	91
粗蛋白质(%)	30.1	27.0	26.4	24.8
真蛋白质(%)	22.9	14.7	11.5	12.8
总能(兆卡/千克)	5103	4753	4791	4491
钙(%)	0.14	0.2	0.8	0.24
总磷(%)	1.02	1.18	0.94	1.21
粗脂肪(%)	11.5	9.4	9.7	4.7
灰分(%)	1.5	4.1	2.3	3.4
粗纤维(%)	11.58	8.47	11.25	12.15
酸性洗涤木质素(%)	4.46	2.58	9.94	2.25
中性洗涤纤维(%)	45.9	40.1	53.4	47.6
酸性洗涤纤维(%)	22.4	11.5	38.7	25.5
物理性状	淡橘黄色粉片状	橘黄色粉片状	橘黄色粉片状	红黄色粉片状

　　DDGS 的酸性洗涤纤维和中性洗缘纤维含量与加工工艺直接有关,DDGS 生产工艺普遍采用低温液化法,在玉米发酵过程中添加液化淀粉酶,使淀粉直接转化成糖类,玉米中的碳水化合物几乎全部被转化为酒精,致使 DDGS 的纤维成分相对较高。DDGS 的总磷含量为 0.94%～1.21%,DDGS 的非蛋白氮和磷含量较高。在日粮中添加 DDGS 可节省磷酸氢钙的用量,从而降低饲料成本。

　　DDGS 的生产工艺有三种之多,因厂家及其主产品不同、工艺不同,DDGS 的营养组成也有差异。最优的 DDGS 是用全粒法生产酒精获得的。因为它除含淀粉、糖外,还含玉米中所有的脂肪(一般为 9%～13%)、蛋白质、微量元素等。不管采用何种工艺,如果没有高效蒸发浓缩器这个工艺设备,就不能将滤清液 DDS 回收,所得到的产品是 DDG,而不是 DDGS。

4. DDGS 在奶牛生产中的应用 对奶牛而言 DDGS 不仅是优良的过瘤胃蛋白(RUP)来源,而且 RUP 中氨基酸比例较平衡。发酵中产生的香气能促进奶牛的食欲,有很好的适口性。资料表明,豆饼和 DDGS 的 RUP,含量分别是 26.5%和 46.5%,说明 DDGS 可比豆饼提供更多的 RUP 以保证高产奶牛的需要。另有试验证明,DDGS 是高产奶牛所需要的不溶性采食蛋白质(62%)或过瘤胃蛋白质(55%)、中性洗涤纤维(44%)和非纤维碳水化合物(11%)的良好来源。从而避免了日粮过多的降解蛋白质导致子宫液中的氨、尿素和其他含氮复合物水平增多,对精子、卵子和胚胎产生毒性危害。DDGS 也是奶牛正常繁殖所需要的过瘤胃蛋白质的良好来源,DDGS 在高产奶牛的用量为总采食干物质的 19%,产奶性能等同或超过豆粕日粮,泌乳奶牛的最大用量为总采食干物质的 30%。资料报道,以苜蓿为基础日粮时 DDGS 占日粮干物质的 31.6%(折精料 63.2%)。奶牛 TMR 中用 26%(折精料 52%)DDGS 替代 15.4%玉米+10.6%的豆饼,对奶牛泌乳性能无明显影响。而且证明使用 26%DDGS 时的泌乳效果优于 13%。但是要注意营养的平衡搭配,否则 DDGS 的使用量即使很小,也可能影响饲养效果。姚军虎等建议,DDGS在奶牛精料中用量以 10%～20%为宜。

姚军虎(1996)试验 DDGS 精料补充料配方见表 3-22(1、2、3 号配方);张忠远(2003)试验配方见表 3-22(4 号配方)。

表 3-22 DDGS 型产奶牛饲粮配方

饲料原料	精料补充料配方（%）					
	1	2	3	4	5	6
玉 米	37.7	46.0	44.0	46.5	35	30.0
小麦麸	20.0	14.0	14.0	—	20	13.0
DDGS（粗蛋白质 36%）	10.1	11.3	14.5	35.0（粗蛋白质 28%）	20（粗蛋白质 23%）	30.0（粗蛋白质 17%）
豆 粕	7.5	10.0	2.5	13.5	10.3	12.3
菜籽粕	6.7	4.6	7.0	—	10.0	10.0
胡麻饼	13.3	9.4	13.3	—	—	—
磷酸氢钙	—	—	—	0.2		
石 粉	1.7	1.7	1.7	1.8	1.7	1.7
小苏打	1.0	1.0	1.0	1.0	1.0	1.0
食 盐	1.0	1.0	1.0	1.0	1.0	1.0
预混料	1.0	1.0	1.0	1.0	1.0	1.0
日粮组成（千克/头·日）						
精料补充料（风干）	7.5	8.0	8.0	8.0	8.0	8.0
全株玉米青贮（鲜）	21.0	21.0	21.0	18.0	21.2	21.2
小麦秸	2.0	2.0	2.0	4.0（羊草）	2.0	2.0
日均产奶量（千克）	20.0	22.0	20.0	20.0	20.0	20.0

三、全棉籽的应用

棉籽是棉花加工过程中的副产品。目前在我国,大多数棉籽被压榨成棉籽饼粕或制成脱酚棉仁蛋白利用。但是棉籽的深加工会增加饲料成本,而且很多国外报道表明,从经济效益角度讲,在奶牛生产中可以合理利用不需要任何加工的全棉籽。在国外,全棉籽作为一种高能、高粗蛋白、高纤维含量的饲料已经广泛应用于奶牛生产。在美国,72%的牛场将全棉籽作为常规饲料,充当精料。

(一)全棉籽的营养特点　全棉籽是与棉花纤维分开后未加工的纯的含油种子,含有高脂肪、高蛋白并且棉籽壳可以保护脂肪和蛋白质,能起到过瘤胃的作用。棉籽含脂肪14%~18%,含粗蛋白质18%~25%,含有各种维生素尤其是维生素E和B族维生素;能量含量高,泌乳净能为9.33兆焦/千克;含钙0.12%~0.21%,含磷0.54%~0.64%;全棉籽必需氨基酸的含量与全脂大豆相当,其中赖氨酸的含量高达4.35%,蛋氨酸的含量达1.71%。而普通大豆饼粕中赖氨酸的含量也只有2.5%~3%,蛋氨酸只有0.5%~0.7%;菜籽粕赖氨酸的含量只有1.3%~1.5%。是泌乳高峰期奶牛的优质饲料,同时也是降低高产奶牛产后能量负平衡的首选饲料。全棉籽的粗纤维为有效纤维。全棉籽可整粒饲喂,不需要经过任何加工处理,降低了饲料的生产成本。每天每头奶牛可饲喂0.5~1.5千克全棉籽。日粮中添加棉籽时要相应减少精料补充料中棉籽粕的添加量,因为全棉籽中含有一定量的棉酚。

(二)全棉籽在奶牛饲料中的作用　奶牛一般在产后4~8周即可达到产奶高峰,而在10~12周干物质采食量才能达到高峰,由于干物质采食量的增加跟不上泌乳对能量需要的增加,因此泌乳高峰期奶牛体营养处于负平衡状态。而常规的饲料配合难以保证日粮中能量需要,尤其是高产奶牛能量需要,同时,如果大量增加精料比例来满足奶牛营养需要,这样非常容易导致奶牛瘤胃酸中毒及一些其他代谢疾病的发生,降低奶牛的生产性能与利用年限。

在奶牛日粮中添加全棉籽,可以在不大改变日粮的精料比例的情况下,提高日粮能量浓度,减缓奶牛产后能量负平衡,提高产奶量,与使用高能量的脂肪或其他过瘤胃脂肪产品等措施相比,使用全棉籽补充脂肪是克服能量负平衡最经济有效的方法。据报道,添加全棉籽可以提高奶牛的干物质采食量,提高产奶量,增加乳脂率,还可以提高奶牛受胎率,缩短奶牛胎次间隔,间接增加了经济效益。另外由于全棉籽的脂肪含量高,产生的体增热少,日粮中添加全棉籽可提高奶牛抵抗热应激的能力,因此在高温的季节饲喂棉籽对奶牛生产有一定的促进作用。

(三)全棉籽在奶牛生产中的应用效果　全棉籽一般用在产奶牛上,目前还没有固定的添加方式,从各试验报道来看,无论怎样添加均能起到一定的效果。全棉籽对奶产量的影响报道的比较多,美国的试验结果表明,两批试验中添加了全棉籽饲喂的奶牛,其产奶量要高出其他两组 8%～14%。石传林等(2000)用 5%的全棉籽替换精料中 3%的豆粕和 2%的玉米,结果发现,试验组的奶牛食欲旺盛,消化能力增强,同对照组相比,奶产量提高了 1.1%。彭艳春等(1998)用 5%的全棉籽替换 5%的玉米饲喂奶牛,结果发现同试前相比,试验组日产奶量平均每头增加了 0.05 千克,而对照组则下降 0.23 千克,说明棉籽对奶牛具有一定的增产效果。许多试验报道表明日粮中添加全棉籽可大大提高牛奶的乳脂率。杨为荣等

(1996)每天用 0.9 千克的全棉籽替换 10%的精料饲喂奶牛,结果发现试验组乳脂率增加 0.12 个百分点,比对照组含脂率多增加 0.08 个百分点。胡昌军等(2004)在泌乳高峰期奶牛日粮中添加 1 千克全棉籽,发现试验组奶牛比对照组奶牛每天产奶量增加 1.73 千克,乳脂率增加 0.15 个百分点,试验后试验组奶牛的平均体重比对照组的多增加 12 千克,试验组奶牛比对照组奶牛自然发情率提高 30%。

(四)全棉籽中棉酚对奶牛健康的影响 棉酚存在于棉籽的色素腺中,有游离与结合两种状态。游离棉酚因具有活性醛基和羟基而具有毒性作用。棉酚是一种酚毒,对神经、血管及实质脏器均有明显的毒害作用,并可侵害胎儿。长期大量饲喂棉籽饼(粕)会使游离棉酚在畜体内和肝脏中积蓄,侵害肾脏,使之排泄缓慢,加剧棉酚在体内积蓄速度。棉酚能损害肝细胞,破坏红血球,损伤微血管膜,导致贫血。它还具有使子宫剧烈收缩的作用,致使母牛子宫内缺血少氧,引起妊娠母牛流产和死胎。试验表明,只要控制好棉籽的饲喂量,棉籽中的棉酚对泌乳期奶牛的生产性能和生理功能没有影响。Harrison 等(1995)用含 12%全棉籽的日粮饲喂奶牛 1 个泌乳期,未发现任何不良影响。Hawkins 等(1985)用含 18%全棉籽的日粮饲喂奶牛 9 个月,发现血液中含有棉酚,但是对红血球没有破坏作用。大量的研究发现,长期饲喂全棉籽占 15%的日粮,对泌乳期奶牛的生产性能和生理功能没有影响。在奶牛生产中全棉籽的饲喂量一般为 1~2 千克/头·日,最多不超过 2.5 千克/头·日。

(五)全棉籽的处理 经过热处理的全棉籽会降低在瘤胃中的蛋白降解率,但是可以增加到小肠的过瘤胃蛋白和脂肪的数量,而且可以大大降低游离棉酚的含量。如果全棉籽经过热处理,那么它在饲料中的使用量还可以继续增加。全棉籽经过火碱处理可以增强其在瘤胃中的消化率,原因可能是碱削弱了棉壳的保护作用。而且用火碱处理还有利于奶牛采食高精料日粮,因为它可以起到缓冲液的部分作用,改善瘤胃中乙酸与丙酸的比例。Pires 等(1997)报道,经热处理的全棉籽饲喂奶牛,奶牛乳产量增加了 5%,乳蛋白量提高了 13%。全棉籽的处理工艺很多,处理的主要目的是减少棉酚的毒害作用,提高养分的利用率。

(六)全棉籽应用配方实例 见表 3-23。

表 3-23　全棉籽应用配方实例

饲料原料	精料补充料配方(%)				
	1	2	3	4	5
玉　米	52.3	56.3	54.0	53.0	52.0
全棉籽(粗蛋白质 23%)	14.0	14.0	14.0	14.0	17.0
豆粕(粗蛋白质 42.7%)	12.7	—	6.0	6.0	26.4
菜籽粕(粗蛋白质 35.4%)	10.0	10.0	10.0	11.0	—
芝麻粕(粗蛋白质 39.3%)	7.0	15.7	12.0	12.0	—
	(小麦麸)		(胡麻粕)	(胡麻粕)	
磷酸氢钙	0.2	0.2	0.2	0.2	0.8
石　粉	0.8	0.8	0.8	0.8	0.8
小苏打	1.0	1.0	1.0	1.0	1.0
食　盐	1.0	1.0	1.0	1.0	1.0
预混料	1.0	1.0	1.0	1.0	1.0
日粮组成(千克/头·日)					
精料补充料(风干)	10.2	10.3	10.3	9.8	9.0
玉米秸青贮(鲜)	23.3	23.3	23.3	20.0	19.0

续表 3-23

日粮组成(千克/头·日)					
小麦秸	0.6	0.6	0.5	2.0 (羊草)	4.0 (羊草)
日均产奶量(千克)	20.0	20.0	20.0	20.0	20.0

四、苹果渣的应用

我国是世界上苹果产量最大的国家之一,其中 20% 左右用于果汁加工,年产苹果渣约 100 万吨。苹果渣由果皮、果核和残余果肉组成,含有可溶性糖、维生素、矿物质、纤维素等多种营养物质,且适口性较好,是良好的奶牛多汁饲料资源,利用苹果渣干粉配制混合饲料或颗粒饲料,可取代部分玉米粉和麸皮,通常 1.5～1.7 千克苹果渣粉相当于 1 千克玉米粉的营养价值。国外利用果渣做饲料已取得了显著的经济效益,如美国、加拿大等国家已将苹果渣、葡萄渣和柑橘渣作为猪、鸡、牛的标准饲料成分列入国家颁发的饲料成分表中。近年来,我国对苹果渣的开发利用做了大量的研究,取得了可喜的成果。

(一)苹果渣的营养价值　苹果渣由果皮、果核和残余果肉组成。其中果皮、果肉占 96.2%,果籽占 3.1%,果梗占 0.7%。由表 3-24 看出,苹果渣的粗蛋白质含量较低,而粗脂肪和无氮浸出物则含量较高,干渣的代谢能值接近于玉米(10.668 兆焦/千克)和麸皮(9.534 兆焦/千克);鲜渣和青贮的代谢能值与玉米青贮(2.478 兆焦/千克)接近;此外,还含有较丰富的钙、磷、钾、铁、锰、硫等矿物质常量元素和微量元素。其中干果渣的铁含量是玉米的 4.9 倍;赖氨酸、蛋氨酸和精氨酸的含量分别是玉米的 1.7 倍、1.2 倍和 2.75 倍;维生

素 B_2 是玉米的 3.5 倍,在无氮浸出物中总糖占 15%以上。

表 3-24　苹果渣的营养成分含量

名称	干物质(%)	粗蛋白质(%)	粗纤维(%)	粗脂肪(%)	无氮浸出物(%)	粗灰分(%)	钙(%)	磷(%)	消化能(兆焦/千克)	代谢能(兆焦/千克)
湿渣	20.2	1.1	3.4	1.2	13.7	0.8	0.02	0.02	2.814	2.310
干渣	89.0	4.4	14.8	4.8	62.8	2.3	0.11	0.1	14.424	9.366
青贮	21.4	1.7	4.4	1.3	12.9	1.1	0.02	0.02	2.94	2.394

苹果渣具有苹果的酸香味和甜味,故奶牛喜欢采食;价格较低,一般每吨鲜苹果渣的价格在 50~100 元之间,如果合理使用,可降低奶牛日粮的成本。鲜苹果渣水分高,可达 65%,鲜喂时在日粮中的比例不宜过高,一般高产奶牛苹果渣喂量在 5 千克。饲喂苹果渣的同时还要考虑青贮饲料、啤酒糟等酸性饲料的喂量,不要使日粮 pH 值过低,由于苹果渣水分大,在贮存和运输过程中易被霉菌毒素污染,从而引发奶牛流产、子宫炎等繁殖疾病,饲喂时应特别注意。苹果渣蛋白质含量很低,要和其他蛋白质饲料搭配使用,未经过发酵或青贮处理的不宜过多饲喂,自然干燥的每天不应超过 1 千克,饲喂过多会造成腹泻,生产性能下降。

(二)苹果渣饲喂奶牛的生产效果　石传林等(2001)将鲜苹果渣与玉米秸秆按 1∶3 比例混贮,用该青贮饲料饲喂泌乳奶牛,泌乳量比采食青贮玉米秆组提高 8.89%。试验表明,苹果渣比青干草、青贮玉米秆饲喂反刍动物效果好,证明苹果渣饲用价值高于青干草和青贮玉米秆。据张为鹏等(2002)试验报道,1 组牛每头每日喂用苹果渣与玉米秸为 1∶3 之比的混合青贮 20 千克,精料 7 千克;2 组牛喂玉米秸青贮 20 千克,精料 7 千克;3 组牛喂干玉米秸 5.5 千克,精料 8 千克,经过 60 天饲喂实验,1 组牛平均每头每天比 2 组牛多产 1.2 千克奶,比 3 组牛多产 2.2 千克奶。又据张鸣歧等(2001)用苹果渣青贮代替 40%玉米青贮饲喂泌乳牛,产奶量比对照组提高 10.8%,差异极显著(P<0.01)。

(三)苹果渣的加工及饲用 由于鲜苹果渣的水分高、酸度大,鲜喂时在日粮中的比例不宜大,且不易贮存,与此同时,果渣的生产有明显的季节性,要充分利用果渣的饲料资源,单靠喂鲜渣对其利用很有限。因而,还必须进行加工处理。

1. 青贮 可以减少鲜苹果渣饲用中无法克服的一些问题,而且适口性有所改善,味道由酸涩变为酸中带甜。苹果渣的青贮方法和其他饲料青贮一样,但由于其含水分高,单独青贮要减少其水分,也可与玉米(带果穗和不带果穗的)、野青草、糠麸和铡短的干草混合青贮。其比例按所用原料的水分含量将其计算为适合青贮为宜,但对果渣的要求必须是 1~2 天以内加工的无污染的新鲜果渣。其他混贮的原料也要保证质量,随运随贮。在青贮时,如能添加适量的尿素和专门用于青贮的微生态制剂,则可提高蛋白质的含量和青贮的品质。

2. 干燥 苹果渣经干燥后,根据需要可粉碎制成干粉,不仅适口性好、容易贮存、便于包装和远程运输,而且还可作为各种畜禽的配合饲料、颗粒饲料的原料。干燥方法有自然干燥和人工干燥两种,自然干燥要有连续几天的晴好天气,使水分下降至 10%左右,每 10 吨鲜渣能干燥出 2 吨左右干渣。自然干燥不需要特殊设备,只要有个晾晒的水泥地面或砖地面场地就行,因而投资少、成本低,但必须有连续几天的好阳光,在晾晒中碰上阴雨天容易引起发霉变质。人工干燥需要有机械设备并要消耗能源,成本高,但干燥效果好,质量高,营养素损失少,不受天气影响。也可将二者结合起来进行,即先利用好天气将其自然晾晒,让水分减少到一定程度时,再用人工干燥,这样会降低成本。

干苹果渣粉可用作配(混)合饲料的原料,并能取代部分玉米和麸皮。根据我国畜禽的饲养水平及饲料情况,干苹果渣粉在配合饲料中的推荐比例为精料补充料的 $10\%\sim20\%$。

(四)苹果渣应用配方实例 见表 3-25。

表 3-25　苹果渣应用配方实例

饲料原料	精料补充料配方(%)		
	1	2	3
玉　米	41.0	50.0	51.0
小麦麸	30.0	20.0	13.0
豆　粕	—	25.0	20.0
花生粕	20.0	—	—
鱼　粉	3.0	—	2.0过瘤胃脂肪
棉籽粕	—	—	8.0
磷酸氢钙	—	0.3	2.0
石　粉	3.0	1.7	0.5氧化镁
小苏打	1.0	1.0	1.5
食　盐	1.0	1.0	1.0
预混料	1.0	1.0	1.0
日粮组成(千克/头·日)			
精料补充料(风干)	11.23	8.5	9.0
玉米青贮(鲜)	21.0(秸秆)	10.0	11.0
苹果渣	2.0(青贮)	15.0	1.0(干渣)

日粮组成(千克/头·日)			
干草(花生蔓)	—	自由采食	3.0(羊草)
日均产奶量(千克/日·头)	23.8	25.6	26.9

注:1号配方由张鸣枝(2001)使用,2号配方由胡昌军使用(2003),3号配方由王会战(2006)试验使用

第四章　奶牛饲料添加剂

饲料添加剂是为了某种特殊需要向饲料中人工添加的具有不同生物活性的微量物质总称。它是配合饲料的核心,在饲料中添加量非常少,但作用很大,效果显著,具有多方面的功能。如可强化日粮的营养价值,提高饲料利用效率,改善饲料的适口性、增进采食、增进动物健康,促进动物生长发育,减少饲料贮存期间营养物质损失以及改进动物产品品质等。从功能上来分,饲料添加剂包括营养性和非营养性添加剂两类。

第一节　营养性饲料添加剂

营养性添加剂主要用来补充天然饲料中缺少和不足的营养物质,包括氨基酸、维生素、微量元素、非蛋白氮添加剂等。

一、微量元素添加剂

目前已知在奶牛饲料中缺乏、配合饲料中常需要补充的微量元素有铜、锰、锌、铁、钴、硒、碘等。

微量元素在饲料中的含量变化很大,主要受饲料种类和饲料产地两个因素的影响。一般动物性饲料的微量元素含量远远超过植物性饲料。由于不同地区的土壤和水源等条件不同,其产地饲料中的微量元素含量也不同。如黑龙江至四川、青海之间一条幅度宽窄不同的地带,查明为缺硒地区,而陕西的紫阳和湖北的恩施则为富硒地区,含硒量高。因此,配料时应了解饲料中微量元素的含量,表 4-1 中列出了常用饲料中微量元素的含量,仅作为参考,应用时最好对原料的微量元素含量进行实际测定。在计算日粮配方微量元素时应严格注意饲料的产地及描述,以免引起不必要的添加,或过量中毒,或给量不足引起缺乏症,引起不必要的损失。

表 4-1　常用饲料的微量元素含量　（单位：毫克/千克）

饲　料	干物质(%)	铁	铜	锰	锌	硒
黄玉米	86.0	51.0	1.8	6.5	19.1	0.02
冬小麦	88.0	89.0	8.0	16.4	30.0	0.05
皮大麦	87.0	87.0	5.6	17.5	23.6	0.06
高　粱	86.0	87.0	7.6	17.1	20.1	0.05
糙　米	87.0	100.0	3.3	21.0	10.0	0.07
大　豆	87.0	111.0	18.1	21.5	40.7	0.06
大豆粕	88.0	183.0	23.8	27.7	45.9	0.06
菜籽饼	88.0	220.0	8.6	60.3	68.1	0.07
棉籽饼	88.0	180.0	19.7	17.6	60.1	0.07
花生饼	88.0	454.0	19.2	39.5	52.2	0.15
亚麻仁饼	88.0	204.0	27.0	40.3	36.0	0.18
向日葵粕	88.0	614.0	45.6	41.5	62.1	0.09
米　糠	87.0	304.0	7.1	175.9	50.3	0.09
小麦麸	87.0	170.0	13.8	104.3	96.5	0.07
鱼　粉	91.4	670.0	17.9	27.0	123.0	1.77
血　粉	88.0	2800.0	8.0	2.3	14.0	0.70
苜蓿草粉	88.0	376.0	9.2	31.1	17.3	0.47

摘自中国饲料数据库 1990 年第一版

（一）无机微量元素添加剂　微量元素饲料添加剂常以这些元素的无机盐或有机盐类以及氧化物、氯化物形式添加到饲料中。配合饲料中最常用的为氧化物与硫酸盐。

1. 铁（Fe）　常用作饲料添加剂的有硫酸亚铁、硫酸铁、碳酸铁、柠檬酸铁(枸橼酸铁)、柠檬酸铁铵、葡萄糖酸铁、富马酸铁(延胡索酸铁)、氨基酸螯合铁等。最常用的为硫酸亚铁，其利用率高,成本低。一般认为无论是含 7 个结晶水的,还是不含结晶水的,其生物利用率均为 100%。氧化铁几乎不能被动物吸收利用。有机铁的生物利用率高于硫酸亚铁,在配合饲料中稳定性好,不影响其他成分的活性,但因其成本高,只有少数应用于幼畜日粮中。一般认为亚铁盐生物利用率高,亚铁氧化为三价铁后,降低了铁元素的利用率。

硫酸亚铁有 3 种形式:无水硫酸亚铁($FeSO_4$)、一水硫酸亚铁($FeSO_4 \cdot H_2O$)和七水硫酸亚铁($FeSO_4 \cdot 7H_2O$),三者的含铁量分别为 36.8%,32.9%和 20.1%。七水硫酸亚铁为淡绿色结晶或结晶性粉末,含有一定量的游离水和结晶水,未经脱水处理的,其性质不稳定,在加工和贮藏过程中易被氧化为不易被动物利用的三价铁,易吸湿、结块,不仅影响其粉碎性能和流动性能,而且对维生素有破坏作用,一般不宜用作饲料添加剂,必须进行烘干脱水处理。1 个结晶水的硫酸亚铁为灰白色粉末,不易吸湿,加工性能好,与其他成分的配伍性好,配合饲料中常用作添加剂。无水硫酸亚铁为灰白色粉末,无臭,易溶于水,不溶于乙醇,有吸湿性,在配合饲料中添加较好。

亚铁盐中的铁氧化成三价铁后,颜色由绿变褐,表示氧化铁含量增加。若氧化铁含量大于 0.8%～1%,游离硫酸含量大于 0.2%,则品质不好。

2. 铜（Cu）　可作为饲料添加剂的铜源有硫酸铜、碳酸铜、氧化铜、氨基酸螯合铜等。其中最常用的为硫酸铜,其次是氧化铜和碳酸铜,氧化铜的利用率比硫酸铜差。

硫酸铜的生物利用率最高,成本低,饲料中应用最为广泛。硫酸铜有 3 种存在形式:无水硫酸铜($CuSO_4$)、一水硫酸铜($CuSO_4 \cdot H_2O$)和五水硫酸铜($CuSO_4 \cdot 5H_2O$),三者含铜量分别为 39.8%,35.8% 和 25.5%。五水硫酸铜为蓝色无味的结晶或结晶性粉末,易吸湿返潮、结块,对饲料中的养分有破坏作用,不易加工,易使不饱和脂肪酸氧化,对维生素的活性有破坏作用,加工前应进行脱水处理。无水硫酸铜为青白色无味粉末,常作为添加剂使用。

3. 锰(Mn) 可作为饲料添加剂的含锰化合物有硫酸锰、氧化锰、碳酸锰、氨基酸螯合锰等。其中最常用的是硫酸锰、氧化锰、碳酸锰。

硫酸锰有两种形式:一水硫酸锰($MnSO_4 \cdot H_2O$)和五水硫酸锰($MnSO_4 \cdot 5H_2O$),含锰量分别为 32.5% 和 22.8%。市场上一般为一个结晶水的硫酸锰,为淡粉红色粉末,无臭,易溶于水,较易溶于甘油,几乎不溶于乙醇。有中等吸湿性,高温高湿条件下贮存太久易结块。硫酸锰生物学利用率高。五水硫酸锰为浅蔷薇色结晶粉末,在空气中易风化,开始失去结晶水。

研究表明,药品级硫酸锰($MnSO_4 \cdot 2H_2O$)、碳酸锰、氧化锰和高锰酸钾效果相近,生物学利用率都较高,而一些天然矿石的氧化锰、碳酸锰类因含有较多的杂质和其他化学结构的杂质,其效果欠佳。

4. 锌(Zn) 常用作饲料添加剂的锌化合物有硫酸锌、氧化锌、碳酸锌、氨基酸螯合锌。前 3 种的生物学效价基本相同。氨基酸螯合锌的生物学利用率高于以上 3 种无机锌,常在幼畜和高产家畜上使用。

（1）硫酸锌　常用作饲料添加剂的有两种产品，分别为 7 个结晶水的硫酸锌（$ZnSO_4 \cdot 7H_2O$）和 1 个结晶水的硫酸锌（$ZnSO_4 \cdot H_2O$），以分子式计，含锌量分别为 22.75％与 36.45％。七水硫酸锌为无色结晶或白色结晶粉末，在空气中易风化、易吸湿结块，影响饲料加工质量和维生素的有效性，在配合使用前必须进行脱水处理。一水硫酸锌为白色、无味粉末，可由七水硫酸锌加热、脱水而得，是配合饲料常用的补锌添加剂，使用方便，无需特殊处理。锌与钙、铜、铁等元素存在拮抗作用，高钙、高铜日粮，增加了对锌的需要量，应注意相应地提高用量。

（2）氧化锌（ZnO）　白色粉末，含锌量高为 80.3％，成本低，稳定性好，对饲料中维生素影响小，贮存时间长，不结块，不变性，具有良好的加工特性，生物学利用率同硫酸锌，是良好的补锌饲料添加剂。在保存时应注意不要接触二氧化碳，因其易吸附二氧化碳变成碳酸锌。

5. 硒（Se）　作为饲料添加剂使用的硒化合物有亚硒酸钠（Na_2SeO_3）和硒酸钠（Na_2SeO_4），含硒分别为 45.6％和 41.77％。配合饲料中常用亚硒酸钠，生物学效价亚硒酸钠高于硒酸钠。有机硒生物学利用效率高于无机硒，效果好，但由于价格高，未被推广使用。我国西北、东北、四川北部等地区土壤中缺硒，在这些地区的动物生产中应特别注意补硒。

亚硒酸钠（Na_2SeO_3）为无色结晶粉末，易溶于水。该品在化学物质中属剧毒物质，需加强管理，在饲料中用量要严格控制，磨细混匀时，操作人员应备有防护面罩、手套，防止呼吸吸入和粘附皮肤，空气中含硒量的临界限度值不能超过 0.1～0.2 毫克/米³。

动物的需要量和中毒量相差不大，在配合饲料中添加时应特别小心,不得超量添加。常以含硒预混料的形式添加,不得以化合物的形式直接添加,这种预混料的含硒量不得高于200毫克/千克。含硒的预混料应标明含硒字样及其含量。在标签中应明确注明使用方法。

6. 碘(I) 常用作饲料添加剂的是碘化钾(KI)与碘酸钙$Ca(IO_3)_2$,碘的含量分别为76.45%和65.1%。碘化钾的生物利用率高,但稳定性差,在微量元素预混料中,碘易挥发造成损失,常以柠檬酸铁及硬脂酸钙作为保护剂。碘酸钙较稳定,其生物学效价与碘化钾相似,故国外使用较多。

(1)**碘化钾(KI)** 为无色或白色结晶或结晶粉末,很咸,微苦,易溶于水、乙醇及甘油。溶液无色透明,呈中性,在阳光下变成褐色,在潮湿空气中少量潮解。

(2)**碘酸钙** 为白色结晶或结晶性粉末,无味或略带有碘味。其产品有无结晶水$[Ca(IO_3)_2]$、1个结晶水化合物$[Ca(IO_3)_2 \cdot H_2O]$和6个结晶水化合物$[Ca(IO_3)_2 \cdot 6H_2O]$。饲料添加常用无结晶水或1个结晶水的化合物,其产品基本不吸水,微溶于水,很稳定,利用率与碘化钾相似,由于其溶解度低,适用于补充非液体饲料中的碘缺乏,并有取代碘化钾之势。

7. 钴(Co) 常用作饲料添加剂的有碳酸钴、硫酸钴和氯化钴,钴在分子式中的含量分别为49.5%,38%和45.3%。这些钴源都能被动物很好地利用。

(1)**硫酸钴(Co_2SO_4)** 含7个结晶水的硫酸钴具有光泽,无臭,为暗红色透明结晶或桃红色砂状结晶,由于吸湿返潮易结块,影响产品加工质量。饲料中常用1个结晶水的硫酸钴,一水硫酸钴为淡红色粉末,无臭,可缓慢溶于水,较难溶于乙醇。

（2）碳酸钴（Co_2CO_3）　为粉红色或紫色细粉，无臭，室温下稳定，不溶于水，吸湿性低，与其他微量活性成分配伍性好，具有良好的加工特性，生物学利用率较高，故应用最为广泛。

（3）氯化钴（$CoCl_2$）　为红色或紫色结晶，有吸湿性，一般是含 6 个结晶水的产品（$CoCl_2 \cdot 6H_2O$），在 40℃～50℃下逐渐失去水分，140℃时不含结晶水变为青色。氯化钴是我国应用最广泛的钴源添加物。

（二）有机微量元素添加剂及微量元素氨基酸、蛋白质螯合物

1. 有机微量元素添加剂　无机微量元素添加剂在我国畜禽养殖业中广泛使用，给我国畜牧业带来了巨大的经济效益，但是由于日粮中超量添加的问题，不但造成了资源的浪费，其畜禽粪便含有较高的微量元素，还造成了严重的环境污染，影响人民的健康。随之出现了第二代微量元素添加剂，即有机微量元素添加剂。

有机微量元素添加剂饲喂效果优于无机盐类，目前使用的有机微量元素添加剂，如乳酸锌、乳酸亚铁、富马铁酸、葡萄糖酸锌、吡啶羧酸铬、吡啶羧酸钴、对氨基苯砷酸等。

2. 微量元素氨基酸、蛋白质螯合物　由于无机盐类和有机盐类补饲动物时，都不同程度地存在吸收率低的问题，而且目前使用的大量矿物盐对饲料维生素的稳定性等影响较大，因而出现了第三代微量元素添加剂——微量元素氨基酸、蛋白质螯合物。微量元素氨基酸、蛋白质螯合物在国外已用作饲料添加剂。1989 年美国食品药物管理局（FDA）在已批准的矿物质添加剂中，其中就包括铁、锰、铜、锌等的氨基酸结合物和螯合物，同时还公布了氨基酸的金属络合物（包括氨基酸钴、氨基酸铜、氨基酸铁、氨基酸锰、氨基酸锌等）、金属蛋白盐（包

括蛋白铜、蛋白锌、蛋白铁、蛋白钴、蛋白锰等）。我国从 20 世纪 90 年代初由东北农业大学成功地研制了铁、铜、锰与赖氨酸、蛋氨酸、甘氨酸的螯合物。也有许多研究部门合成制备出多种氨基酸微量元素螯合物，并用于动物试验研究。使用微量元素氨基酸、蛋白质螯合物具有以下优点：

第一，在畜禽的特殊生理阶段，如幼畜、产奶等阶段，对微量元素的需求量大，使用有机微量元素可提高它们的利用效率，达到迅速补充其需要量的目的，从而提高畜禽的生产性能。用缺硒小母牛试验结果表明，有机硒组（硒蛋氨酸、硒酵母）的谷胱甘肽过氧化物酶活性都约为无机硒（亚硒酸钠）的 2 倍。

第二，配合饲料中的铁、铜、锰等阳离子能直接引起维生素特别是维生素 A、维生素 B_3、维生素 C 和维生素 E 的迅速分解失活。微量元素中的结晶水分和添加剂中的水分存在，更加速微量元素对它们的破坏作用。国内对这些维生素的损失通常采用加大添加剂量的方法，不但不能很好弥补损失，而且增大了成本。采用微量元素氨基酸螯合物形式，则在配合饲料中相对稳定。一方面减少这些微量元素对维生素的破坏，另一方面提高微量元素的消化利用率，降低微量元素的添加量，同时还可减少维生素的添加量，降低饲料成本。

第三，使用微量元素氨基酸、蛋白质螯合物还可提高畜禽的免疫功能，调控代谢过程，改善胴体品质，表现出显著抗植酸和高钙的不良影响。高品质日粮中使用效果十分明显。

（三）奶牛对微量元素的需要量及最大耐受水平和毒性剂量 奶牛使用微量元素添加剂的依据是它们不同生理阶段对微量元素的需要量。对奶牛配合日粮中微量元素不能满足需要者需进行添加；对那些缺乏某种微量元素的地区或地域（如缺硒带、缺碘带等)应注意用相应微量元素添加剂补充；对富含某种微量元素的地区或地域(如富硒带，富铜、富钴带等)使用微量元素添加剂时应慎重，以免出现中毒而造成不必要的经济损失。不同生理阶段的奶牛对某些微量元素需求量也不一样(如生长、妊娠、产奶)，对需求量较高，不能满足需要的日粮，应酌情添加某些微量元素添加剂。

有些微量元素在畜禽日粮中的正常量和中毒剂量之间距离相差不大，例如硒、铜元素，如不注意，尤其是在高硒地区，饲料中添加硒就可能引起中毒。各种微量元素对牛的毒性标准见表 4-2。

表 4-2 各种微量元素对牛日粮含量的最大耐受水平和
中毒剂量 (单位：毫克/千克日粮干物质)

微量元素	最大耐受水平	中毒剂量	微量元素	最大耐受水平	中毒剂量
Co	10	30	Mn	1000	400
Cu	100	20	Mo	—	50
Fe	1000	1000	Se	2	5
I	50	50	Zn	500	1700

注：中毒剂量来源于愈峻云等，《饲料添加剂》，白山出版社，1989

最大耐受水平来源于周建民等译，《奶牛营养需要》(NRC，第六次修订)，科学技术文献出版社，1992

某种元素的毒性剂量受很多因素的影响，对不同元素毒性作用的报道也不尽相同，本书中引用的毒性标准，在此仅起参考作用。

(四)各种微量元素间的相互作用及合理的比例 当各种微量元素添加量确定后，还需考虑各种微量元素间的关系。微量元素间有协同作用和颉颃作用。协同作用表现为在吸收过程中的相互促进，在代谢过程中协调与增效。颉颃作用表现为在吸收过程中彼此抑制。图 4-1 中微量元素间的连线箭头方向表示元素间产生頡頏的方向。

在配制产奶牛的微量元素预混料配方时，因为在全价配合饲料中使用了大量的钙，而钙又影响锌和锰的吸收，因而要增大锌和锰在配方中的用量，而锌又影响铁的吸收，锌铜之间又相互頡頏，铜又影响铁的吸收，锰也影响铁的吸收。对于反刍动物，铜和硫过高，会使反刍动物对铜的吸收增加而引起中毒。各种矿物元素间的相互干扰作用及建议饲粮中的比例，见表 4-3。

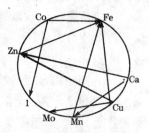

图 4-1 微量元素间相互作用关系

表 4-3 各种矿物质元素间的相互干扰作用及建议饲粮中的比例

元素	干扰元素	影响功能	建议饲粮中的比例	元素	干扰元素	影响功能	建议饲粮中的比例
钙	磷	吸收	2∶1	铜	钼	吸收与排泄	≥4∶1
镁	钾	吸收	0.15∶1		锌	吸收与排泄	0.1∶1
磷	钙	吸收	0.5∶1	钼	铜	吸收与排泄	钼∶铜有干扰
	铜	排泄	1000∶1	锌	钙	吸收	≥0.01∶1
	钼	排泄	≥7000∶1		铜	吸收	10∶1
	锌	吸收	100∶1		镉	细胞结合	锌∶镉有干扰
铜	硫	吸收与排泄	铜∶硫有干扰				

本表源于愈峻云等，《饲料添加剂》，白山出版社，1989

同时还应考虑某些特殊成分对微量元素吸收的干扰。例如，棉仁（籽）饼中的游离棉酚可与铁离子络合而排出体外。因此，在配合饲料中大量使用棉籽饼时，同时加大了对铁的需要量,一般按游离棉酚与铁的比例为1:1,以降低游离棉酚的毒性,提高动物的生产性能。

(五)微量元素添加剂原料的质量　对微量元素添加剂原料的有效成分含量、利用率、含有的有害杂质以及细度都应该进行考虑。各种微量元素添加剂有害成分含量以及卫生标准必须符合国家标准,预混料中各微量元素的含量不应超过畜禽的最大耐受水平。微量元素在配合饲料中的含量很小,以微克和毫克计,必须粉碎至一定的细度才能在饲料中拌匀,以保证在饲料中分布均匀,采食均匀。添加剂在饲料中的用量越小,所需要的粒度越小。含有某元素的化合物的粉碎粒度,可根据它在配合饲料中的添加量来确定,微量成分添加量和颗粒大小关系见表4-4。

预混料中的微量成分亚硒酸钠、碘化钾、氯化钴等,在配合饲料中的使用量极微,通常是用球磨机微粉碎的方法,或者是以溶液喷雾的方法制成预混料,然后用于配合料中。

表4-4　微量成分添加量和颗粒大小关系

每吨饲料微量成分添加量(克)	最大粒径(微米)	通过美国标准筛(筛目)	粒子总数
10毫克	5		1.02×15^{12}
100毫克	20		1.19×10^{11}
1	45	325	1.39×10^{7}
10	100	140	1.27×10^{7}
50	170	80	1.30×10^{7}
227	270	50	1.46×10^{7}
908	440	40	1.35×10^{7}
4540	725	25	1.50×10^{7}

(六)矿物质微量元素的补饲方法　最简单的矿物质补饲

方法就是混入精料内饲给,此法主要是混匀工艺比较困难。其他补饲方法有以下 3 种。

1. 矿物质舔砖法　是将奶牛所需的各种微量元素、食盐、非蛋白氮、糖蜜和一些能量饲料一起制成矿物质营养舔块,放在食槽或运动场中,让牛自由舔食。它是一种比较好的微量元素补饲的方法,在补充微量元素的同时还可以补充其他营养物质。平衡瘤胃内环境,提高饲料利用率。如果饲料中添加了微量元素预混料,就没有必要使用矿物质舔块了。

2. 微量元素缓释丸　微量元素缓释丸由口腔投入瘤胃,它们在那里滞留并不断缓慢释放所补饲的矿物质元素,然后吸收到血液内。目前已有钴丸、硒丸、锌丸市售。据厂家声称,市售的钴丸和硒丸投饲后,分别在 1 年和 3 年内有效,市售的锌丸投入后只能在 6 周内有效。

3. 皮下或肌内注射和口服　表 4-5 列出常用的口服或注射预防矿物质缺乏的方法可供参考。一般在缺乏比较严重或者产前使用这种方法。不能和饲料中使用微量元素添加剂预混料同时使用。

表 4-5　口服或注射预防矿物质缺乏的方法

微量元素	方　式	动物种类	口服或注射物质	时　　间
钴	注射	犊牛	2 毫克 B_{12}	每 18～36 周注射 1 次
铜	皮下注射	牛	120～240 毫克	每 3～6 个月注射 1 次
	口服	牛	20～30 毫克	每 6～12 个月口服 1 次
硒	口服或皮下注射	牛	50 毫克硒酸钠或亚硒酸钠＋680 单位维生素 E	产犊前(预防胎衣不下)

微量元素	方　式	动物种类	口服或注射物质	时　间
		犊牛	20～30毫克硒酸钠或亚硒酸钠	2～3个月

本表源于韩向敏主编《奶牛营养与饲料》,中国农业出版社,2003

（七）使用微量元素添加剂应注意的问题

1. 日粮中微量元素添加量的确定　奶牛日粮中微量元素的添加量是根据基础日粮微量元素的含量和奶牛不同生理阶段、不同生产目的、不同品种、不同生产指标、不同环境对微量元素的需要量而确定的。

2. 混匀后饲喂　微量元素的用量极小,一般为每千克饲料中添加几毫克到几十毫克,如果配比不准或混合不均,很容易造成用量过小或过大。用量小则起不到作用,用量大则可能引起中毒。为了安全、有效、无毒和使用方便,一般采用市售的矿物质微量元素添加剂成品。但是,由于微量元素添加剂产品较多,有些并不适应当地的饲养实际,也有的配制不科学,粗制滥造,不是少于需要量就是超过饲养需要量,或者是配比不准确,混合不均匀,因此必须慎重选用。

3. 严禁使用市售生长素　市售微量元素添加剂称为生长素,主要以高铜制剂为主,很多农民都不知道高铜制剂不适合喂牛,铜制剂经常用作牛羊的驱虫剂,而不是促生长剂,将对瘤胃微生物有很大的伤害作用,如果过量则造成铜中毒,严重影响奶牛健康。所以最好购买牛羊专用微量元素添加剂。

从市场买来微量元素添加剂后,在使用前一定要先看说明书,按照说明书程序,先将添加剂与少量饲料混合,搅拌均匀,逐级扩大添加到配合饲料中去。注意:混合时间不能过长,矿物质微量元素均是盐类形式,比重大于原料,容易分级不均,一定要充分拌匀。因此,使用微量元素添加剂,配比一定要准确,混合一定要均匀,防止与大水分原料混配,以免凝集、吸潮、结块,影响混合均匀度。

二、维生素添加剂

维生素是奶牛不可缺少的营养物质。奶牛配合饲料中常需要添加的有维生素 A、维生素 D、维生素 E。市售产品主要有含多种维生素的复合维生素添加剂和维生素 A、维生素 D、维生素 E 粉等。

(一)维生素 A 添加剂 维生素 A 是奶牛日粮中最容易缺乏的维生素,给奶牛饲喂高精料日粮或贮存时间过长的饲料、或秸秆类粗饲料时,容易缺乏维生素 A。

维生素 A 又叫视黄醇、抗干眼病维生素,用作饲料添加剂的目前主要以合成的维生素 A 产品为主。维生素 A 醇的稳定性较差,极易被破坏,不便应用。常制成维生素 A 醋酸酯、维生素 A 棕榈酸酯和维生素 A 丙酸酯,提高其稳定性,然后用稳定物质进行包被,制成维生素 A 酯微粒胶囊,使维生素 A 酯外包被一层严密的保护膜,隔绝维生素 A 酯与空气、光线等的接触,从而达到防止或延缓维生素 A 酯氧化的目的。它是较稳定的维生素 A 制剂。我国目前常用的维生素 A 添加剂多为此制剂。

目前维生素 A 已采用统一的单位(IU)衡量其活性或表示动物的需要量。在实践中常用重量来衡量其需要量或活性,其不同单位的关系如下。

1 单位(IU)维生素 A ＝0.300 微克维生素 A 醇(结晶视黄醇)

＝0.344 微克维生素 A 醋酸酯

$$=0.550\ 微克维生素\ A\ 棕榈酸酯$$

$$=0.358\ 微克维生素\ A\ 丙酸酯$$

$$=1\ 美国药典单位(USP)$$

我国维生素饲料添加剂标准规定,市售的维生素 A 醋酸微粒胶囊,维生素 A 含量为每克含 30 万单位、40 万单位、50 万单位,为灰黄色至淡褐色颗粒,易吸湿,遇热、酸性气体、见光或吸湿后分解。

(二)维生素 D 添加剂　维生素 D 又称抗佝偻病维生素,有 D_2 和 D_3 两种类型,对哺乳动物,维生素 D_2 与维生素 D_3 活性基本相同,但维生素 D_3 较维生素 D_2 稳定性好,因此,维生素 D_3 多用作为饲料添加剂。

在配合饲料中,维生素 D_3 的稳定性虽比维生素 A 好,但它与热、潮湿和某些无机元素、氧化剂等直接接触时,也很易被破坏失效。商品维生素 D 制剂为维生素 D 微粒胶囊制剂。我国维生素饲料添加剂标准规定,商品维生素 D 微粒标示量为每克含 50 万单位、40 万单位、30 万单位,为米黄色或黄棕色微粒,遇热、见光或吸潮后易分解、降解。另外还有维生素 AD 微粒制剂。

$$1\ 单位(IU)维生素\ D\ =0.025\ 微克结晶维生素\ D_3\ 或\ D_2$$

$$=1\ 美国药典单位(USP)$$

饲料中钙、磷含量及比例不符合动物需要时将增加维生素 D 的需要量,约增加 1 倍或更高。

(三)维生素 E 添加剂　维生素 E 又名生育酚、抗不育症维生素,是一组具有生物活性的化学结构相似的酚类化合物。其中以 α-生育酚活性最高,自然界存在的 D-α-生育酚醋酸酯效价最高。人工合成的维生素 E 是 DL-α 生育酚醋酸酯。

维生素 E 是一种抗氧化剂,在饲料中很容易被氧化破

坏,所以同维生素 A、维生素 D 制剂一样通常制成微粒胶囊。活性单位含量为

$$1 \text{ 单位(IU)维生素 E} = 1 \text{ 毫克 DL-}\alpha\text{-生育酚醋酸酯}$$
$$= 1 \text{ 美国药典单位(USP)}$$

1 毫克 D-α-生育酚醋酸酯相当于 1.36 单位维生素 E

1 毫克 D-α-生育酚相当于 1.49 单位维生素 E

1 毫克 DL-α-生育酚相当于 1.1 单位维生素 E

我国市售维生素 E 饲料添加剂为白色或淡黄色粉末,每克含 500 单位维生素 E 或者含量为 50% 的产品。

三、氨基酸添加剂

反刍动物同单胃动物一样,真正需要的是氨基酸。在通常饲养管理条件下,反刍动物所需必需氨基酸的 50%～100% 来源于瘤胃微生物蛋白质,其余来自饲料。中等以下生产水平的奶牛,仅微生物蛋白和少量过瘤胃蛋白所提供的必需氨基酸足以满足需要。但对高产奶牛,上述来源的氨基酸远不能满足需要,限制了生产潜力的发挥。

现已研究确认,蛋氨酸、赖氨酸是泌乳牛合成乳蛋白的主要限制性氨基酸,在乳蛋白合成中,赖氨酸应占小肠可消化蛋白质的 7.3%,蛋氨酸为 2.5%。研究表明,用苜蓿干草、热处理大豆、优质动物蛋白源(如鱼粉)所配制的日粮中,蛋氨酸为第一限制性氨基酸。赖氨酸和蛋氨酸是玉米或青贮玉米为基础日粮奶牛的第一和第二限制性氨基酸,因此跟单胃动物一样,反刍动物日粮也应讲究氨基酸平衡。

(一)氨基酸添加剂在奶牛生产中的应用效果

1. 饲喂氨基酸添加剂,可提高产奶量和乳蛋白含量 少量的过瘤胃氨基酸可替代数量可观的过瘤胃蛋白,并可克服

泌乳牛在添加脂肪时所引起的乳蛋白下降。王纪亭等在试验组每头奶牛每日添加保护性氨基酸 55 克,产奶量和乳蛋白显著提高。还可解决热应激导致产奶量下降的问题。

2. 饲喂氨基酸添加剂,有利于提高蛋白质利用率和减轻环境污染 饲喂保护性氨基酸可促进菌体蛋白的合成,提高血浆中相应氨基酸的浓度及日粮蛋白质的利用率,减少氮的添加和排泄量,这对于动物健康、产奶生产以及环境保护都是有利的。Donkin 选用 8 头泌乳中期的荷斯坦牛进行试验,奶牛自由采食由 50% 的玉米青贮料和 50% 的浓缩料混合而成的日粮,或采食包括氨基酸添加物的相似日粮,瘤胃保护性蛋氨酸和赖氨酸的日添加量分别为 15 克和 40 克。试验结果表明,由于添加了限制性氨基酸,克服了日粮的氨基酸不平衡,因而提高了奶牛对蛋白质的利用率,减少了氮的损失,使得乳蛋白含量明显增加。

(二)奶牛用氨基酸添加剂产品 目前上市的奶牛用氨基酸添加剂主要为瘤胃保护性氨基酸产品。国外开发的主要是采用化学保护方法的产品,如 N-羟甲基-DL-蛋氨酸钙,DL-蛋氨酸羟基类似物及其钙盐,Ruodimet TmAT88(液体,法国)以及氨基酸金属螯合物(蛋氨酸锌、蛋氨酸硒、蛋氨酸铜、蛋氨酸钙、赖氨酸锌等)。

1. DL-蛋氨酸羟基类似物及其钙盐 蛋氨酸羟基类似物是由美国孟山都公司于 1956 年首先开发的蛋氨酸替代品。它是 DL-蛋氨酸合成过程中氨基由羟基所代替的一种产品,作为饲料添加剂应用的主要有 DL-蛋氨酸羟基类似物(MHAFA)和 DL-蛋氨酸羟基类似物钙盐(MHA-Ca)。

DL-蛋氨酸羟基类似物(MHAFA),又名液态羟基蛋氨酸,其分子式为 $C_5H_{10}O_3S$,分子量为 150.2。

液态羟基蛋氨酸通常以其单体、二聚体和三聚体组成的平衡混合物形式存在,为深褐色黏状液体,有硫化物特殊气味。其聚合体在胰腺酶作用下可水解成单体,在十二指肠被吸收进入血液,吸收速度与L-蛋氨酸相近。羟基蛋氨酸在肝脏和肾脏中的羟基酸氧化酶、D型氨基酸氧化酶、转氨基酶等作用下生成L-蛋氨酸而被动物利用。

羟基蛋氨酸也是以丙烯醛和甲硫醇为原料合成的,其生产工艺比DL-蛋氨酸的少,副产物少,因此其生产成本较低,对环境污染小,在市场上的竞争力强。

液态羟基蛋氨酸的使用是液体添加设备直接喷入混合机中的。这种加入方式的优点是添加量准确,操作简单,无粉尘,节省人力,降低贮存费用等,但受到生产规模的限制,一般10万吨以上的饲料厂才适宜安装添加设备,规模小的不适用。

羟基类蛋氨酸钙,是用液态的羟基蛋氨酸与氢氧化钙或氧化钙中和而制得的固态产品,化学名为2-羟基-甲硫基丁酸钙,分子式$(C_5H_9O_3S)_2Ca$,相对分子量338.4,浅褐色粉末或颗粒,有含硫基团的特殊臭味,可溶于水。羟基类蛋氨酸钙商品含量为97%以上,其效价相当于99%的蛋氨酸的80%左右,在配料时可按此比例计算用量。羟基类蛋氨酸钙作用和功能与蛋氨酸相同,使用方便,适用于反刍畜。一般蛋氨酸在瘤胃微生物作用下会脱氨基而失效,而羟基类蛋氨酸钙只提供碳架,本身并不发生脱氨基作用,瘤胃中的氨能作为加氨基的来源,使其转化为蛋氨酸。由于蛋氨酸羟基类似物通过瘤胃时不需要保护性被膜,因而不会受到饲料加工的制约。这意味着可以对蛋氨酸羟基类似物进行混合,高温蒸气调制、挤压、膨化或制粒而不破坏其活性。氨基酸金属螯合物具有很好的过瘤胃性能,并可以达到1+1>2的效果,即蛋白质和微量元素的生物利用率都得到显著提高。

2. 瘤胃保护性氨基酸　反刍动物保护性氨基酸是近十年来研制开发的新产品,主要有 N-羟甲基蛋氨酸钙盐固体。其特点是能安全通过瘤胃而到达真胃或肠道。

N-羟甲基蛋氨酸钙商品名为 Mepron,是德国 Degussa公司新近开发的新品种。它是以 DL-蛋氨酸为原料加工制得的一种自由流动的白色粉末,分子量为 198.4,与饲料混合性能良好,有效成分含量为 67.7%,其纯品及与饲料混合的情况下都很稳定。主要应用于日产奶量 25 千克以上的高产奶牛,一般产犊前 10 天至泌乳期前 100 天每天饲喂 25~30 克。Mepron 及同类产品,都是过瘤胃蛋氨酸,目前多数是用油脂包被的,仅德国迪高沙产品是用甲醛处理的,美国产品则是用聚合物加工制成的。值得注意的是,不同厂家生产的过瘤胃氨基酸,其有效值不同,使用时应按有效值进行计算。表 4-6 列出了常用过瘤胃蛋氨酸。

表 4-6　常用过瘤胃蛋氨酸

产品名称	性　状	有效值	产　地	生产厂家
ALIMET 或艾丽美	液体	40%	美国	Novus International Inc
MHA	固体	86%	美国	
RHODIMET™ AT88 或罗迪美 AT88	液体	40%	法国	罗纳普朗克公司
SMARTATIME	固体	86%	法国	罗纳普朗克公司
Mepron	固体		德国	迪高沙公司
Met-plus	固体	68%	美国	NESSO AMERICA INC

江苏畜牧兽医职业技术学院张力(2005)研制成功 N-羟

甲基蛋氨酸钙,经产奶中期荷斯坦奶牛饲喂试验,每头牛日饲喂 45 克,产奶量提高 10.66%,瘤胃液中的氨氮水平降低 16.24%,瘤胃液乙酸浓度比对照组提高 11.65%,饲料中干物质(DM)、酸性洗涤纤维(ADF)及粗蛋白质(CP)的消化率分别提高了 5.36%,17.93% 和 6%。如果同时饲喂 50 克 L-赖氨酸,产奶量和乳脂率分别提高 11.71% 和 6.6%。

研究证实,在以豆粕为基础日粮的条件下添加过瘤胃蛋氨酸可提高荷斯坦奶牛的产奶量、标准乳中的固形物含量和采食量。添加过瘤胃氨基酸的最好时期是从分娩前 2～3 周始至泌乳后大约 150 天。此外,在以青贮料为基础的混合日粮,青贮料的 pH 值过低(低于 3.6)会使过瘤胃氨基酸的稳定性下降而在瘤胃内就被降解,影响实际饲用效果。

四、瘤胃保护性脂肪添加剂

(一)反刍动物日粮中应用瘤胃保护油脂的必要性　目前,能量的摄入不足是生产中限制高产奶牛生产性能发挥的一个重要因素。对奶牛讲,在泌乳最初的 2～3 个月内,产奶量迅速上升,而采食量的增加相对减少,能量代谢处于负平衡,从而限制了奶牛生产性能的发挥。在这一时期,奶牛的体重下降较快。生产中为了减少能量负平衡的发生,通常采用提高日粮的能量浓度,增加精料饲喂量的办法来弥补。但是增加精料的饲喂量会引起瘤胃功能紊乱、酸中毒、臌胀症及酮病等代谢病的发生,还会使纤维消化率降低、乳脂率下降。而脂肪的含能值比精料高 2 倍以上,因而只有依靠脂肪的使用才能够解决高产奶牛能量负平衡的发生,在精料中添加脂肪可避免饲喂精料过多造成的不良影响。

油脂直接加入到奶牛日粮中时,可引起饲料采食量和纤维消化率下降;使用瘤胃保护性脂肪可以避免直接添加油脂的不良影响。

(二)瘤胃保护性脂肪在奶牛营养代谢中的特殊作用

1. 提高日粮能量浓度 相同重量脂肪的能量含量是相同重量碳水化合物能量含量的 2.25 倍。因此,在奶牛日粮中添加脂肪,对日粮的精、粗比例影响很小,也不会像碳水化合物那样导致奶牛瘤胃 pH 值的降低,因而可在没有任何副作用的情况下提高日粮的能量浓度,使在奶牛不增加干物质进食量的情况下满足对能量的需要,避免一切由能量不足所导致的不良后果。

2. 提高乳脂率 日粮中的脂肪被消化吸收后,以脂肪酸的形式直接进入乳腺合成乳脂,这就比在乳腺内先从乙酸、β-羟丁酸等原料合成长链脂肪酸后再合成乳脂的能量利用效率高。

3. 提高受胎率 脂肪酸可使血液中孕酮水平升高,促进卵泡和子宫内膜的发育和成熟,有利于母牛的正常排卵和妊娠,因而可提高奶牛的受胎率。

4. 降低采食后体增热、节省饲料 采食脂肪后体增热较低(几乎为零),因而添加脂肪可降低奶牛的采食后体增热,减小热应激对奶牛的不利影响。

(三)油脂在奶牛生产中的应用效果

1. 增加奶产量 王秀梅等(1997)以泌乳前期的高产奶牛和处于泌乳后期的中产奶牛为试验对象,在日粮中添加长链脂肪酸钙,对高、中产奶牛的产奶量均有提高,提高幅度可达 10%以上。高士争等(1997)以荷斯坦奶牛为试验对象,使奶牛的奶产量提高近 20%。奶产量的增加,主要是由于添加长链脂肪酸钙后提高了饲料的能量水平,保证了奶牛泌乳期对能量的最大需要。

2. 改善奶品质　高士争等(1997)年的试验表明,试验组与对照组相比较,奶中乳脂率提高 13.16%,干物质提高 4.23%,亚油酸增加 25.53%,亚麻酸增加 29.6%,钙增加 17.25%,磷增加 0.48%,长链脂肪酸钙对奶品质的改善显著。这主要基于长链脂肪酸钙不影响瘤胃对挥发性脂肪酸的吸收,同时加强了真胃和小肠对长链脂肪酸钙等营养物质的吸收。

3. 延长泌乳高峰期　长链脂肪酸钙的添加,有效地改善了泌乳期奶牛的营养负平衡,因而延长了泌乳高峰期。

4. 减少热应激　刘艳琴等(1998)以荷斯坦奶牛为试验对象,证实炎热夏季奶牛日粮中添加脂肪酸钙,可减少奶牛的热应激,使呼吸频率和脉搏次数下降,并提高了奶产量。

(四)瘤胃保护性脂肪产品的种类及特点

1. 脂肪酸钙皂　脂肪酸钙皂是 20 世纪 70 年代末研究开发出的瘤胃保护性脂肪产品。脂肪酸钙皂(即脂肪酸钙)在瘤胃的中性条件下不溶解,不能分解为钙和脂肪酸,因而避免了其对饲料纤维的包裹和瘤胃微生物活性的影响,从而保证了饲料纤维和细胞壁成分能被正常消化。脂肪酸钙皂进入奶牛消化道后段时,皱胃的较高酸度引起钙皂的分解,释放出脂肪酸,在小肠中被消化吸收。

现有资料表明,脂肪酸钙的品种有异丁酸钙、异戊酸钙、辛酸钙、癸酸钙、月桂酸钙、棕榈油脂肪酸钙、硬脂酸钙等。国外以棕榈油脂肪酸钙最为常用,商品名为 Megalac,已在欧、美、日等近 40 个国家使用。

脂肪酸钙皂的缺点是:与其他两类脂肪产品相比,因含有钙,脂肪含量较低,一般只能达到 80%~85%,因而有效能值较低;由于加工工艺、设备条件、加工过程中条件的控制等因素的影响,皂化不可能完全,因而产品的过瘤胃保护效果受到一定的影响,也不稳定;产品中含有一定量的短链脂肪酸,而短链脂肪酸一般熔点较低,在小肠中的消化率低;产品中含有一定量的不饱和脂肪酸,而不饱和脂肪酸的熔点较低,在瘤胃中可能对粗纤维的消化产生不利的影响;产品有肥皂的气味,适口性较差。

2. 氢化脂肪(酸)粉 氢化脂肪(酸)粉在国际上研究开发的时间稍晚于脂肪酸钙皂。其加工原理是采用化学方法,使脂肪(酸)中的不饱和脂肪酸氢化,变成饱和脂肪酸,这些脂肪酸在 $50℃\sim55℃$ 的环境温度下通常为固态,从而提高了脂肪(酸)的熔点(高熔点是这些产品有效的关键),降低了水溶性。奶牛的体内温度及瘤胃的温度都稳定在 $38℃\sim39℃$。因而在瘤胃中不影响微生物的活性和对粗纤维的消化。与脂肪酸钙皂相比,氢化脂肪(酸)粉的优点是脂肪含量有明显的提高,因而有效能值得到提高。表 4-7 列出过瘤胃脂肪产品中所用主要脂肪酸的基本情况。

表 4-7　过瘤胃脂肪产品中所用主要脂肪酸

脂肪酸	结构式	碳链长度	总熔点 (℃)
饱和脂肪酸			
月桂酸	$CH_3(CH_2)_{10}COOH$	12	44
肉豆蔻酸	$CH_3(CH_2)_{12}COOH$	14	54
棕榈酸	$CH_3(CH_2)_{14}COOH$	16	63
硬脂酸	$CH_3(CH_2)_{16}COOH$	18	70
单不饱和脂肪酸			
亚油酸	$CH_3(CH_2)_4CH=CHCH_2CH=$ $CH(CH_2)_7COOH$	18	-5

脂肪酸	结构式	碳链长度	总熔点（℃）
亚麻酸	$CH_3CH_2CH=CHCH_2CH=$ $CHCH_2CH=CH(CH_2)_7COOH$	18	—11

氢化脂肪(酸)粉仍存在下列不足之处：由于加工工艺、设备条件、加工过程中条件的控制等因素的影响，氢化不可能完全，因而产品的过瘤胃保护效果受到一定的影响，也不稳定。产品中含有一定量的短链脂肪酸，而短链脂肪酸的熔点低，在小肠中的消化率低。由于脂肪酸的氢化是一个化学反应，因此在反应过程中会引起脂肪酸结构和性质的一些变化，如异构化等，因而会对产品的小肠消化率有一定的不良影响。

3. 瘤胃稳定性脂肪粉　瘤胃稳定性脂肪粉研究与开发的时间较晚，是目前国际上一种新型的反刍动物饲料用脂肪产品。其加工原理为，采用物理学的方法，将原料中的脂肪酸根据其熔点进行分馏，将所收集的高熔点脂肪酸加工而成。与脂肪酸钙皂和氢化脂肪(酸)粉比较，瘤胃稳定性脂肪粉具有如下优点：脂肪含量高，接近 100%；有效能含量高，比脂肪酸钙皂高 20%；所含脂肪酸大部分为饱和脂肪酸，在瘤胃中稳定，过瘤胃效果好；所含脂肪酸绝大部分为 16 碳的长链脂肪酸，在小肠中的消化率高；不含异位脂肪酸，在小肠中的消化率高。

4. 甲醛处理脂肪　用甲醛保护法制成的过瘤胃脂肪，是 Scott 等人研制成功的并取得了世界范围内的专利。其工艺要点为，将主要由不饱和脂肪酸组成的油脂与干酪素及溶解蛋白的碱液一起倒入搅拌器中混匀，经粉碎、研细、乳化制成糊状,再加入 10%的甲醛使之形成甲醛－蛋白质复合物包裹在油脂表面,最后经喷雾干燥制成成品。

5. 反刍动物日粮添加保护性脂肪应注意的事项

(1)注意利用适口性好的制品 脂肪酸钙稍有异味,饲喂时应循序渐进,逐渐增加其用量。饲喂时必须与其他饲料混匀,且保持 3～5 天的过渡期。

(2)添加剂的量要适当 奶牛精饲料中油脂添加量建议为 3%～5%(每头每天 200～800 克),使日粮中粗脂肪保持在 5%～6%,过多则会引起负效应。特别是在利用脂肪含量高的棉籽和加热大豆时需注意。这是由于乳脂率的提高,必须有 50%以上的乙酸作为合成前体,而这需要纤维质饲料作为基本供给源,脂肪酸钙毕竟只起辅助作用。

(3)保证饲草的供应 日粮干物质中粗纤维应在 17%、酸性洗涤纤维在 21%左右。这样可使更多的脂肪吸附在纤维上,大量的饲草还可以保证动物的正常反刍。

(4)应同时供应一定量的过瘤胃保护蛋白 供给脂肪时有降低乳蛋白率的可能性,而机体蛋白质的需要有可能增加,因而应供应一定量的过瘤胃保护蛋白。

(5)下列情况添加效果明显 一般在泌乳高峰期或热应激时添加效果明显。在能量处于正平衡的泌乳后期补饲效果不明显,低质饲草日粮(饲草质量降低或产量减少)补充效果明显。乳脂率在 3.5%以下的奶牛添加效果明显,对高乳脂率的奶牛无效。

(6)注意钙、镁的添加 由于脂肪妨碍钙、镁离子的吸收,因而一般认为添加脂肪后,钙、镁的添加量应分别提高到饲草干物质采食量的 0.9%～1%和 0.2%～0.3%。另外脂肪的添加应建立在日粮养分充分满足的基础上,同时应考虑饲料成本。

五、高不饱和脂肪酸饲料
添加剂（共轭亚油酸）

（一）共轭亚油酸简介　共轭亚油酸（CLA）是一组亚油酸的异构体。在 20 世纪 80 年代中期由 Pariza 等从研磨的牛肉中发现，以后相继在不同的牛肉和牛奶制品中发现。人工合成和天然存在的 CLA 异构体主要有 8 种，但主要以 t11-c9；t10-c12；t9-c11 和 t10-t12 4 种形式存在。动物中只有反刍动物能够利用其自身的瘤胃微生物（溶纤维弧酸杆菌）合成 CLA，因此在牛奶中共轭亚油酸的含量最高，每克乳脂中含有 4.2～30 毫克，但受牧草种类的影响而变异范围较大。牛肉中共轭亚油酸含量相对于牛奶来说较低，每克脂肪中为 1～4.5 毫克，人和其他动物自身基本不能合成，需要由食物和饲料供给。

由于共轭亚油酸与癌症、糖尿病、心血管疾病以及肥胖症有密切的联系，共轭亚油酸成为近年来人类营养和动物营养研究的热点之一。

（二）共轭亚油酸生物学功能

1. 共轭亚油酸的营养再分配作用　营养再分配作用是共轭亚油酸的重要生物学效应之一，大量的研究表明，饲料中添加共轭亚油酸可以降低动物机体脂肪沉积，提高胴体瘦肉率。

2. 共轭亚油酸对动物生产性能的影响　共轭亚油酸不仅具有营养再分配的功能，而且还具有促进动物生产性能、提高饲料转化率、增加经济效益的作用。

3. 共轭亚油酸的免疫作用　饲料中营养素的缺乏或过量对动物免疫能力的影响是动物营养学研究的重点领域。饲料中添加一定剂量的共轭亚油酸,可以有效地降低免疫刺激导致的生长抑制,而对免疫指标没有影响。此外,共轭亚油酸还能够促进细胞分裂,阻止肌肉退化,延缓机体免疫能力的衰退。

共轭亚油酸除具有以上几种生物学功能外,还具有抗氧化特性、降低肥胖病人和实验动物体脂肪含量、提高动物免疫力等功能。

(三)共轭亚油酸产品的生产 现在世界上已经有很多大型的、专门化的公司能够合成 CLA,但这种化工合成的 CLA 都含有 1%～6% 的未知不可皂化物,因而限制了其在食品和饲料添加剂中的应用。我国国家海洋局青岛海洋第一研究所通过低沸点溶剂萃取技术在碱蓬籽中提取油脂,再从油脂中提取 CLA,纯度约为 70%,并已经开始批量生产。

(四)共轭亚油酸在奶牛生产中的应用效果

1. 改善生产性能 在奶牛饲料中添加 CLA 可以提高饲料转化率,提高产奶量。陈艳珍等(2001)研究了日粮中添加共轭亚油酸对奶牛产奶量的影响。试验选用胎次、产犊日期相近的泌乳初期的中国荷斯坦奶牛,设置试验组和对照组,试验组添加除基础日粮以外的 50 克/头·日共轭亚油酸。结果表明,添加共轭亚油酸的试验组奶牛较对照组产奶量显著提高 9.19%。

2. 增加畜产品中 CLA 的含量,生产功能性食品 由于 CLA 具有抗动脉硬化、抗癌及减肥等作用,通过在奶牛饲料中添加 CLA 提高其在牛奶中的含量,从而开发功能性食品,提高人类健康。国外在奶牛、蛋鸡、肉鸡、肥育猪上都做过实验,初步研究表明,通过在饲料中添加 CLA 可以提高其在牛奶、鸡蛋、瘦肉和脂肪中的含量。

医学研究表明,一个体重 70 千克的人,每天摄取 0.6～3.5 克 CLA 可以有效防止癌症,提高健康。巴西圣保罗州基罗斯高等农业学院的研究人员用增加了 CLA 的饲料喂奶牛,使奶牛生产出了低脂肪、高蛋白的牛奶。研究人员在一个农场进行的 7 个月试验中,用这种新型饲料喂养了 30 头奶牛,结果发现这些牛的奶产量比对照组高 10%,奶中的脂肪含量降低 50%,CLA 含量比普通牛奶高 5 倍。

CLA 可以调节奶牛体内生成脂肪的两种酶的功能,当饲料中 CLA 含量增加后,奶牛体内的酶会使牛奶的脂肪量降低。用这种新型饲料在美国对 20 头奶牛进行的试验也获得了类似的结果。为了解决将共轭亚油酸加入饲料后不使其在奶牛的消化系统中受到破坏的难题,他们将共轭亚油酸与钙盐混合在一起添加到饲料里。

第二节　非营养性饲料添加剂

奶牛常用的非营养性添加剂通常包括:酶制剂、活菌制剂等、动物产品品质改良剂、饲料保藏剂(抗氧化剂、防霉剂)和饲料质量改进剂(调味剂、青贮添加剂、粗饲料调制剂等)、瘤胃调节剂(缓冲剂、脲酶抑制剂)等。

这类添加剂本身没有营养作用,但可以提高奶牛健康水平、促进生长、提高生产性能和饲料效率,改善奶牛产品质量,改善风味,改善饲料品质,延长饲料的贮存期,防止饲料变质,提高粗饲料的品质,调控瘤胃环境等。

一、缓冲剂饲料添加剂

科学研究和生产实践表明,发挥奶牛,特别是高产奶牛的生产潜力,必须提供充足的高精料饲粮和选用酸度大的青贮饲料,如果粗纤维采食不足,在瘤胃势必会形成过多的酸性产物,瘤胃 pH 值降低,瘤胃微生物生长被抑制(pH 值 6.7～7.1时,粗纤维消化率最高),奶牛无法发挥应有的生产潜力,甚至引起一些疾病,如厌食、胃炎、酸中毒、蹄叶炎、肺脓肿、酮血病、脂肪肝、皱胃变位等,严重影响奶牛生产力的发挥。为此,随着奶牛生产性能的提高,在饲粮中添加一些缓冲剂有重要的实际意义。

(一)缓冲剂在奶牛饲养中的应用

1. 对奶牛采食量的影响 据报道,缓冲剂可能会影响奶牛的采食量,这种效应取决于日粮的成分、物理状态和饲喂制度。缓冲剂常常会使以苜蓿为基础日粮的奶牛采食量降低,特别是在喂少量苜蓿干草和精料自由采食的情况下。但是,加缓冲剂常可提高青贮基础日粮的采食量,与喂颗粒饲料的效果相同。

2. 对奶牛乳脂率的影响 据报道,在精料中添加缓冲剂可克服或部分矫正因高水平精料引起的乳脂率下降,但对乳蛋白的含量、无脂固形物没有影响。如在玉米青贮料和谷物日粮比例为 50：50 或 75：25 的泌乳牛日粮中,添加 1.2% 的碳酸氢钠,能显著提高乳脂率和校正乳产量。从产犊开始给泌乳牛添加碳酸氢钠和氯化镁,并逐渐增加到正常量,使产乳量、乳蛋白量、乳脂率、乳糖量和无脂干物质均有较大的提高。

3. 对奶牛瘤胃发酵形式的影响 多数情况下,乳成分的酸度也反应在瘤胃发酵形式上。瘤胃中丙酸数量的下降伴随着乙酸、偶尔还有丁酸数量的增加。据报道,饲喂碳酸氢盐的奶牛总挥发性脂肪酸量升高,特别是乙酸、丁酸、异戊酸的数量增加,而丙酸和戊酸比例较低。

4. 对奶牛消化与氮代谢的影响 加入缓冲剂后,可使瘤胃 pH 值保持在 6 以上,对纤维分解菌的生长十分有利,可提高酸性洗涤纤维的消化率。缓冲剂可以促进小肠中碳水化合物的酶解,增强淀粉的消化。据报道,在犊牛开食料中加入 3% 的碳酸氢钠时,虽不影响氮的消化率,却提高了高蛋白质日粮中氮的利用率。

5. **对犊牛生长发育的影响** 通常认为,由粗饲料转换为高精料的头 2 周,对犊牛补饲缓冲剂最为有效,此时,犊牛对碳酸氢钠较为敏感。用补加 2%～3% 的碳酸氢钠的高精料日粮饲喂犊牛,平均日增重提高 10%～17%。

(二)添加缓冲剂的适宜条件

第一,乳脂肪经检验低于奶牛的遗传能力。

第二,高精料日粮型,日粮中有 50%～60% 的精料,精料喂量高于体重的 2.5%,每次喂量达 3 千克以上。

第三,低脂肪日粮型,粗料进食量低于体重的 45%。

第四,泌乳牛日粮组成主要为玉米青贮、青干草、发酵糟渣,日粮干物质含量低于 50%,酸性洗涤纤维低于 19%。

第五,从高粗料干乳牛日粮突然转变为高精料和纤维含量较低的泌乳日粮(其精粗比为 60:40 以上)。

第六,泌乳早期,表现厌食,干物质摄入量低,干草采食量低于 2.25 千克/日·头或泌乳初期的高产奶牛。

第七,将部分或全部日粮制成颗粒、磨碎或切得太细。

第八,每天只喂籽实 2 次。

第九,断饲经常或定期发生。

第十,母牛处于热应激之下。

第十一,母牛有亚临床酸中毒现象,乳蛋白含量正常,乳脂率急剧下降,牛采食量忽高忽低的情况下。

第十二,当日粮是把精料和粗料分开单独饲喂时。

(三)奶牛常用缓冲剂及其正确使用

1. 碳酸氢钠　碳酸氢钠主要作用是调节瘤胃酸碱度,增进食欲,提高奶牛对饲料消化率以满足生产需要,改善牛乳的品质,提高产奶量。碳酸氢钠添加量占精料混合料的 1.4%~3%,按日粮干物质进食量计算为 0.7%~1.5%,每头每天可给 100~230 克。饲喂小麦时添加 1%和饲喂玉米,大麦时添加 0.5%时的效果最好。添加时可采用每周逐渐增加(0.5%,1%,1.5%)喂量的方法,以免造成初期突然添加使采食量下降。添加碳酸氢钠最佳效果的持续期因饲料类型而异,玉米型日粮为 20 天,大麦型日粮可持续 48~160 天。

长期连续饲喂碳酸氢钠也有轻度的酸中毒,不利于饲料在瘤胃内的发酵,部分未经消化的淀粉会随粪便排出。而补饲碳酸钙可使肠道 pH 值增加,减少随粪便排出的淀粉量,故大多数人主张,碳酸氢钠应与碳酸钙合用,使用量应控制在日粮中的总钙量不超过 1.2%。

2. 氧化镁　氧化镁的主要作用是维持瘤胃适宜的酸碱度,增强食欲,增加日粮干物质采食量,有利于粗纤维和糖类消化,提高产奶量。氧化镁还能增加奶及血液中含镁量,有助于乳腺吸收大分子脂肪酸,进而增加乳脂,提高乳脂率。用量一般占精料混合料的 0.4%~0.7%或占整个日粮干物质的 0.2%~0.35%,或每天每头用量为 50~90 克。

由于碳酸氢钠能使干物质消耗量提高,氧化镁可改善奶牛对营养物质的消化率,同时补加这两种化合物,可使有机物质的消化率从 69%提高到 72%,纤维素的消化率从 36%提高到 48%。碳酸氢钠能使乙酸与丙酸的摩尔浓度比从 1.7 提高到 2.16,个别情况下可达到 2.8。用碳酸氢钠与氧化镁的复合剂,其比例应为 2:1,其用量为碳酸氢钠占日粮干物质的

0.8%，氧化镁为 0.4%。

3. 乙酸钠 乙酸钠的主要作用是在奶牛体内分解成乙酸根与钠离子，为乳脂合成提供脂肪前体。它还能起缓冲作用，在抑制脂肪酶的同时激活脂肪酸，促进脂肪沉积，并从脂肪库中动员未脂化的脂肪酸供乳腺利用。钠离子可以促进奶牛体内电解质和酸碱平衡，激活肝脏、肾脏和肠黏膜，并经细胞传递营养。用量为每千克体重饲喂 0.5 克，一般产奶牛每日每头 300～500 克即可，均匀混合于饲料中饲喂。

添加碳酸氢钠和乙酸钠时，应相应减少食盐的喂量。奶牛精料中添加的各种缓冲剂的种类和剂量可参照表 4-8。

表 4-8 精料中添加的各种缓冲剂种类和剂量

缓冲剂种类	添加剂量
碳酸氢钠或碳酸钠	15 千克（每 1000 千克精料）
氧化镁	10 千克（每 1000 千克精料）
碳酸氢钠＋氧化镁	10 千克＋5 千克（每 1000 千克精料）
膨润土	15 千克（每 1000 千克精料）
乙酸钠	300 克（每天每头牛）
双乙酸钠	150 克（每天每头牛）

二、中草药饲料添加剂

中草药具有促进产奶量、提高免疫力、抗病、调节新陈代谢和毒性低等作用，尤其是中草药的配伍复合功能，是其他任何饲料添加剂所不能取代的。因此，在奶牛生产中有较广泛的应用。

（一）中草药饲料添加剂的特性 中草药饲料添加剂，是以我国传统的中兽医理论为指导，并以饲养和饲料工业等学科理论及技术为依托,所研制的单一或复合型中草药添加剂或混饲剂。其独有特性可概括如下。

1. 天然性　中草药本身为天然有机物和无机矿物,并保持了各种成分结构的自然状态和生物活性。同时,这些物质经过长时间的实践和筛选,保留下来的是对人和动物有益无害的和最易被接受的外源精华物质,具有纯净的天然性。

2. 多能性　中草药添加剂的多能性产生于其本身的许多成分和合理组配。中草药多为复杂的有机物,其成分均在数十种,甚至上百种。加之将中草药按传统物性理论合理组配后,使物质作用相协调,并产生全方位的作用。这是化学合成物所不可比拟的。中草药的多能性主要有以下几个方面。

(1)增强免疫作用　已发现中草药中的多糖类、有机酸类、生物碱类、苷类和挥发油类有促进淋巴细胞转化,增强单核—巨噬细胞系统的功能,能明显促进机体抗体的生成,有增强免疫的作用,从而促使中草药免疫增强剂的研制。

(2)激素样作用　中草药本身不是激素,但可起到与激素相似的作用,并能减轻或防止、消除外激素的毒副作用,而被认为是胜似激素的激素样作用物。

(3)维生素样作用　本身不含某一种维生素成分,却能起到某一种维生素的功能、作用。

(4)抗应激作用　目前对防治畜禽应激综合征的研究中发现,一些中草药有提高机体防御抵抗力和调节缓和应激的作用。

(5)抗微生物作用　许多中草药具有抗细菌和病毒等作用。

3. 毒副作用小,不易产生抗药性　中草药含有的绝大多数成分对畜禽有益无害,即使是用于防治疾病的一些有毒中草药,亦经自然炮制或精制提取和科学配方而使毒性减弱或消除。同时中草药以其独特的抗微生物和寄生虫的作用机制,不会产生抗药性和耐药性,并可长期添加使用。

（二）中草药饲料添加剂的分类　我国使用的 5 000 多种中草药已有 3 700 余种明确了有效成分。已有 200 余种用于中草药饲料添加剂。中草药饲料添加剂分为:免疫增强剂、激素样作用剂、抗应激剂、抗微生物剂、驱虫剂、增食剂、促生殖增蛋剂、催肥剂、催乳剂、防治疾病剂、饲料保藏剂共计 11 个大类,每一大类又分若干小类。根据作用特点可将奶牛用中草药饲料添加剂分为以下几类。

1. 免疫增强剂　以提高和促进机体非特异性免疫功能为主,增强奶牛机体免疫力和抗病力。黄芪、刺五加、党参、当归、大蒜等可作为免疫增强剂。

2. 激素样作用剂　能对奶牛机体起到类似激素的调节作用。香附、当归、甘草、补骨脂、蛇床子等具雌激素样作用;淫羊藿、人参、虫草等具雄激素样作用。

3. 抗应激剂　具有缓和及防治应激综合征的功能。如刺五加、人参、延胡索等可提高奶牛机体抵抗力;黄芪、党参等可阻止应激反应警戒期的肾上腺增生、胸腺萎缩以及阻止应激反应抗期、衰竭期出现的异常变化,起到抗应激的作用;柴胡、黄芩、鸭跖草、水牛角、地龙、西河柳等具有抗热应激的作用。

（三）中草药饲料添加剂增乳作用的机理

1. 增强机体对泌乳的调节功能　产奶量主要由乳腺的功能决定。许多激素参与乳腺的发育与泌乳,如催乳素、生长素、肾上腺皮质激素等,它们通过其信使物质（cAMP 和cGMP）调节乳腺细胞的代谢活动,促进乳成分的合成,加速乳汁分泌。有些中草药与激素的合成与分泌密切相关,黄芪有类肾上腺皮质激素样作用,作用于靶细胞受体,提高其 cAMP 水平;川芎的有效成分川芎嗪、党参提取液都能抑制磷酸二酯酶(PDH)的活性,削弱 PDH 降解 cAMP 和 cGMP 的作用,间接提高 cAMP、cGMP 的水平。微量元素铜能够增强生长激素和肾上腺皮质激素的合成,进而提高 cAMP、cGMP 水平,发挥各种调节作用,而中草药王不留行、当归、黄芪等都含有铜元素。甲状腺机能对维持正常泌乳很重要,甲状腺激素提高机体整体代谢活动,促进乳腺血液循环、增强乳腺细胞的代谢率,促进泌乳。而海藻中的碘是合成甲状腺素的必要成分,并能刺激甲状腺激素释放激素(TRH)的分泌,促进甲状腺素的分泌。据日本一项试验报道,在奶牛日粮中加入 5% 的海藻粉,可促进采食量,产奶量提高 6% 以上。挪威科学家发现,饲喂海藻粉的奶牛产奶量增加 6.8%,奶牛乳房炎明显减少。

2. 提高机体的免疫力,增强抗病能力 隐性乳房炎是奶牛场较常见的疾病之一,它严重危害畜体的健康,影响产奶量。很多中草药添加剂有抗菌、抑菌、增强机体免疫力的作用。如白芍抗菌谱广,海藻、艾叶等具有抗病毒作用,麦饭石能吸附病原微生物,大青叶有抗大肠杆菌 $O_{111}B_4$ 内毒素的作用等。中草药中含有的皂苷类和多糖类(黄芪多糖、党参多糖、刺五加多糖等)生物活性物质,可作为免疫增强剂,通过非特异性途径提高机体对微生物或抗原的特异性反应,加强机体的免疫系统。长期补饲这些中草药添加剂,能够防病治病,有益于畜体健康,保证奶牛乳腺正常旺盛的泌乳功能,使产奶量提高。

(四)中草药饲料添加剂在奶牛生产中的应用效果 中草药饲料添加剂在奶牛生产中的应用效果主要体现在以下方面。

1. 提高乳产量,改善乳成分 王志河报道,在奶牛饲料中分别添加两种配方(配方一：党参、当归、苍术、炒王不留行；配方二：当归、黄芪、通草、炒王不留行、甘草)的中草药添加剂，试验三个阶段 90 天，试验组产奶量比对照组分别提高7.96%和10.99%，两组配方都获得很好的经济效益。严明等试验结果表明由松针、益母草、白术、谷芽、茯苓和亚硒酸钠等中药组成的"奶牛二号"饲料添加剂，干奶期或产前产后给药30 天，能显著提高奶牛的产奶量，对奶中干物质无不良影响。马玉胜等在泌乳牛的日粮中添加海带粉 200 克和 250 克能显著提高产奶量。孙凤俊等报道，中草药复合添加剂能使奶牛日均产奶量提高 20.93%，经济效益显著，值得推广应用。张法良等研究认为，由黄芪、白芍、甘草等 7 味中药制成的黄白饮2 号有显著的增乳效果，并且显著提高白细胞、红细胞总数，血红蛋白显著提高 3.53%。谷新利等报道，由王不留行、路路通、川芎、通草等 14 味中药组成的中药增乳散具有很好的增乳、保健效果，且具有一定的抗热应激作用。

2. 缓解热应激 我国的奶牛多为荷斯坦奶牛，具有耐寒怕热的特性，到了夏季普遍奶产量下降，所以抗热应激饲料添加剂的研制是当务之急。根据中医学理论，对奶牛热应激宜采用清热解暑、凉血解毒、益气养阴、补脾保肝、调和营卫、补肾阳兼滋肾阴、扶正祛邪、攻补并用为治则。目前所研究的抗热应激中草药添加剂正是根据以上理论进行组方。如常用的石膏、板蓝根、黄芩、荷叶均有清热泻火、解暑的作用，其中石膏能清热泻火、生津止渴，荷叶通过利尿达到清热泻火之目的，板蓝根能清热解毒、对夏季瘟疫热毒尤有良效，黄芩能泻肺火、解肺热，诸药合用有助于奶牛解暑降温。黄芪、党参、白芍、荷叶、甘草、石膏等药或能益气、或能补津，其中黄芪能补气固表，党参能益气生津，白芍能补血滋阴、养肝血、柔肝止痛，甘草能补中益气,荷叶、石膏均能生津止渴,奶、汗、血同源,同为津液,所以诸药配合,为奶牛产乳提供了生化的源泉;同时黄芪、党参、甘草均能补气健脾养胃,促进食欲;石膏能生津养阴泻胃火而养胃阴,诸药合用可使奶牛保持旺盛的食欲。有报道,用清热泻火、和中解毒的中草药,如石膏、芦根、夏枯草、干甘草等组成的中草药添加剂能有效地缓解奶牛热应激,减少产奶量损失 20%。刘强等在试验期日平均温度达 22.6℃～32.8℃,环境湿度较大(79.5%),对奶牛已造成严重的热应激情况下在对照日粮基础上添加 1%的中草药添加剂,中草药饲料添加剂选用山楂 20%、当归 10%、王不留行 30%、通草10%、黄芪 12%、党参 10%、川芎 8%,合理组方,制成散剂。试验期间,中草药组奶牛的日均产奶量显著高于对照组,提高16.97%。吴德峰等用石膏、板蓝根、黄芩、苍术、白芍、黄芪、党参、淡竹叶、甘草等按一定比例配制成的中草药添加剂具抗热应激的作用,能使每头牛每日产奶量增加 1.5 千克。

(五)奶牛用中草药饲料添加剂配方　中医学认为乳汁乃血气所化,血气上布为乳汁,所以一个成功的增加乳汁分泌的中草药添加剂应以益血和胃、疏肝解郁、通经下乳为组方原则。此外,还要考虑到奶牛是草食兽和反刍动物,要保证中草药在经过瘤胃时不被微生物所分解。国内的专业人员通过几年的探索,在奶牛的中草药饲料添加剂方面积累了许多成功的经验。以下介绍奶牛用中草药饲料添加剂配方(摘自《中草药饲料添加剂开发与利用》)。

配方 1　抗热应激添加剂

处方:石膏、板蓝根、黄芩、苍术、白芍、黄芪、党参、淡竹叶、甘草等

制法:按一定比例配制,粉碎,过 40 目筛,混匀

用法用量:精料中添加,每头每天 280 克,分 3 次饲喂

功效:清热解暑,养阴和营

用途:抗热应激,提高奶牛产奶量

配方 2　预防隐性乳房炎添加剂

处方:穿心莲 1 份、王不留行 2 份、淫羊藿 1 份

制法:干燥,粉碎,混匀

用法用量:在精料中添加,每头每天 100 克,连用 20 天

功效:清热解毒,活血通络,补肾壮阳

用途:预防隐性乳房炎

配方 3　防滞灵

处方:党参、当归、黄芪、白芍、五味子、苏叶等

制法:粉碎,混匀

用法用量:饲料中添加,每头牛每天 100 克,从预产期前 30 天开始至分娩

功效:益肾固精,调和气血,消除瘀滞,安胎达生

用途:预防奶牛产后胎衣不下

配方 4　增乳防病添加剂

处方:党参、白术、黄芪、当归、川芎、益母草、王不留行、丝瓜络、路路通、木通、甘草等

制法:按一定比例混合,粉碎,过筛

用法用量:精料中添加,每头每天 150～220 克,连用 15 天

功效:补气养血,通经下乳

用途:奶牛增乳防病

配方 5　增乳散

处方:黄芪、党参、鸡血藤、王不留行等

制法:粉碎、混匀

用法用量:精料中添加,成乳牛每天180克,连用21天

功效:益气生血,健脾增乳

用途:提高奶牛产奶量,防治隐性乳房炎

配方6　增乳添加剂

处方:党参、当归、黄芪、川芎、王不留行、苍术、通草、益母草、冬葵子各等量

制法:各药粉碎,过40目筛,混匀

用法用量:奶牛精料中添加1%,连用45天

功效:提高奶牛产奶量,改善乳汁成分

用途:提高产奶量

三、酶制剂

(一)奶牛用酶制剂的种类　酶制剂分内源性酶和外源性酶两种。内源性酶是指动物消化器官能够分泌,并通过自身生理作用调节的消化酶,如:唾液淀粉酶、胃蛋白酶、胰脂肪酶等;外源性酶指动物机体不能分泌的酶,如:纤维素酶、β-葡聚糖酶、木聚糖酶、果胶酶等。添加到饲料中,可借助动物消化道内环境,将饲料中的蛋白质、淀粉、纤维素、果胶等成分酶解,形成易被动物机体吸收的营养物质,从而提高饲料的消化利用率。幼龄或高产奶牛常因自身或应激因素(如:断奶、接种疫苗、环境刺激等)使内源酶产量不足,进而使得消化不充分,添加外源酶制剂可帮助幼龄或高产奶牛克服这种情况。此外,添加外源酶制剂可降解饲料中内源酶不能降解的物质,释放出更多的营养物质供奶牛利用。研究表明,在反刍动物中使用酶制剂具有良好效果。

目前市场上销售的饲用酶制剂大体分为单一酶制剂和复合酶制剂两大类。

1. 单－酶制剂中消除抗营养因子的非消化酶

（1）木聚糖酶、果胶酶、乙型甘露聚糖酶、β-葡聚糖酶　以上这些酶是我国玉米—豆粕型日粮中消除抗营养因子的适宜酶种。因为玉米—豆粕型日粮的主要抗营养因子是木聚糖、果胶和乙型甘露聚糖，由于它们的存在，使采食后的消化道黏度较高，影响日粮中的营养物质的利用率，同时乙型甘露聚糖还抑制小肠对葡萄糖的吸收。相比之下，消化道中黏度高不利于日粮中的营养物质的利用，通常小麦、大麦含量较高的日粮，会造成肠道极高的黏度，严重影响消化吸收。小麦黏度源主要是木聚糖，木聚糖酶是适宜酶种。大麦黏度源主要是木聚糖和β-葡聚糖，木聚糖酶和β-葡聚糖酶是适宜酶种。由于大麦不是我国的常规日粮组分，因此β-葡聚糖酶也就显得并不十分重要了。

（2）纤维素酶、半纤维素酶、果胶酶　高纤维日粮中的主要抗营养因子是粗纤维、果胶和乙型甘露聚糖。而纤维素酶、果胶酶是以破坏细胞壁结构，降解饲料中的纤维素的方式达到提高饲料利用率为目的的。研究认为纤维酶可参与瘤胃内纤维素的分解，提高瘤胃对纤维素的消化率，降低饲料消耗，具有防病，促进生产的作用。刘建昌（2001）试验结果表明，添加纤维酶的试验组与没加纤维酶的对照组每头牛日平均产奶量试验组比对照组提高了 14.89%，乳脂率提高 1%。吴建设（2001）在奶牛日粮中添加瘤胃保护纤维素酶，显著提高了乳脂率为 3.5%标准乳的产量 7.1%。

2. 单－酶制剂中的消化酶

包括淀粉酶、蛋白酶、脂肪酶等，这类酶制剂的功能与奶牛内源性消化酶相同，但结构和性质与内源酶不同。因奶牛自身分泌的酶数量有限，适量加入消化酶可提高对饲料的消化吸收。

3. 复合酶制剂 奶牛使用的复合酶制剂,目前主要是以纤维素降解酶类为主的复合酶制剂和瘤胃粗酶制剂,是由微生物发酵或从植物中提取的。生产中使用的奶牛用复合酶制剂有:纤维素酶、木聚糖酶复合酶制剂;淀粉酶、纤维素酶、蛋白酶复合酶制剂;淀粉酶、纤维素酶、半纤维素酶、蛋白酶、果胶酶复合酶制剂;纤维素酶、木聚糖酶、蛋白酶和果胶酶复合酶制剂;纤维素酶、半纤维素酶复合酶制剂;纤维素酶、木聚糖酶、β-葡聚糖、蛋白酶、果胶酶复合酶制剂等。

Hristov 等报道,在日粮中添加纤维素酶和木聚糖酶,可提高可溶性糖的含量和降低中性洗涤纤维的含量,且日粮中直接加酶要好于真菌灌注的效果。Rode 等研究结果表明,在奶牛泌乳早期的精料中添加纤维素酶和木聚糖酶,使干物质、中性洗涤纤维、酸性洗涤纤维和粗蛋白的消化率分别由61.7%,42.5%,31.7%和 61.7%增至 69.7%,51%,41.9%和 69.8%;日产奶量也由 35.9 千克增至 39.5 千克。Yang 报道在泌乳牛日粮中添加纤维素酶和木聚糖酶,不但提高了有机物质和中性洗涤纤维的消化率,而且微生物蛋白质合成量也相应增加。用含有纤维复合酶的日粮饲喂奶牛,增加了奶牛整个消化道内营养物质和微生物氮的消化率,但对瘤胃内养分消化的影响较少。孙海洋(2000)使用复合酶制剂(纤维素酶、木聚糖酶、β-葡聚糖酶、蛋白酶、果胶酶等),使产奶量分别提高 8.9%~16.7%。王世英(1999)使用复合酶制剂(主要含有酸性蛋白酶、糖化型淀粉酶、纤维素酶和果胶酶等酶系),添加到泌乳奶牛饲料中,可使日产奶量增加 5.2%,并可提高奶牛抗热应激能力,对食欲不振、消化不良的奶牛有明显的保健作用。

(二)酶制剂的使用方法及使用效果

1. 体内酶解法 将酶制剂直接添加到奶牛的日粮中或将酶溶液喷洒到精料上,酶添加吸附到精料表面上,并不立即作用于精料,而是食入后增加了酶在瘤胃内存留的时间,在瘤胃饲料中缓慢地释放出来,加强瘤胃中纤维素分解酶的活性。体内酶解法选用的酶必须具有对抗胃的酸性环境、瘤胃微生物及真胃、小肠蛋白质分解作用的能力。王安在奶牛日粮中添加纤维素复合酶,使瘤胃液中乙酸/丙酸比值升高,奶中乳脂率升高,且以添加量 0.1% 时效益最佳。随着酶水平由 0.05% 增加到 0.1% 和 0.15%,产奶量比对照组分别提高了 6.13%,9.51%,9.71%。冯强等每天分 3 次添加每次 7 克的复合酶,添加前后,试验组产奶量显著提高 7.3%,试验组比对照组显著提高 4.4%,乳脂率显著提高 17.4%。

2. 体外酶解法 人为控制和调节酶所需条件(如 pH 值、温度、湿度等),在体外使酶与底物充分反应,从而可被奶牛充分利用,提高生产性能。此法饲养效益明显,根据饲料的种类具体使用方法和效果如下。

(1)酶溶液喷洒在干草上 许多试验表明,将液体酶溶液喷洒在干草及饲料上能提高奶牛的产奶量以及干物质和中性洗涤纤维的消化率和挥发性脂肪酸的产量,提高产奶量为每天每头牛 1~4 千克。

(2)饲料青贮时加入酶 青贮饲料在我国已成为奶牛日粮中不可缺少的常规组成部分。在青贮饲料调制过程中,加入适量的纤维素酶制剂可补充青贮饲料中不足的营养成分,使其发酵充分,降低青贮饲料的 pH 值,形成乳酸菌增殖的适宜环境,抑制其他有害菌类的生长,有目的地调节青贮饲料中微生物活动和生长进程,保证青贮成功,从而达到加快青贮速度,改善青贮饲料品质,提高青贮饲料利用率和奶牛生产性能的目的。

国外研究者在青贮或苜蓿草为主的饲料中喷洒纤维素酶和半纤维素酶饲喂奶牛,明显提高产奶量。另一研究者通过试验证明在玉米青贮或以苜蓿草为主的饲料中喷洒液体羧甲基纤维素酶和木聚糖酶可以提高奶牛产奶量,但酶源和酶的用量十分关键。刘文奇(1998)和唐新仁(1999)发现在青贮饲料中添加纤维素酶制剂,青贮品质和适口性得到改善。饲喂加酶玉米青贮奶牛采食量提高,产奶量显著高于对照组。试验结果表明,当奶牛饲喂纤维素酶和木聚糖酶处理后的玉米和苜蓿混合青贮时,2~4周后产奶量提高 10.8%,并持续整个试验期,但对泌乳中期奶牛的产奶量影响较小。饲喂加酶青贮和低精粗比(45:55)日粮的奶牛生产性能和饲喂未加酶青贮和高精粗比(55:45)日粮相比无显著差异。

(三)使用酶制剂应注意的问题

1. 最好选用复合酶制剂 酶具有严格的专一性和特异性,这是酶与非生物催化剂的重要区别之一。使用单一的酶往往不如合用两种或两种以上的酶效果显著,因此以选用复合酶制剂为宜。

2. 根据奶牛的生理特点选择酶制剂 一般认为在奶牛早期泌乳阶段,能量处于负平衡,加酶使生产性能改善最大,可显著提高能量利用率、养分消化率和奶产量。

3. 根据日粮(饲料原料)种类确定恰当的酶的种类、活性比例、剂量和添加方式 以上这些因素均会影响酶制剂的添加效果。如精料为大麦时需要添加木聚糖酶和纤维素酶,饲料消化率有所提高,而精料为玉米时添加这两种酶无效果。全混合日粮中一般添加酶制剂无效,而喷于精料补充料则效果显著。

4. 确定酶加入饲料的适宜时间 酶加入饲料 2 小时后饲喂青贮玉米的消化率及挥发性脂肪酸的产量最高。喂前用酸处理苜蓿 3～24 小时,可提高瘤胃培养中的细菌数和离体干物质消失率。但大多数研究报道,酶加入饲料后立即饲喂,不仅使用方便,也能取得很好的效果。

5. 要选择耐热性能好的酶 酶是不稳定的,很容易在热、酸、碱、重金属和其他氧化剂的作用下发生变性而失去活性。

6. 注意贮存条件 酶制剂的贮存要求避光、低温、密封、防湿、防震荡,发现异常或过期则不能使用。

7. 配伍禁忌 不宜与硫酸铜和氨基苯胂酸等微量元素添加剂、漂白粉和高锰酸钾等氧化剂、强酸、强碱、蛋白质沉淀剂(鞣酸)等联用,以免使酶失活。

四、益 生 素

益生素又称促生素、微生态制剂、活菌制剂、生菌剂等,是指能够用来促进生物体微生态平衡的那些有益微生物或其发酵产物。是近年来开发的一种新型饲料添加剂。在无公害和绿色畜禽生产中具有广阔的应用前景。目前,该类添加剂在猪、鸡等饲养业中研究和应用较多。奶牛饲料使用的活菌剂是指米曲霉菌发酵提取物、酿酒酵母培养物以及二者的混合物。这些制品中包含有活细胞及培养基。

(一)微生物益生素 微生物益生素是最先研究并作为经典使用的益生素,都是外源添加的微生态制剂。

1. 奶牛用微生物益生素的种类 奶牛用微生态制剂主要有细菌类制剂、真菌类制剂及其活性培养物。其中,细菌类奶牛用微生态制剂主要有芽孢杆菌、乳酸菌、链球菌（肠球菌）制剂等。真菌类奶牛用微生态制剂主要包括酵母和曲霉制剂。

(1)米曲霉菌　研究发现，奶牛饲料中添加米曲霉菌使干物质及酸性洗涤纤维的消化率显著提高，但饲料采食量和产奶量未见差异。另一项研究表明，米曲霉菌使瘤胃及整个消化道各段纤维消化率均增加，而瘤胃内脂肪酸和氨量未受影响。也有试验证明，奶牛添加米曲霉菌会提高生产能力。还有的研究发现荷斯坦泌乳牛使用米曲霉菌会降低暑热期直肠温度。

(2)酵母培养物　酵母培养物在奶牛饲料中经常使用，且效果较好。它是在特定工艺条件控制下由酵母菌在特定的培养基上经过充分的厌氧发酵后形成的微生态制品。主要由酵母细胞外代谢产物、经过发酵后变异的培养基和少量已无活性的酵母细胞所构成。代谢产物是对细胞外各类代谢物的总称，如肽、有机酸、寡糖、氨基酸、增味物质和芳香物质等，还有促进畜禽生长有益的"未知生长因子"等物质。长达几十年的科学研究和生产应用实践证明，酵母培养物中所含有的细胞外代谢产物可明显提高反刍动物的生产力水平、优化饲料的营养价值、改善动物的健康状态。

酵母培养物作为促进瘤胃微生物生长因子之一添加在反刍家畜饲料中，最近的研究表明，一些酵母的活细胞对瘤胃微生物的生长具有重要的促进作用。此外一些研究还发现在消化道内酵母细胞可以清除病原菌，这对维护家畜健康具有重要意义。在反刍家畜饲料中使用酵母改善生产性能的原因与酵母对消化道内微生物群的影响直接相关。现已证明活酵母细胞可促进一些细菌族的生长，改变瘤胃的特殊功能。与此相关的两个重要机能是纤维消化和乳酸利用。使用酵母培养物的效果之一是减少瘤胃氨浓度。试验表明，添加酵母培养物使瘤胃氨浓度减少 20%～34%。瘤胃氨浓度的降低也就意味着消化道内微生物利用氨的效率增加了。

最近研究结果表明,添加酵母培养物对那些可以改变瘤胃内微生物区系的细菌产生刺激作用,结果增加蛋白质合成量,改善氨基酸构成,这对满足高产奶牛对必需氨基酸的需要量具有重要作用。在家畜采食不平衡日粮时,添加酵母培养物可能对瘤胃消化过程产生影响,这种消化功能的变化,则导致瘤胃对营养成分的利用率和饲料采食量提高。

酵母培养物的产品有达农威益康 XP、益生酵母等。益康 XP 和益生酵母都是由一些谷物成分构成的混合物,经食用级活性酵母发酵后干燥处理而成的一种颗粒状粉末,是美国 FDA 认证的绿色饲料添加剂。

2. 有效微生物 EM　是日本琉球大学比嘉照夫教授发明的一种复合微生物制剂。它是由光合细菌、乳酸菌、酵母菌和放线菌等 10 个属的 80 多种微生物复合培养而成的活性微生物制剂。该产品为棕色半透明液体,pH 值 3.5～5。这种混合菌液体每毫升不少于 10 亿个活菌。其中光合菌群可合成维生素和养分等物质;乳酸菌可产生乳酸,能防止有机物的腐烂;酵母菌可产生维生素和其他生理活性物质,增加有效菌的活性;放线菌则可产生某些抗生物质,从而抑制有害菌的生长。该产品已在世界几十个国家推广应用,并于 20 世纪 90 年代初引入我国。张建文(1998)应用 EM(有效微生物)分别对奶牛日粮中的精粗饲料进行发酵处理,结果奶牛日粮中发酵精料用量占日粮精料的 30%,可提高产奶量 16.76%,添加 60%体内发酵粗料,可提高产奶量 21.5%。苏睿等(1998)在奶牛日粮中添加 EM 的试验也表明,添加 EM 可提高产奶量 12%。

（二）化学益生素　　最近人们发现有些低聚糖能选择性增殖动物消化道内固有益生菌丛，有着与益生菌相似的效果，但又是非生物活性物质，因而称之为化学益生素。

化学益生素主要通过选择性地增殖肠道有益菌，形成竞争优势，同时又作为肠道病原微生物的凝集源，阻止病原菌的肠道粘附，还可作为免疫源引起动物自身免疫应答，提高动物自身免疫力。

化学益生素主要有双糖和寡聚糖。目前应用的双糖主要为乳糖的衍生物乳果糖和乳糖醇，它不能为单胃动物的酶所分解，但可以被后肠道中的微生物所利用，促进了动物体内双歧杆菌、乳酸杆菌的生长。

寡聚糖是指一些比双糖大比多糖小的一类中糖聚合物，目前应用的有果寡糖、乳寡糖、异麦芽寡糖、大豆寡聚糖、木寡糖等。

（三）益生素在奶牛生产中的应用效果

1. 新生犊牛　　处于应激状态下的牛，特别是犊牛肠道内微生物菌群平衡容易受到破坏。此时，添加能够产生乳酸等有机酸的益生素，很容易使肠道正常菌群得以尽快恢复。兽医学上，益生素经常与抗生物质协同作用或者作为辅助治疗用于治疗犊牛下痢。利用益生素不仅可以起到治疗的作用，还可以减少新生犊牛下痢的发生，提高日增重和饲料效率的作用。有资料报道，意大利在犊牛日粮中使用剂量为 7.5 亿个乳酸链球菌培养物，可使牛日增重提高 5.3%，饲料利用率提高 5.2%；在法国，新生犊牛出生后马上投喂粪链球菌和嗜酸杆菌，可使腹泻发病率由 82% 降低至 35%，死亡率由 10.2% 降至 2.8%，且病情减轻。单独使用嗜酸性乳酸杆菌或与其他乳酸杆菌混合使用，可减少犊牛下痢的发生。

新生犊牛常用的微生物添加剂为乳酸菌,有时也可用真菌和酵母。乳酸菌较致病菌更耐受酸性条件,可在较低 pH 值下存活。乳酸菌除产生有机酸外,还可产生次生性代谢产物和抗微生物蛋白质,这些物质对肠道病原菌有抑制作用。乳酸菌与病原菌在肠道内竞争养分,并定殖于小肠上皮。奶牛犊牛开食料(断奶前)中使用的主要微生物是细菌,如乳酸杆菌、肠球菌、杆菌属及啤酒酵母,有时也添加米曲霉的提取物。

2. 成年奶牛 成年反刍动物微生物添加剂种类很多,包括瘤胃及非瘤胃来源的细菌培养物以及细菌、酵母、真菌的混合产品,目前普遍使用的是米曲霉、啤酒酵母和丝状真菌。岳寿松等(2003)使用由复合酵母菌、乳酸菌和芽孢杆菌制成的粉剂饲喂产奶牛,冬季产奶量提高 7.26%,夏季能减少奶牛高温期产奶量的下降,改善泌乳性能,提高奶牛抗热应激能力;王晨光等(2002)使用由活性酵母菌、枯草杆菌制成的多元益生素粉剂饲喂产奶牛,试验结果表明,产奶量可提高 4.7%。大量的研究认为益生素在成年奶牛中应用主要有如下效果。

(1)对瘤胃内微生物作用 酵母培养物能够改变反刍动物瘤胃中的微生物群,从而提高家畜对饲料的利用效率。大量的试验研究结果表明,真菌益生素能够提高厌氧菌尤其是纤维分解菌的数量,但提高的幅度因日粮类型、试验动物以及所采用的菌种的不同而有不同的结果。张宏福列举 7 份报告,在不同日粮条件下,酵母培养物对瘤胃内总厌氧菌提高幅度在 30%~1 000%,纤维分解菌提高幅度在 19.4%~800%。

(2)对泌乳的影响 据 Gunther 报道,在奶牛日粮中添加 10 克的活性酵母培养物,可使其标准奶产量从 28.4 千克/日提高到 34.3 千克/日;Huber 报道,给奶牛饲喂酵母培养物,可使产奶量和标准奶产量分别提高 1.2 升和 0.8 升;Dawson 报道,酵母培养物用于奶牛可增加采食量,提高产奶量,改变乳成分;Walace 等综合 18 个研究结果报道,饲喂酵母培养物平均产奶量提高 7.8%;在能量、蛋白质、酸性纤维和中性纤维均超过 NRC 标准的混合日粮中添加酵母,也表现出产奶量增加 3.1%,4%校正乳提高 9.3%,乳脂率提高 0.29%的效果;Harris 报道,酵母培养物对早期泌乳比晚期泌乳效果更显著。

(3)稳定瘤胃内环境 添加真菌益生素可以减缓采食后瘤胃内 pH 值的降低,24 小时内可使瘤胃内环境稳定。这对瘤胃内纤维分解菌有非常重要的意义。苑文珠等报道,奶牛饲喂高精料日粮容易引起瘤胃 pH 值降低,造成瘤胃机能障碍,通过添加曲霉菌或酵母菌制剂提高乳酸的利用,使瘤胃 pH 值升高。

(4)对热应激的影响 许多研究都发现,处于热应激的奶牛,同时饲喂米曲霉和啤酒酵母能够降低体温。这表明益生素不仅可改变瘤胃发酵的结果,而且对动物有直接的生理影响。wallentine 报道,在泌乳早期可使直肠温度下降。由此可见,饲喂米曲霉和啤酒酵母可以通过减轻热应激来改善奶牛的生产性能。

(5)增进食欲、提高采食量、改善繁殖性能等作用 EM 发酵精料(占精料量的 30%)饲喂奶牛具有明显的增奶和节料效果,发酵后的精料气味酸甜,香味纯正,牛喜欢采食,对奶牛品质无不良影响。也有认为饲喂 EM 发酵精料使奶牛的消化吸收能力增强,饲料的消化率提高。饲用微生物添加剂对奶牛的繁殖性能的研究报道较少,仅见国内尹召华等 2002 年报道利用酵母培养物饲喂奶牛发现,试验组的有效发情牛比率比对照组提高 29%，发情牛受胎率比对照组提高 11.4%（P<0.05）。同时在奶牛饲料中使用 EM 制剂，能在奶牛体内将复杂的有机物分解为简单有机物和无机物，分解转化腐败有机物，这样就净化了奶牛粪便，消除粪便恶臭，从根本上解决奶牛场粪便污染源的问题。

（四）益生素在奶牛生产中的使用方法

1. 作为青贮饲料添加剂　主要用乳酸菌属。

2. 作为精料饲料添加剂　主要用酵母类等。如奶牛专用益生素，使用时按 0.1%～0.3% 的比例拌料，或在每吨全混合日粮中添加酵母培养物 2.5～7.5 千克，或每头牛每天饲喂酵母培养物 40～120 克。益生酵母饲喂方法是每头牛每天饲喂 5～10 克。

（五）益生素饲料添加剂使用注意事项

1. 要根据菌剂中活菌数确定添加量　以确保其相对于其他微生物群落较为适宜的比例。

2. 要选用奶牛适宜的不同菌种的饲用微生物　据报道，奶牛比较适宜真菌微生物、酵母类，并以曲霉类效果最好。

3. 要与抗生素联合使用　在使用微生物前，应先用抗生素清理肠道，再投喂微生物，效果会更好。要使用适合反刍动物的抗生素，使用不当会破坏瘤胃微生物区系。

4. 要根据先入为主的原则　在动物预期应激前超量使用，以利于优势菌群的形成。另外在奶牛泌乳早期应用效果较好，一般建议在产前 2 周至产后 8 周添加。

5. 不同的饲用方式影响饲用效果　用饮水方式投喂，由于菌体较少受饲料中不良因素的破坏，在使用同一剂量的前提下效果较好。

五、饲料调味添加剂

调味剂,也叫增香剂、风味剂。用途是改善饲料的适口性,使动物易于接受和增进食欲。

(一)饲料调味剂的作用

1. 作诱食剂 引诱动物到饲料所在处,并使其产生饥饿感、兴奋感,刺激动物消化液的分泌,提高营养成分的消化吸收率,从而达到加速动物生长、提高饲料转化率的目的。

2. 掩盖和改善饲料中的不适味道 饲用药物及某些原料如燕麦、菜籽饼(粕)等有不良的气味,影响动物采食。在这些饲料中加入适量调味剂,就可改善饲料的适口性,防止动物拒食。

3. 使畜、禽顺利适应饲料配方的变化 由于饲料原料市场价格、货源等变化,饲料配方也常要改变,而动物对饲料变化很敏感。添加调味剂,可使动物难于辨别配方的变化,保持原有的饲养效果。

4. 保证动物在应激状态下的喂量 动物在天气急剧变化,出现疾病、断奶、运输等情况下会产生应激反应,降低食欲和采食量,影响生产性能。如果在饲料中添加适当的调味剂,会刺激动物食欲,保证应激状态下动物的食入量。

(二)饲料调味剂的种类
饲料调味剂按畜、禽的感官又可分为口味和气味2大类。通常的口味靠味觉体现,有酸、甜、苦、辣、咸。一般的商品调味剂主要是调节饲料甜度。气味种类很多,则很难具体描述。

由于奶牛不同生长阶段的嗅觉和味觉是不同的,因而其产品有犊牛用、小牛用、泌乳牛用等。国外对饲料调味剂的研究使用已有40多年历史。我国近几年才开始生产应用。广州等地已推出香味素产品,质量和效果均达到或超过进口同类产品水平。

(三)调味剂在奶牛生产中的应用及效果 国内外的试验证实,在奶牛日粮中添加调味剂,对增强其适口性,提高采食量,促进生产性能的发挥有积极的作用。甘长涛(1997)报道,在犊牛日粮中添加天地香调味剂,可增加采食量15.32%,日增重提高23.61%,饲料报酬提高9.17%。根据有关报道,奶牛对砂糖、柠檬酸、香兰素都很喜爱。在奶牛饲料中加0.2%~0.5%的重碳酸钠能促进食欲,促进饲料中营养成分的消化吸收并防止腹泻。用含有乳味调味剂的母乳代乳品,从牛犊出生10天即可开始逐步应用,到6~7周后可以完全改用人工乳。有关试验表明,奶牛用调味剂对犊牛的诱食能力明显,也可改善饲料的适口性,同时又可克服或减缓犊牛断奶应激,提高日增重23.61%,提高饲料转化率9.17%。朝鲜Jeonbug国立大学(1984)对荷斯坦奶牛研究结果也表明,犊牛饲料中添加具有乳香味的调味剂可提高采食量8.1%,提高增重速度9.2%。美国阿拉巴马州一家奶牛饲养场经试验证实,茴香的香味具有促进奶牛多产奶的作用。他们对500头奶牛进行了试验,在奶牛栏内每隔3天喷洒1次茴香油,连续喷洒3个月,结果平均每头奶牛比对照组牛每天多产奶0.7~0.9千克。EdBeaver(1994)报道,添加柠檬—茴香—新鲜玉米味调味剂,可使奶牛采食量提高。英国有关专家的试验结果为,饲料中添加调味剂可使高产奶牛早期采食量提高20%以上。

(四)使用调味剂应注意以下几个问题 饲料调味剂的主要作用是掩盖饲料中的不良风味和增强饲料的适口性,刺激家畜采食。在使用时应注意解决好下列问题。

1. 不要盲目使用 奶牛不同生长阶段应使用不同的调

味剂,不要乱用。添加量按要求喂给。

2. 注意使用近期生产的产品　调味剂加入饲料中应拌匀,并在短期内用完。调味剂的香味会因时间的延长逐渐溢失。为保证使用效果,应选用包装严密和近期生产的产品。调味剂掺入饲料后,注意拌匀并在短期内用完,最好不超过 2 个月,散放饲料最好不要超过 1 个月,以保证其诱食效果。

3. 不能把调味剂用于陈腐发霉的饲料　陈腐发霉的饲料,由于在贮存期间营养物质被氧化或霉菌孳生等,不仅产生不良气味和滋味,还含有许多毒素,牛吃后对其机体健康与正常生长均产生不良影响。因此,饲养者绝不能用调味剂来掩盖饲料的陈腐发霉气味。

4. 特定牛群可加大用量　对于经常使用饲料调味剂的牛群,在运输、患病、高温等应激条件下导致牛食欲不振时,应相应加大调味剂的添加量。

无论调味剂多么先进,单纯依靠调味剂不可能使家畜采食量达到最佳水平。必须注意原料的正确选择,饲料的贮藏与风味的保护,调味剂的正确选用,合理的饲料加工工艺等,这样才能使饲料味道不断完善,从而使牛的采食量达到最佳水平。

六、非蛋白氮添加剂

(一)非蛋白氮添加剂的种类　非蛋白氮指除蛋白质、肽、氨基酸以外的含氮化合物,如尿素、双缩脲以及某些铵盐等。目前应用的非蛋白氮添加剂有以下几种。

1. 尿素　其理论含氮量为 46.67%,实际含氮量为 42%～46%。用作饲料添加剂的尿素多为肥料或工业用级。一般添加量为日粮蛋白质饲料的 1/3 或日粮的 1%～1.5%。尿素应保存在干燥而不透气的袋中,放在空气流动的地方。

2. 无水氨(液氨) 无色,有强烈的刺激气味,含氮量为82.4%,当温度高于其液化点的－33.4℃或遇空气后,立即变成气态氨。一般用作氨化秸秆的处理剂,饲用前还需3～7天曝气时间,使奶牛闻不出未反应的氨味。

3. 磷酸脲 我国的"牛得乐"就是这类产品,是尿素和正磷酸通过加工生成的一种络合物,含氮量为17.72%,含磷19.6%,白色晶状粉,易溶于水。主要用作牛羊专用添加剂及饲草料防腐青贮使用。作为添加剂不仅为反刍动物提供非蛋白氮,而且还提供无机磷;作为青贮饲料添加剂,可较快的使pH值达到要求,还具有防腐杀菌作用,有助于延长青贮料的保存期。使用磷酸脲比饲喂尿素更安全,适口性良好,可将其适量水溶后均匀地混合到饲料中饲喂,奶牛日喂量按每千克体重20克计算,用于青贮添加量为250:1。

4. 双缩脲(缩二脲) 由两分子尿素缩水而成,外观为白色,含氮量为34.7%。比尿素安全,代替蛋白质的效力比尿素低,价格比尿素高。纯品向饲料中添加时,由于适口性差,需要大约10天时间才能习惯和适应。每头牛每天喂100～150克可减少1千克蛋白精料,0.5岁以上牛每100千克体重日喂量为25～30克。

5. 羟甲基尿素 是甲醛与尿素的化合物,白色小块状,实际含氮量为40%。

6. 异丁叉二脲(双脲异丁烷) 是一种无味、无嗅、无毒的白色粗粉,不太吸湿,难溶于水,纯品含氮量为32.18%。饲料级异丁叉二脲的含量为93%,尿素含量低于3%,重金属低于10毫克/千克,一般用于6月龄以上奶牛,配合饲料中添加量不超过1.5%。该产品可以根据需要和配合饲料混合,但要制成颗粒时,必须添加糖蜜或脂肪,否则不易形成颗粒。该产品适口性良好,分解很慢,毒性很低,很容易适应。

7. 脂肪酸尿素 高级脂肪酸与尿素的分子间化合物。比尿素安全,适口性好。

8. 葡基尿素 是一种葡萄糖和尿素形成的络合物,为易溶于水的硬粒结晶物,其溶解和分解温度均比尿素高。该产品对奶牛有较好的适口性,不必经过训练就很容易习惯采食,给奶牛的安全饲喂量显著高于尿素。

(二)非蛋白氮添加剂的科学使用

1. 注意使用对象 非蛋白氮添加剂用于成年奶牛,犊牛要在 3～4 月龄后方可添喂。

2. 严格控制用量 用量一般占日粮干物质总量的 1%或日粮蛋白质的 1/3,或按每 100 千克体重 20～30 克。

3. 确保平衡营养 必须有充分的能量补充,高淀粉是饲料添加非蛋白氮添加剂饲喂奶牛时必不可少的能量饲料;保证低蛋白质日粮供给微生物生长繁殖所必需的氨基酸,还需要补充硫、钾、磷、钴、铜等元素,特别是硫元素,氮∶硫控制在 10～12∶1。

4. 重视饲喂技术 注意饲养适应期(一般 1 周左右),不可时用时停。1 天的喂量要分几次饲喂,饲喂时必须将非蛋白氮均匀地搅拌到精粗料中混喂,最好先用糖蜜等稀释或用精料拌后再与粗料拌匀,还可将其加到青贮原料中青贮后一起饲喂。对于尿素也可将其和其他成分混合制成新型的尿素饲料,如凝胶淀粉缓释尿素、尿素砖、尿素浓缩料、缓释尿素蛋白精等。对于含脲酶多的饲料,如生豆类、生豆饼类、苜蓿草籽、胡枝子种子等饲料,不要大量掺在加尿素的谷物饲料中一起饲喂。严禁将其单独饲喂或溶于水中饮用,并在饲喂 3～4 小时后饮水。

5. 注意贮存条件 非蛋白氮制剂的容器要密闭，避免与生大豆粉和加热不充分的豆粕等混合贮存。

七、青贮饲料添加剂

青贮饲料添加剂是指在青贮过程中，为了最大限度保持饲料养分，提高青贮饲料营养价值和青贮效果，防止青贮饲料霉变的一类饲料添加剂。在青贮过程中合理使用青贮饲料添加剂，可以改变因原料的含糖量及含水量的不同对品质的影响，增加青贮料中有益微生物的含量，以便能进行良好的青贮。青贮料生产的不断增加逐步取代了干草的生产，近年来已取得了很大的成就。现将常用的青贮饲料添加剂介绍如下。

(一)乳酸发酵促进剂

1. 乳酸菌 乳酸菌主要对禾本科牧草及含糖量较低的原料青贮效果较好，对豆科牧草的效果不太明显。一般使用乳酸菌要符合：发酵均匀、植物中的糖可进行发酵、乳酸菌生成力强。多数乳酸菌制剂使用的菌种为德氏乳酸杆菌，每克原料菌数达到 10 万～100 万级。每吨青饲料加 0.5 升乳酸菌培养物或 450 克乳酸菌剂。

2. 糖糟 主要是制糖厂的副产物，其含水量在 25%～30%。添加糖糟的目的是为了补充原料中的糖分含量不足，以促进乳酸发酵。添加量一般应使青贮料的含糖量增加到2%～3%。在添加时先用 2～3 倍的温水与原料混合，然后加入。

3. 葡萄糖 在促进乳酸菌发酵的碳水化合物中，葡萄糖的效果最好。添加量在 1%～2%时效果明显，但葡萄糖及其粗产品的价格较高。

4. 谷物及糖类 谷物及糖类碳水化合物的含量十分丰

富,能够调节高水分青贮物含水量,对其利用的历史也较长。但是由于其碳水化合物中淀粉的含量较高,不能直接进行乳酸发酵。利用此类物质的目的除了改善发酵的效果外,也能提高饲料的营养价值。

5. 甜菜渣 干燥甜菜渣既是碳水化合物的来源,也能调节水分。其添加量在5%～10%之间。干燥的甜菜渣有时成团或成片,在利用时需要轧碎成粉状均匀添加。

(二)不良发酵物的抑制剂

1. 甲酸 甲酸又称蚁酸。为无色透明的可燃性液体,有辛辣的刺激性臭味,溶于水、乙醇、乙醚、甘油,有强腐蚀性。加入甲酸的原理是将青贮料的pH值调到4.2以下,以抑制植物呼吸及不良微生物的发酵。有机酸中甲酸是能使pH值降低的最好材料。甲酸对酪酸菌生长繁殖的抑制力很强,对个别的乳酸菌也有抑制作用,但对酵母的增殖无抑制作用。甲酸的效果比较显著,但是很容易腐蚀加工机械,直接触摸对人也很危险。

2. 丙酸 丙酸为无色液体,有与乙酸类似的刺激性气味,有腐蚀性。它对霉菌有较好的抑制效果,但不抑制乳酸菌,最适pH值小于5。丙酸处理青贮饲料可降低青贮料内部浊度,提高蛋白质消化率,增加水溶性糖存留量,对二次发酵有较好的预防作用。

3. 乙酸 乙酸为无色透明液体,有刺鼻气味,可与水和乙醇以任意比例混合。乙酸与其他酸一样抑制微生物(包括病原微生物)的发育。低剂量的乙酸参与物质代谢。乙酸用来保藏难青贮和易青贮作物,不能用来保藏非青贮作物。

4. 甲醛 甲醛有窒息性刺激气味。甲醛对多种微生物的生长有抑制作用,可有效阻止青贮的腐败,特别是对蛋白质的分解有很好的抑制作用,能增加瘤胃内的过瘤胃蛋白质。另外,甲醛与甲酸一起使用比它们单独使用效果要好。

(三)改善青贮营养的添加剂 上述的糖糟、谷物、糠类、甜菜渣等添加剂都能提高青贮料的营养。下面介绍一些不与发酵直接作用的添加剂。

1. 氮类化合物

(1)尿素 蛋白质含量较少的青贮料追加尿素,可增加粗蛋白质的含量,添加量在 0.5% 左右。追加尿素后酸的生成量增加。但是,含糖量较少的牧草添加尿素会使品质变坏。

(2)磷酸脲 磷酸脲是一种安全、优良的青贮饲料保藏剂,可作为氮、磷添加剂和加酸剂。易溶于水,水溶液呈酸性。可使青贮饲料的 pH 值较快地达到 4.2～4.5。可有效保存饲料营养成分,特别是保护胡萝卜素的含量。经磷酸脲处理的青贮料酸味淡,色嫩黄绿,叶、茎脉清晰。一般添加量以占原料重量的 0.35%～0.4% 为宜。

(3)氨 添加氨不仅使粗蛋白质的含量提高,也会显著提高家畜的消化率,抑制不良微生物的增殖。

2. 矿物质盐类 玉米等青贮料一般蛋白质含量低,无机物的含量也低,因此有必要添加矿物质盐。

(1)食盐 可促进青贮饲料中细胞渗出汁液,有利于乳酸发酵,增加适口性,提高青贮饲料品质。食盐有破坏某些饲料毒素的作用,可加强乳酸的发酵。在青贮原料水分含量较低、质地粗硬、植物细胞汁液较难渗出的情况下,添加食盐效果较好。食盐不能添加过多,要按照采食量添加,添加过多会造成食盐中毒。

(2)碳酸钙 可提高青贮中钙的含量,能使发酵持续进行,使酸的生成量不断增加,同尿素一样,可减少硝酸盐的含量。

(3)磷酸钙　添加磷酸钙可增加磷和钙的含量。

(4)镁制剂　用于镁含量低的青贮料,对镁缺乏症有预防作用。硫酸镁的添加量为 0.2%。

八、阴离子饲料添加剂

(一)阴离子饲料添加剂概述　日粮中所含矿物质,根据其所带电荷可区分为阴离子及阳离子。阴离子包含氯、硫、磷等,阳离子包含钠、钾、钙、镁等。阴阳离子平衡值可以用阳离子和阴离子之差(CAD)来表示。所谓饲粮阴阳离子之差是指饲粮总阳离子与总阴离子毫克当量的差值。阴阳离子之差以 1 千克干物质中毫克当量数(meq)表示,其计算公式为:

$$CAD = [(Na^+ + K^+) - (Cl^- + S^{2-})] = [(\%Na/0.0023) + (\%K/0.0039)] - [(\%Cl/0.00355) + (\%S/0.0016)]$$

干奶期奶牛常规饲粮中 CAD 值通常为 +50～+300 毫克当量数/千克干物质,而控制产后低血钙发生的理想饲粮 CAD 值应为 −100～−150 毫克当量数/千克干物质。通过 CAD 预测奶牛所用日粮是酸性还是碱性:高阴离子水平为酸性日粮;高阳离子水平为碱性日粮。酸性和碱性日粮所造成的动物反应不同。碱性日粮可导致奶牛乳热症的发生,酸性日粮则有预防奶牛乳热症发生的作用。为此,必须使用专门的阴离子饲料添加剂。

(二)阴离子饲料添加剂的作用与用途　奶牛产奶过渡期,即分娩前 3 周(干奶后期)到分娩后 2 周(初产期)的健康状况对发挥生产性能至关重要。一般情况下,在产犊后的 1～3 周时间里约耗费 70%～80% 的兽医费用。这一阶段的奶牛最易患乳热症,乳热症的特征和结果都是严重的低血钙,而发生乳热症的奶牛非常容易患酮病、乳房炎、难产、胎衣不下、子宫内膜炎和真胃移位等奶牛常见性疾病。研究表明，乳热症的奶牛患以上疾病的比例，是正常奶牛的 3～9 倍，生产上多见的为亚急性乳热症，无明显临床症状，发病率非常高。与正常奶牛相比，产奶量会降低 14%，奶牛使用年限会减少 3～4 年，明显影响奶牛养殖户的经济效益。大量的研究资料和生产实践表明，在产犊前奶牛饲粮中添加阴离子添加剂，可以减少乳热症的发生，并可杜绝乳热症和低血钙的发生，而且可以减少由于低血钙引起的一系列代谢紊乱性疾病，如胎衣滞留和真胃移位等，改善瘤胃的收缩，从而提高奶牛在泌乳早期的采食量，大幅度减少患乳热症的奶牛治疗费用，以及由于瘫痪引起的其他疾病的费用。

（三）阴离子饲料添加剂产品及应用　　常用的阴离子饲料添加剂有小苏打、碳酸钾、氯化钙、硫酸镁、硫酸铝、氯化钠、氯化铵及硫酸铵等。阴离子饲料添加剂的适口性差，通过与适口性好的酒糟、糖蜜或热处理大豆粕等载体混合后制粒的方法，可以提高适口性，并防止分离。本书作者（张力）通过实验解决了适口性的问题。试验表明，在奶牛产前 15 天添加研制的阴离子饲料添加剂，可显著提高血钙含量 11.8%，胎衣滞留降低 65%，能有效地预防奶牛的胎衣不下、乳热症，产奶量提高 71%；日粮阴阳离子平衡值（DCAD 平衡值）为 -106.96 毫克当量数/千克 DM 比较适宜。国外学者研究表明，在妊娠最后 3 周，饲喂阴离子性日粮的奶牛，胎衣滞留率（平均为 4%）比对照组（发病率平均为 16%）低 4 倍，繁殖性能明显改善，妊娠率提高 17%～19%，空怀期减少 14 天。

根据欧洲及加拿大的研究报告，乳牛饲喂高阳离子盐日粮，牛群患乳热症的比例分别为 86% 和 48%，而牛群饲予阴离子饲料添加剂日粮,则没有任何病例发生。据美国试验结果,给奶牛饲喂阴离子饲料添加剂,仅就产奶量提高一项,投入产出比就可达到 1:10,而其他开支方面的节省,如减少乳热症、奶牛疾病的治疗费用和延长奶牛的生产寿命方面,会远远超过这个数字。从经济效益的角度看,即使是管理条件好的群体,在干奶后期日粮中添加阴离子添加剂,控制亚急性低血钙的发生,也可以提高奶牛产奶量 3.6%～7.3%。

(四)奶牛生产中下列情况尤需添加阴离子饲料添加剂

第一,当牛群有较高的患病率或是在干乳期间无法有效限制日粮钙的摄取量,添加阴离子饲料添加剂有助于预防乳热症。

第二,干乳牛如饲喂含高钾的草料,可添加阴离子饲料添加剂来改善离子平衡。

(五)围产前期母牛阴离子饲料添加剂的正确应用

1. 添加时间　一般建议,经产奶牛在分娩前 3 周开始添加阴离子饲料添加剂,一直喂到产犊,产犊后立即停喂。一般认为在分娩前 2 周才开始添加于日粮中可能不足以预防乳热症。

2. 阴离子饲料添加剂的搭配及具体用量　本文作者使用配方及使用方法如下:硫酸镁 11%、氯化铵 10%、硫酸钙 13%、豆粕 29%、玉米粉 29%、苜蓿草粉 8%。按以上配方配料搅拌均匀,压制成颗粒拌入精料中饲喂,第一天 200 克,第二天 300 克,第三天 400 克,第四天以后均为 600 克,一般 3 天后奶牛已适应并且尿液 pH 值开始下降。在奶牛产犊前 1 个月开始饲喂至产犊,产犊后停喂。

建议使用 113.5 克氯化铵及 113.5 克硫酸镁的混合料,添加于 227 克的干酒粕中,依此比例,每一头牛每天可喂予 454 克的混合日粮。饲喂可分清晨及傍晚 2 次,但如果采用不含干酒粕的完全平衡日粮,可1次添加于日粮中。

另一项有效的混合料可使用56.7克氯化铵,56.7克硫酸铵及113.5克硫酸镁,再混以227克的干酒粕。依此比例,喂予每头牛每天0.454千克的混合日粮。在喂予干乳牛全量此种混合料前,应逐渐增加饲喂量,使牛群至少有3天的时间来适应。

3. 阴离子饲料添加剂饲喂方法 阴离子饲料添加剂适口性不佳,因此添加于谷物或矿物质混合料有其困难,每天应分2次喂食。如果牛群饲喂青贮料则最好混合于青贮料中。此外,阴离子饲料添加剂如混于适口性佳的饲料如干酒粕及糖蜜后再混于谷物或矿物质混合料中,可改善阴离子饲料添加剂的适口性。贮藏的混合谷物中如果含有阴离子饲料添加剂则会降低其适口性,尤其在炎热的气候下表现更为明显。因此,夏季最好在饲喂谷物前先混入阴离子饲料添加剂为好。如果采用单独饲喂,一定要把阴离子添加料与2.5~3.5千克谷物或浓缩饲料混合均匀后饲喂。如果牛群喂以全混合日粮则不需考虑适口性问题。

(六)阴离子饲料添加剂应用的注意事项

第一,对奶牛所用各种饲料原料的矿物质(K、Na、Ca、S和Cl)含量应该了如指掌。奶牛常用饲料原料的阴阳离子平衡值列于表4-9。

表4-9 奶牛常用饲料原料的阴阳离子平衡值

饲料原料	Na^+	K^+	Cl^-	S^{2-}	CAD值
		— %DM —			
苜蓿(晚花期)	0.15	2.56	0.34	0.31	+431
猫尾草(晚期)	0.09	1.6	0.37	0.18	+233

饲料原料	Na$^+$	K$^+$	Cl$^-$	S^{2-}	CAD 值
	————————%DM————————				
玉米青贮	0.01	0.96	—	0.15	+157
玉米籽实	0.03	0.37	0.05	0.12	+19
燕　麦	0.08	0.44	0.11	0.23	-27
大　麦	0.03	0.47	0.18	0.17	-23
酒　糟	0.10	0.18	0.08	0.46	-220
豆　粕	0.03	1.98	0.08	0.37	+267
鱼　粉	0.85	0.91	0.55	0.84	-77

第二,日粮中硫含量应达到 0.4%,镁的含量控制在 0.4%,氯含量不超过 0.8%。添加阴离子饲料添加剂后日粮中无需再添加食盐,因为氯离子含量超过 0.8%会降低采食量。

第三,日粮中非蛋白氮含量不要超过日粮总含氮量的 25%,或不超过可降解蛋白质含量的 70%。

第四,在饲喂阴离子饲料添加剂的同时,逐渐增加日粮中钙的水平,使其从日粮干物质的 0.4%～0.6%逐渐增加到 1%～1.3%,绝对喂量达到每头每日 100～150 克。日粮中磷含量达到 0.4%(或每头每天 35～50 克磷的采食量)。

第五,为了达到预期效果,在测定尿液中 pH 值的前提下,逐渐增加阴离子饲料添加剂的喂量。每周定时测定尿液 pH 值,以了解饲喂阴离子饲料添加剂对干奶期奶牛体内酸碱平衡的影响情况。尿液 pH 值的测定至少需要 5 头奶牛。使用 pH 试纸或 pH 计迅速测定新排出的尿液,如果尿液平均

pH 值超过 6.7,表示所用的阴离子饲料添加剂对奶牛酸碱平衡的影响不足以显著地提高产犊时的血钙浓度;如果尿液 pH 值为 5.5~6.5,而且干物质采食量适中,说明日粮酸碱平衡适当,继续饲喂该阴离子饲料添加剂。如果尿液 pH 值低于 5.5,而且干物质采食量降低,应该减少阴离子饲料添加剂的给量(表 4-10)。

表 4-10　日粮 CAD、尿液 pH 值和奶牛代谢状态之间的关系

日粮 CAD	尿液 pH 值	酸碱平衡	产后奶牛血钙平衡
正平衡	8.0~7.0	碱中毒	低血钙
负平衡	6.5~5.5	轻度代谢酸中毒	正常血钙
负平衡	<5.5	肾脏负荷过重	

第六,一般不需要给初产母牛饲喂阴离子饲料添加剂,因为低血钙在初产母牛的发生率比较低。

第七,注意奶牛的饲料消耗情况。如果采食量大量减少,需要仔细检查饲喂方法。有时饲喂负 CAD 值的奶牛在产犊前采食量会稍低,但产犊后采食量会提高。由于负 CAD 值日粮提高了血钙浓度,因此抵消了由于采食量降低所造成的负面影响。

第八,每千克日粮干物质的 DCAD 应达到 -100~-150 毫克当量数。

第九,如果牛群过度肥胖或是干乳牛日粮的纤维、能量及蛋白质未平衡时,添加阴离子饲料添加剂亦不能有效防止乳热症。

第十,当干乳牛摄取中量或高量钙时,尤当摄取量超过 80 克以上时,添加阴离子饲料添加剂有最佳的预防效果。在此值得一提的是,由于对乳牛日粮含低钙时添加阴离子饲料

添加剂的效果未知,因此,当牛群摄取钙量很低时,不要添加阴离子饲料添加剂于日粮中。

九、抗热应激饲料添加剂

夏季高温是影响畜禽生产性能的重要因素,对于奶牛的直接影响表现为产奶量的下降。我国的乳用牛多为荷斯坦奶牛(黑白花奶牛),具有耐寒怕热的特性,10℃～15℃为产乳的最适宜温度,超过27℃时,产乳量明显下降,27℃～40℃时奶牛体温上升,产乳量减少,乳汁变稀,超过40℃时,奶牛食欲几乎停止,并出现虚脱和休克。夏季高温对于奶牛的影响,除了表现在产奶量的下降之外,还会诱发各种疾病,越是高产的奶牛,受热应激的影响越大。我国夏季气温较高,特别是南方平均气温都在30℃以上,并且持续时间长。统计资料表明,我国南方因夏季高温引起的产乳量下降年损失牛乳在10万吨以上。所以当今国内外许多专家都在致力于抗热应激饲料添加剂的研究。目前常用的抗热应激饲料添加剂主要有电解质添加剂、中草药饲料添加剂等。抗热应激饲料添加剂主要是以碳酸氢钠和维生素C为主的缓解剂,除此之外,还有解热镇静剂、电解质、抗菌素和部分微量元素等。

(一)**电解质添加剂** 在高温环境下,奶牛机体中一些矿物质(如钠、钾等)的摄入量减少,而排泄量增加,严重影响了体内的酸碱平衡。在日粮中适量补充电解质可以缓解热应激,提高产奶量及乳品质。

1. 碳酸氢钠 俗称小苏打,是目前应用较多的缓冲剂,能中和瘤胃中的酸性物质,使pH值升高,促进胃肠的蠕动,增加动物的采食量,提高饲料的消化利用率。程公允等在热天给奶牛添加碳酸氢钠150克/日·头,分3次均匀拌入精饲料中喂给,每头奶牛平均日产奶量提高 0.44 千克,乳脂率提高 0.24%。炎热夏季,孙科业和石传林在奶牛日粮中添加碳酸氢钠 80 克/日·头,产奶量提高了 8.6%,乳脂率增加 0.07 个百分点,每头奶牛每天多盈利 2.22 元,增收效益显著。

2. 碳酸钠 杨子锋报道,在高温天气中添加 1.2% 的碳酸钠于精料中,奶牛的采食量增加,平均产奶量提高 0.6 千克/日·头,乳脂率提高 0.43%(P<0.01),但对牛奶中乳蛋白、乳糖和非脂固形物含量影响不大。

3. 氯化钾 陈若帆和王书若在夏天给奶牛补充氯化钾 80 克/日·头,结果试验组比对照组平均产奶量提高 11.11%,乳脂率提高 0.45%。此外,在高温期添加碳酸钾也可提高乳脂率。

4. 配合电解质 电解质平衡对缓解热应激具有积极作用,因此可以根据动物各阶段电解质平衡水平的需要来补充电解质。敖日格乐和王纯洁在奶牛泌乳高峰期,日粮中补充碳酸氢钠、碳酸钠和氧化镁混合剂,可显著提高奶产量,对乳脂率、乳总固形物和各营养物质消化率均无显著影响。顾仁元等在日产奶量 15 千克以上的成年奶牛日粮中补充抗热应激添加剂(主要成分为氯化钾、碳酸氢钠、食盐和碳酸氢钙),按 150 克/日·头的剂量均匀混合于精料中,分 3 次饲喂,结果乳脂率和乳蛋白分别提高 0.14% 和 0.03%,减缓了热应激。孙齐英用奶牛电解质抗热应激添加剂(包括碳酸氢钠 0.03 千克/日·头,氯化钾 0.03 千克/日·头,氯化氨 0.03 千克/日·头)饲喂高温环境下奶牛,结果采食量增加,乳脂率和产奶量分别提高 7.8% 和 47.45%。李秋凤等指出,在热应激奶牛泌乳前期,日粮阴阳离子平衡保持在 275 毫克当量数/千克干物质最佳。

奶牛日粮干物质中 1.5％的钾和 0.5％～0.6％的钠对抗热应激、提高产奶量有明显的效果。而镁的含量达 0.3％时，效果也较好。通常高水平的钾、钠、镁日粮只宜在泌乳阶段使用，而干奶期仍使用较高水平的钾、钠、镁易引起奶牛乳房水肿病。另外，这些西药缓冲剂虽有一定抗热应激的效果，但长期使用对奶牛易产生毒副作用，而且化学药物在牛乳中的残留会严重影响乳品的质量和消费者的身体健康。

（二）微量元素　　目前，对奶牛抗热应激微量元素研究应用较多的是有机铬。试验表明，有机铬可降低奶牛血液中皮质醇的浓度，增强机体抵抗力，缓解热应激，提高生产性能。李绍钰和吴胜耀在高温季节，向奶牛精料中加入 300 微克/千克吡啶羟酸铬，结果日产奶量增加了 2.44 千克，较对照组提高 16.15％，料奶转化率提高了 2.5％，而对乳成分无显著影响。张敏红在夏季奶牛基础日粮中分别添加 300 微克/千克吡啶羟酸铬和酵母铬，经过 4 周的试验，产奶量分别提高 17.09％和 10％，奶料比提高 14.2％和 11.5％，乳蛋白含量显著提高，直肠温度和呼吸频率也有下降的趋势。刘强等在基础日粮中添加吡啶羟酸铬 0.3 毫克/千克日粮，试验期间，吡啶羟酸铬组牛的日均产奶量提高了 15.39％，显著高于对照组。

（三）维 生 素

1. 维生素 C　　又称抗坏血酸，是目前研究较多的抗热应激剂之一，其缓解热应激的机制可能是：高剂量的维生素 C 能抑制 21-羟化酶及 11-羟化酶活性，减少皮质酮的合成。李建国研究表明，夏季热应激期间奶牛血清中维生素 C 含量分别比冬季、春季和秋季降低 26.03％、13.35％和 15.01％，由此可以推断，在日粮中添加维生素 C 有助于缓解热应激。孙齐英在奶牛基础日粮中添加维生素 C 1 000～1 600 毫克/

日·头,结果夏季奶牛产奶量下降减缓,乳脂率有所提高。

2. 烟酸 在饲料中添加烟酸能够促进动物机体的血管扩张,在热应激条件下,有助于带走体内热量,从而利于奶牛泌乳。在泌乳中、后期给奶牛添加烟酸,虽然在中等和严重热应激的环境中降低了奶牛皮肤表面的温度,但对产奶量无显著影响。由此可见,添加烟酸可能对泌乳早期奶牛有利。

3. β-胡萝卜素或维生素A 目前,胡萝卜素的添加效果存在争议。对于维生素A,建议夏季给奶牛增加饲喂量(每头奶牛每天从5万单位提高到15万单位),可提高产奶量,缓解热应激的危害。

(四)药物添加剂 莫能菌素钠(又称瘤胃素),可影响动物瘤胃内的能量代谢,改善瘤胃发酵环境,提高丙酸与乙酸比例,减少甲烷气体的产生,增加菌体蛋白的合成,提高蛋白质的利用效率;同时瘤胃素可降低饲料热增耗,有利于缓解热应激。高腾云等在炎热夏季,给奶牛日粮补充20毫克/千克的瘤胃素,奶牛的日平均产奶量比试验前提高了8.32%,较对照组提高12.86%。

此外,瘤胃素可使奶牛呼吸次数下降,体温上升幅度减小,血清中催乳素和甲状腺素(T_4)的水平升高。

(五)有机酸类添加剂

1. 乙酸钠(双乙酸钠) 研究发现,在奶牛日粮中添加乙酸钠,可使夏天处于热应激状态的奶牛产奶量提高17%以上,乳脂率增加0.2%~0.3%,同时,乙酸钠在体内分解为乙酸,而中等剂量的乙酸又具有降低体温的功能。陈杰和蒋伟清在夏季高温条件下,向奶牛日粮中添加乙酸钠300克/日·头,可使产奶量及乳脂率显著增加,血浆T_3和T_4含量升高。

2. 异位酸 丁酸、异戊酸、2-甲基乙酸和戊酸等化学物质的总称。试验表明,异位酸可使每头奶牛平均日产奶量增加0.5~2.3千克。泌乳初期,产奶量提高10.6%,产奶前2周和产奶后期每头添加量分别以45克/日和86克/日为宜。

(六)酶制剂 主要应用的为复合酶制剂,添加到饲料中可将蛋白质、淀粉、纤维素、果胶等分解成易被吸收的营养物质。王世英等用50克/日·头复合酶制剂,分3次与精饲料混合均匀后饲喂奶牛,可使日产奶量提高5.2%,试验期间天气逐渐变热,对照组产奶量逐渐下降,但试验组下降幅度较小,而且与对照组的差距随着气温升高而逐渐增大,说明酶制剂具有抗奶牛热应激的作用。

(七)微生态制剂 微生态制剂不仅本身可为动物提供营养源,而且能促进瘤胃有益微生物的增殖,提高饲料利用率,增强奶牛对高温的耐受能力。在夏季,岳寿年等用微生态制剂(主要由复合乳酸菌、酵母菌和芽孢菌制成的粉剂,其中活菌不少于10^{10}CFU/克),按0.5%的用量混入精料中饲喂,对照组平均每头日产奶量下降5.3千克,下降幅度为17.4%;试验组下降1.5千克,下降幅度为6.1%。这表明微生态制剂能减缓奶牛夏季产奶量的下降,改善奶牛的泌乳性能,缓解热应激。

(八)脲酶抑制剂 研究表明,在奶牛日粮中添加脲酶抑制剂可以降低瘤胃内氨的浓度,促进菌体蛋白质的合成,提高粗纤维和粗蛋白质的利用率。傅丹红在高温、高湿的环境条件下,向奶牛基础日粮中添加50克脲酶抑制剂,每天早晚各1次,结果每头奶牛平均日产奶量提高1.57千克,同时脲酶抑制剂对由于人工挤奶改用机械挤奶所引起的应激具有缓解作用。周健民和王加启报道,给奶牛补充脲酶抑制剂,可使奶牛产奶量下降幅度减小,比对照组多产 2.96 千克标准乳,增幅为 16.13%,试验组乳脂率为 3.14%,比对照组提高 2.85%,可见脲酶抑制剂能增强泌乳牛对热应激的抵御能力。

(九)中草药添加剂 根据中医学理论,对奶牛热应激宜采用清热解暑、凉血解毒、益气养阴、补脾保肝、调和营卫、补肾阳兼滋肾阴、扶正祛邪、攻补并用为治则。目前所研究的抗热应激中草药添加剂正是根据以上理论进行组方。如常用的石膏、板蓝根、黄芩、荷叶均有清热泻火、解暑的作用,其中石膏能清热泻火、生津止渴,荷叶通过利尿达到清热泻火之目的,板蓝根能清热解毒、对夏季瘟疫热毒尤有良效,黄芩能泻肺火、解肺热,诸药合用有助于奶牛解暑降温。黄芪、党参、白芍、荷叶、甘草、石膏等药能益气、补津,其中黄芪能补气固表,党参能益气生津,白芍能补血滋阴、养肝血、柔肝止痛,甘草能补中益气,荷叶、石膏均能生津止渴,奶、汗、血同源,同为津液,所以诸药配合,为奶牛产乳提供了生化的源泉。同时黄芪、党参、甘草均能补气健脾养胃,促进食欲;石膏能生津养阴泻胃火而养胃阴,诸药合用可使奶牛保持旺盛的食欲。实践也证明了中草药添加剂能调控热应激反应,改善热应激症状。针对奶牛热症,选用清热型、补益型的中草药四味按一定比例进行配制,原料有石膏、芦根、夏枯草、甘草,混合后粉碎,过 100 目筛,制成散剂。饲喂量 75 克/日·头。

此外,在奶牛热应激期间,日粮中添加酵母培养物等可提高食欲,刺激瘤胃中微生物的繁殖,改变瘤胃发酵方式,降低瘤胃中氨浓度,提高菌体蛋白的合成和饲料利用率,并能降低奶牛直肠温度。蒋永清和叶宏伟在南方夏季(5～8 月份),在奶牛日粮中添加酵母培养物,试验前期 45 天和后期 31 天分别按 60 克/日和 80 克/日的剂量饲喂,结果每头奶牛全期日平均产奶量增加 0.92 千克,提高 4.33%。尹召华和杨万玉认为,添加酵母培养物可显著提高奶牛的日增重,有利于加速奶牛产后体况的迅速恢复及抵抗夏季高温产生的热应激。

十、化学增奶饲料添加剂

(一)大豆异黄酮饲料添加剂

1. 概述 大豆异黄酮是一种存在于豆科牧草中的具有雌性激素样作用的天然活性物质,其结构和功能类似于 17-β雌二醇,具有降低心肌耗氧量、强心、降血脂、提高机体免疫功能和抑制雌激素依赖性肿瘤生长的作用。目前用于饲料添加剂,可显著增强雌性动物的增重及饲料利用率、提高奶牛等草食动物的繁殖力。

2. 大豆异黄酮提高奶牛产奶量的作用机理 大豆异黄酮作为一种植物雌激素,饲喂后血液中的胰岛素样生长因子(IGF-1)水平上升,IGF-1 作用于乳腺组织后使乳流量增加,并刺激乳腺的上皮细胞分化成泌乳细胞,从而使乳汁分泌增加。大豆异黄酮具有微弱的雌激素活性,能与子宫的雌二醇受体结合。而植物雌激素的雌激素效应或抗雌激素效应的发挥取决于它与内源性类固醇雌激素的竞争平衡作用。对于一些雌激素水平较低的个体,弱的雌激素物质占据雌二醇受体会产生雌激素效应。由于奶牛体内的类固醇雌激素水平循环浓度较低,因此在日粮中添加大豆异黄酮会产生雌激素效应。

3. 大豆异黄酮提高奶牛产奶量的应用效果 刘德义等在奶牛的日粮中分别添加 60 毫克/千克和 72 毫克/千克的大豆异黄酮显著提高了产奶量,改善了饲料转化效率,且以添加剂量 60 毫克/千克为佳。

(二)二氢吡啶饲料添加剂

1. 概述　二氢吡啶是一种具有天然抗氧化剂维生素 E 的某些作用的多功能饲料添加剂,商品名为多犊锭、吉卢金等。1988 年农业部首次批准使用,1991 年被指定为国家重点新技术产品,并应用于畜禽养殖业。研究发现二氢吡啶具有明显的促生长作用,可提高畜禽繁殖力,还可提高机体免疫力。在奶牛生产中的应用研究,据资料报道能提高奶牛受胎率、产奶量和乳脂率、防治奶牛隐性乳房炎。

2. 二氢吡啶在奶牛生产中的应用效果　李永和报道,每头奶牛每千克体重添加 6 毫克二氢吡啶,产奶量提高 16.99%。刘学剑报道,奶牛日粮中添加 50 毫克/千克的二氢吡啶,可使 3 个月的产奶量分别提高 26.8%、46.6% 和 28.6%,乳脂率分别提高 3.6%、1.6% 和 7.4%,总产奶量及乳脂率分别提高 33.9% 和 4.2%;添加 150 毫克/千克的二氢吡啶,第一泌乳月产奶量提高 8.33%,第二泌乳月产奶量提高 3.7%;添加 100 毫克/千克的二氢吡啶,总产奶量提高 13.1%,泌乳牛单产提高 7.13%。陈菊芳等在 1993 年总结多点试验结果认为,二氢吡啶可提高奶牛和育成牛发情期受胎率 20%～22%,提高牛产奶量 6%～8%。Shubin 等用复合生物活性物质饲喂奶牛,其中二氢吡啶组奶牛产后 90 天泌乳量比对照组增加 172 千克,提高 16.4%,4% 标准乳增加 210 千克,提高 19%。

除了能提高产奶量,日粮中添加二氢吡啶还可预防奶牛乳房炎、提高情期受胎率、提高育成牛的增重。朱莲英等在泌乳中期奶牛日粮中添加 150 毫克/千克的二氢吡啶,使奶牛隐性乳房炎的发生率比对照组低 59.9%。李成会等在试验组每千克精料补充料中添加 150 毫克的二氢吡啶,结果试验组乳房炎的发生率比对照组降低 61.95%。有试验表明,添加二氢吡啶使情期受胎率提高 22.6%,育成牛增重提高 5%～14%。二氢吡啶添加量一般为每头每天每千克体重 2～6 毫克。

(三)双乙酸钠饲料添加剂

1. 双乙酸钠的基本特性　双乙酸钠简称 SDA。由化工部研制的双乙酸钠中乙酸为 38%～40%,乙酸钠为 56%～59%。双乙酸钠是一种多功能的饲料添加剂,具有高效防霉、防腐、保鲜、增加营养等功能,安全无毒,应用广泛,效果显著,是一种绿色的食品及饲料添加剂。

2. 双乙酸钠对奶牛的作用机制　双乙酸钠中的乙酸是反刍动物合成脂肪的重要前体物质,牛乳中 50% 的脂肪酸是由乙酸合成的。反刍动物 ATP-柠檬酸裂解酶活性很低,只能由葡萄糖提供有限数量的乙酰辅酶 A 合成脂肪酸,然而反刍动物脂肪组织中乙酰辅酶 A 合成酶活性非常高,可迅速将乙酸转化为乙酰辅酶 A,进而转化为脂肪酸及脂肪,故饲喂双乙酸钠可提高牛乳的乳脂率。

乙酸还是参与动物能量代谢的重要物质。乙酸在消化道被吸收,由血液输送到代谢组织的细胞浆中,在乙酰辅酶 A 合成酶的催化下转化成能量代谢的重要枢纽物质乙酰辅酶 A,它是糖、脂肪酸、氨基酸分解代谢进入呼吸链的活性形式,上述物质之间可以通过它相互转化,因而双乙酸钠具有促进动物机体物质代谢的作用。

双乙酸钠具有醋酸气味,可配成适口性极好的动物调味剂。由于它在消化道中可解离出 H^+,可作为饲料酸化剂,调节胃肠中的 pH 值,激活胃蛋白酶,抑制有害微生物增长,有助于正常菌群的繁殖,提高动物的抗病能力和生产能力。

3. 双乙酸钠对奶牛生产性能的影响及应用效果　试验

报道,荷斯坦牛添加双乙酸钠150克/日·头,产乳量提高4.3%,乳脂率提高9.78%。黄玉德等在奶牛日粮中分别添加0.1%、0.2%、0.3%的双乙酸钠,40天试验期内产乳量分别比对照组提高6.2%、7.2%、7.9%,添加0.3%双乙酸钠组的乳脂率比对照组提高8.4%。在奶牛精料中添加0.05%~0.07%的双乙酸钠,乳脂率较对照组提高3.7%~4.9%。由于双乙酸钠生产工艺简单,生产成本低,并可显著提高奶牛的产乳量和乳脂率,应用安全、方便,建议在奶牛生产中推广应用。

(四)半胱胺饲料添加剂

1. 半胱胺饲料添加剂的作用机制 半胱胺又名β-巯基乙胺,是动物体内辅酶A的组成部分,为一种非激素类生理活性物质,在动物体细胞中可检测到其存在。经多种动物试验研究表明,饲料中添加半胱胺能耗竭动物体内的生长抑制激素(SS),同时促进机体内源性生长激素(GH)的合成释放增加,随着生长抑制激素浓度的降低,消化液分泌增多,促进了消化和吸收,整体代谢水平提高。半胱胺无种属特异性,使用安全无残留。

2. 半胱胺饲料添加剂在奶牛生产中的应用效果 王艳玲等选用10头处于泌乳中期的荷斯坦奶牛进行试验,试验期在基础日粮中添加半胱胺,每隔5天1次,剂量为100毫克/千克体重,共喂3次。结果表明,试验期奶牛日产奶量比对照期显著提高7.6%,奶牛采食量无明显变化。与对照组相比,试验期奶牛血浆生长抑制激素水平明显下降,生长激素含量显著提高,半胱胺对牛乳脂率无明显影响。崔立等对处于泌乳后期的30头荷斯坦奶牛,日粮中分别添加半胱胺制剂20克/日·头和40克/日·头,进行为期46天的饲养试验。结果表明,常乳日产量分别比对照组提高了 4.86%、6.88%,标准乳日产量分别比对照组提高 4.98%、6.56%,乳脂率无明显变化,平均乳蛋白合成量分别比对照组提高 4.14%和2.76%,而乳蛋白含量在奶中的浓度稍有降低。

以上结果表明,半胱胺能明显提高奶牛产奶量,其主要的作用机制可能是抑制体内生长抑制激素,提高内源性生长激素水平。

(五)瘤胃素(莫能菌素)饲料添加剂

1. 概况 莫能菌素是一种聚醚类抗生素,学名为莫能菌素钠,在饲料中应用时又称为瘤胃素,是离子载体中最具代表性的一种。由于莫能菌素在动物消化道中几乎不吸收,一般不存在组织残留和向可食性畜禽产品转移的问题,因使用无残留、无副作用,成为欧盟至今惟一允许使用的抗生素饲料添加剂。多年来一些国家,如澳大利亚、阿根廷、新西兰和南非已证实离子载体抗生素用于泌乳奶牛可提高奶产量,并增强其免疫应答。2004 年美国批准使用瘤胃素作为新的奶牛用饲料添加剂。我国农业部也于同年批准其作为泌乳期奶牛饲料添加剂(农业部 2004 年第 350 号公告),以提高泌乳量。目前加拿大已在奶牛瘤胃内应用莫能菌素缓释胶囊(CRC,controlled release capsule)技术,澳大利亚商业应用的抗胀气胶囊(ABC,anti-bloat capsule)以莫能菌素为主要有效成分。

2. 莫能菌素基本特性 莫能菌素是链霉菌菌株的一种发酵产物,制剂为其钠盐,莫能菌素钠为微白褐色至微橙黄色粉末,略有特异臭味。易溶于低级醇、低级酯、氯仿、丙酮、苯等有机溶剂。除抗球虫外,莫能菌素对金黄色葡萄球菌、链球菌、枯草杆菌等革兰氏阳性菌,猪痢疾密螺旋体等有较强的抗菌活性,对革兰氏阴性菌无效。对反刍动物,莫能菌素能提高瘤胃中丙酸的含量,提高饲料利用率和家畜增重速度及增加泌乳产量。

3. 莫能菌素在反刍动物中的作用机制

(1)对瘤胃微生物的影响 莫能菌素对革兰氏阳性厌氧菌有抑制作用。其抑制作用是通过离子载体改变细菌内氢离子(H^+)、钠离子(Na^+)和钾离子(K^+)的浓度来实现的。

(2)对碳水化合物代谢的影响 瘤胃微生物将碳水化合物分解成挥发性脂肪酸(VFA)、甲烷(CH_4)、二氧化碳(CO_2)等。使用莫能菌素可提高瘤胃内丙酸比例,它可以提高血浆葡萄糖浓度,降低 CH_4 产量,此过程受瘤胃内 Na^+ 浓度和 pH 值的影响。

(3)对蛋白质、矿物元素利用的影响 莫能菌素可以降低瘤胃内粗蛋白质降解,提高瘤胃微生物蛋白质的合成和过瘤胃蛋白质数量。由于莫能菌素的利用可增加丙酸比例,因而可防止瘤胃内氨基酸的脱氨基作用,从而节约氨基酸。反刍动物血浆尿素氮水平与粗蛋白质进食量成正相关,添加莫能菌素使血浆尿素氮浓度升高,表明使用后确实提高了粗蛋白质的利用率。莫能菌素是一种离子型载体,可以促进细胞膜内、外离子交换,降低细胞代谢中离子运输的能量消耗;对 Na^+ 和 K^+ 具有很强的亲和力,增加细胞内 Na^+、细胞外 K^+ 的浓度,并提高 Na-K 泵的活性。Starness 等报道,莫能菌素可以提高钠、镁和磷的吸收,增加镁和磷在牛体内的沉积。

(4)降低某些临床疾病的发生率 早期泌乳牛由于采食量和泌乳量矛盾而出现代谢负平衡,引起大量体脂分解,容易导致酮病的发生。使用莫能菌素能提高丙酸产量和血浆葡萄糖浓度,降低血液酮体浓度和血浆游离脂肪酸浓度,起到预防和缓解酮病发生的作用。添加莫能菌素可以缩短瘤胃 pH 值在 5.6 以下的持续时间,减少发生酸中毒的危险,降低臌胀病和某些传染病的发生率。

4. 莫能菌素在奶牛生产中的应用效果

(1)提高奶牛产奶量及奶料比 史清河等报道,连续 65 天给奶牛精料补充料中添加 30 毫克/千克的瘤胃素,可使每头奶牛每天增产 0.9 千克奶,乳脂肪增加 120 克,乳脂率提高 0.4%,乳蛋白无异常,每头奶牛每天多收入 1.7 元。澳大利亚用 915 头奶牛测定生产性能,在预产期前 50 天饲喂给处理组含 32 克莫能菌素钠的瘤胃内缓释颗粒持续 40 天,显著提高奶产量,每头牛每天多生产 0.75 升奶,整个泌乳期奶产量和奶品质的改变是稳定的。

(2)减少奶牛酮病的发生率 1997 年加拿大应用莫能菌素缓释胶囊辅助预防奶牛的亚临床酮症。试验表明莫能菌素缓释胶囊具有调节干奶期奶牛代谢的作用。近十几年来,莫能菌素作为抗酮体生成剂应用于奶牛饲粮。早期泌乳牛使用莫能菌素可以减少失重,并能预防和缓解酮病的发生。Saner 等对产犊后的经产母牛进行了莫能菌素试验,将供试牛分为对照组、低剂量组(5 克/吨干物质)、高剂量组(30 克/吨干物质),结果显示,添加莫能菌素使奶牛亚临床性酮病减少。在试验期内,对照组的亚临床性酮病发病率是 50%,而低剂量组与高剂量组分别是 33%和 8%。莫能菌素可作为一种无副作用的治疗性药物用于防治酮病。

(3)提高奶牛的繁殖性能 莫能菌素对母牛群生产效果明显,它可缩短青年母牛的初情期和营养状况较差母牛的产后发情间隔。Purvis 等报道,饲粮中每头母牛每天添加 200 毫克莫能菌素可以提高初配母牛发情率和受孕率。

(4)提高奶牛的能量利用效率 日粮中添加莫能菌素使

瘤胃挥发性脂肪酸中丙酸浓度增加,乙酸和丁酸浓度下降。丙酸在代谢过程中产生的体增热要低于乙酸、丁酸和生糖氨基酸,使代谢能用于生产净能的比例增加,而且丙酸是最有效的产能和贮能物质,因此莫能菌素可提高反刍动物饲料能量的利用效率。1997年加拿大对5个农场中的251头荷斯坦奶牛,包括成年母牛和小母牛,在预产期前3周,母牛被随机分为对照组和接受莫能菌素缓释胶囊的试验组,结果表明注射了莫能菌素的奶牛在接近临产期时表现出更好的能量代谢,使用莫能菌素可明显改进产犊前和产犊后的能量平衡。提高能量平衡对于预防产后出现的诸如胎衣不下、酮症和皱胃转移等与能量代谢有关的疾病非常重要。

(5)减少酸中毒的发生率 瘤胃酸中毒是养牛业的常见病,常由于短时期将高粗饲料日粮转换为高精料日粮所致。莫能菌素通过影响乳酸和挥发性脂肪酸浓度来改变瘤胃 pH值,在一定程度可缓解高峰期奶牛饲喂高精料日粮造成的酸中毒,但不能完全防止酸中毒。

(6)防止瘤胃臌气 莫能菌素还能防止因采食高淀粉日粮导致的瘤胃胀气的作用,并已在生产中应用,但机制仍不清楚。Maas 等的研究认为莫能菌素对放牧型奶牛场的主要作用是控制奶牛的瘤胃臌气。

5. 奶牛用莫能菌素产品及使用方法 奶牛用莫能菌素制剂主要有两种,其一作为饲料添加剂加入精料中,添加量为10～30毫克/千克或奶牛干奶期、泌乳前期250～300毫克/日·头,放牧牛150～200毫克/日·头。使用前可取商品瘤胃素250毫克,混入100千克玉米粉,并充分搅拌均匀,制成预混饲料。

(六)生化磺腐酸

1. 生化磺腐酸的基本特性　　生化磺腐酸是模拟自然界腐殖酸的形成环境,以多种微生物菌株接种到植物培养基中,按特定的生物氧化反应生成的高纯度腐殖酸制剂,其中产生的腐殖酸以小分子、可溶的磺腐酸为主。分析测定表明,生化磺腐酸的结晶中,含磺腐酸 62%,核酸 15.92%,氨基酸9.29%,以及大量的 B 族维生素、维生素 C、肌醇、多糖,其活性是天然腐殖酸的 10 倍。临床试验证明,生化磺腐酸具有止血、消炎、止痛、收敛、吸附、抗过敏、促分泌、去腐生肌、调整肠胃功能,提高机体免疫力等功效,对防治畜禽疾病、促进生长、提高肉蛋奶产品产量和质量有十分显著的效果。现已广泛应用于畜牧业生产和兽医临床。

2. 生化磺腐酸的作用机制　　生化磺腐酸是一种多价酚型芳香族化合物与氮化合物的缩聚物,含有酚羟基、羧基、醇羟基、羟基醌、烯醇基、磺酸基、氨基、游离的醌基、半醌基、醌氢基、甲氧基等多种官能团,结构复杂,具有较强的阳离子交换能力、络合能力、缓冲能力、吸附能力和催化能力。其作用机制目前主要认为有以下几个方面。

(1)促进生长,可作为促生长剂　　生化磺腐酸中的核酸、氨基酸、维生素、肌醇、多糖等物质可直接参与机体的新陈代谢,既是优良的营养物质,又是畜禽的生长激素,特别是其中所含的 5% 以上的核酸可提高细胞生命活力,修复生物膜,能使饲料中各种大分子营养成分充分转化成小分子营养物质,同时可提高动物细胞膜的通透性,从而促进营养物质的吸收,提高生产性能、改善畜禽生产性能。生化磺腐酸含有醌基,参与机体的氧化还原反应,保持旺盛的新陈代谢,促进细胞分裂增殖。生化磺腐酸作用于植物神经系统,能直接兴奋 M 样和

N 样胆碱受体,具有 M 样作用,抑制交感神经的兴奋,使心脏的跳动减慢,胃肠活动增强,消化液分泌增多,体温降低,消耗减少,畜禽处于安静状态,睡眠时间延长,各器官系统(特别是消化吸收系统)的功能及时恢复,从而提高饲料的利用率。生化磺腐酸是由多种微生物菌株发酵而成,其中含有多种活性酶类(如淀粉酶、蛋白酶、纤维素酶均可检出活性),可有效促进畜禽的消化代谢,改善饲料报酬。

(2)防病治病,增强免疫功能　生化磺腐酸能诱导机体产生干扰素,激活网状内皮系统,增强非特异性免疫力,对病原微生物产生强大的抵抗力。磺腐酸能激活单核巨噬细胞系统,增加白细胞数量和吞噬细胞活性,并使胸腺增大,说明有免疫刺激作用。提高抗应激能力,防治病毒细菌性疾病,同时由于其强吸附性,可有效地吸附饲料中及消化代谢过程所产生的各种有毒有害物质,如胺类、硫化氨等,既保证动物的健康,又可减少畜舍中有害气体的浓度,净化环境。生化磺腐酸是一种有机酸制剂,在消化道中可以调节 pH 值,特别是对幼龄动物可以促进消化酶分泌,对幼龄动物早期断乳后适应植物性饲料、促进消化和防止腹泻具有重要意义。

(3)提高和改善畜产品的品质　在畜禽饲料中添加生化磺腐酸,由于减少疾病的发生,相对减少了抗生素等药物的用量,从而使畜禽产品药残大大降低,产品品质不断改善。

3. 奶牛饲料中添加生化磺腐酸的效果　生化磺腐酸可提高奶牛的产奶量和乳品质量,降低奶牛隐形乳房炎的发病率,对于临床型乳房炎具有较好的治疗效果,使用方便,价格低廉,对牛体无应激,该产品无药残,安全可靠。

奶牛饲料中加入 0.03%~0.06% 的生化磺腐酸,可提高饲料利用率 10% 以上,料奶比可达 0.375:1,特别是可以防治奶牛急、慢性乳房炎,有效率100%,治愈率89.2%,未发生任何毒副作用,而其成本则只有抗生素的1/4~1/2,并能提高产奶量5%~16%,提高乳脂率,投入产出比为1∶8以上。周玉云等在奶牛日粮中添加生化磺腐酸显著降低临床乳房炎发病率及隐性乳房炎检出率,从而提高奶牛产奶量,增加养牛效益。在日粮中添加生化磺腐酸还有一定的防病保健作用,可减少奶牛消化道疾病的发生。

(七)脲酶抑制剂饲料添加剂 瘤胃微生物脲酶活性高低是决定瘤胃内氨浓度的关键因素,所以研究控制瘤胃脲酶活性的抑制剂是目前国际上反刍动物营养研究的热点。应用脲酶抑制剂能特异地抑制脲酶活性,减慢氨态氮释放速度,使瘤胃微生物有平衡的氨态氮供应,从而提高瘤胃微生物对氨态氮的利用效率,增加蛋白质合成量,使反刍动物对氮的利用效率提高。在降低日粮粗蛋白质水平、节约蛋白质饲料的同时,增加了肉、奶生产量。

1. 脲酶抑制剂的作用机制 脲酶抑制剂的种类不同,其对脲酶抑制作用的机制也不尽相同。目前主要认为氧肟酸类化合物(特别是乙酰氧肟酸)是脲酶最有效的抑制剂。乙酰氧肟酸分子内有羟胺结构(-NHOH),其活跃的氢和羟基基团与脲酶分子结构中邻近金属镍(Ni)的巯基(-SH)结合,形成脲酶抑制剂—脲酶二元复合物,结果抑制了脲酶的活性。脲酶抑制剂不是结合在脲酶活性中心的结合基团上,而是结合在脲酶活性中心的催化基团上,通过改变脲酶的构象来抑制酶的活性。可见,乙酰氧肟酸脲酶抑制剂对脲酶产生的抑制作用属于可逆的非竞争性抑制作用,这样就能保证尿素(外源尿素和内源尿素)在瘤胃中仍能被脲酶催化水解,缓慢地释放氨以满足瘤胃微生物增殖对氮的需要。

2. 脲酶抑制剂的饲喂效果　据报道,脲酶抑制剂可使尿素的分解速度降低 56%,粗蛋白质利用率提高 16.7%,微生物蛋白质合成量提高 25%,减少环境氨污染 51.4%。在奶牛日粮中的添加浓度一般为 25 毫克/千克,可提高产奶量16.7%,乳脂率提高 0.2%,投入产出比为 1：3～8。且使用脲酶抑制剂可延长泌乳高峰期。

3. 可用作脲酶抑制剂的物质　主要有以下几种。

(1)乙酰氧肟酸(Acetohydroxamic acid,缩写 AHA)　别名是 N-羟基乙酰胺,乙酰氧肟酸是十分有效的脲酶抑制剂,能抑制反刍动物瘤胃微生物脲酶活性,调节瘤胃微生物代谢,提高微生物蛋白质合成量(25%)和纤维素消化率,降低瘤胃内尿素分解速度。如上海三维饲料添加剂有限公司的脲酶抑制剂产品"牛羊乐",是以乙酰氧肟酸为主(乙酰氧肟酸含量≥80%),辅以反刍动物所需的某些营养成分,经科学配制而成。

(2)氢醌(HQ)　又名对苯二酚,$[C_6H_4(OH)_2]$,分子量110.1,二元酚,为白色晶体,沸点 286.2℃,能溶于水,并能以任何比例与醇相溶,其作用主要是抑制土壤中脲酶的活性。

(3)四硼酸钠　分子式为 $Na_2B_4O_7 \cdot 10H_2O$,也称为硼砂,无色半透明晶体或白色单斜结晶粉末。无臭、味咸。相对密度 1.73,60℃时失去 8 个结晶水,350℃～400℃时失去全部结晶水。易溶于水、甘油,微溶于酒精,水溶液呈弱碱性。

(4)磷酸钠　研究证实,适宜的磷酸钠水平,具有抑制脲酶活性的作用。磷酸钠是一种来源广泛、价格低廉的脲酶抑制剂,使用时只要和尿素一起均匀拌入精料中即可。

从目前研究和应用的情况来看,乙酰氧肟酸脲酶抑制剂国内已有生产,国家已批准使用。该抑制剂使尿素分解速度降低 55.3%,粗蛋白质利用效率提高 16.7%,减慢饲料尿素分解速度的用量,也减慢了瘤胃内循环尿素的分解速度,这样即使在不喂尿素时,添加脲酶抑制剂也可提高反刍动物生产力。

4. 脲酶抑制剂的用量和使用方法　对于奶牛,脲酶抑制剂一般与含有尿素的日粮或蛋白质降解率高的日粮配合使用,能明显提高氮的利用效率。

(1)用量　每天每头奶牛饲喂 AHA 50～150 毫克,或每千克日粮干物质含 AHA 5～30 毫克。

(2)使用方法　按照对不同反刍动物的用量,将 AHA 用载体均匀稀释,可配制成预混料、浓缩料或配合饲料,然后使用。

(八)天然矿物质饲料添加剂

1. 凹凸棒石饲料添加剂　其结构上具有许多大小均一孔道和空腔,表面凹凸不平,故有较强的吸附性,能吸附动物体内的有害气体与重金属离子。凹凸棒石含有畜禽必需的多种常量元素和微量元素,因而在动物生产中应用有促进动物生长发育,改善畜禽的消化功能,提高营养物质的利用率,调节机体新陈代谢,增强机体免疫力等作用。可做微量元素的载体或稀释剂,也可用来净化畜舍环境,是一种新型矿物质饲料添加剂。

2. 沸石饲料添加剂　沸石是一种天然矿石,属含碱金属和碱土金属的含水铝硅酸盐类,其主要成分是二氧化硅和三氧化二铝,此外还含有 20 多种其他元素。其分子结构为开放型,有许多空腔与通道,其内有金属阳离子和水分子,这些阳离子和水分子与阴离子骨架联系较弱。沸石的这种特性使沸石具有吸附气体(如氨气)、离子交换和催化作用。沸石中还含有大量的微量元素,在畜体内还具有组成生物酶的多种催化作用,因此能促进机体的新陈代谢,对畜禽的生长和生产有促进作用。因此有很多饲料厂使用沸石作为畜禽的生长促进剂，有的直接添加于日粮，有的用作饲料添加剂的载体和稀释剂。日粮中使用少量沸石，可以提高动物的生产性能，减少肠道疾病，降低畜舍臭味。反刍动物日粮中含非蛋白氮饲料时，添加沸石粉，可提高非蛋白氮的安全性和利用率。试验表明，在乳牛日粮中添加 5% 的沸石，产奶量提高 7.1%，乳脂率提高 0.2 个百分点。

3. 膨润土饲料添加剂 膨润土是以蒙脱石（含水状铝硅酸盐矿物）为主要成分的黏土，为灰白色或淡黄色，具有阳离子交换、膨胀和吸附性，能吸附大量的水和有机质。膨润土中含磷、钾、钙、锰、锌、铜、钴、镍、钼、钒、锶、钡等动物所需的微量及常量元素，可作微量元素的载体或稀释剂，也可做颗粒饲料的黏合剂。制粒时添加于饲料中的膨润土钠吸水膨胀，改进了饲料的润滑作用与胶黏作用。膨润土钠做一般饲料胶黏剂的用量不得超过饲料成品的 2%，要求细度达到 200 目。

4. 稀土饲料添加剂

（1）概述 我国稀土贮量占全世界 80%，主要分布在内蒙古的包头市以及四川、江西、湖南、山东等地，南方和北方的矿藏中所含成分略有不同。北方稀土一般是以铈为主的化合物型稀土，而南方一般则以富镧的离子吸附型为主。稀土元素并不稀少，17 种稀土元素占地壳总重量的 0.0153%，比钼、镍、锌、银、铜、汞等常见金属元素都多。

稀土元素具有一定的生理活性，它对植物的生根、发芽、叶绿素的增加和光合作用都有影响。在一些地区和一些作物上合理施用稀土能促进增产，稀土在农业中的作用已越来越被人们重视，并推广使用。农用稀土在我国已具一定的规模，年消耗约 2.3 万吨，发展应用到我国 20 多个省、自治区、直辖市,农用稀土化合物的产品经农业部批准颁发临时登记许可证。稀土作为饲料添加剂,国家还没正式批准,还需要进行大量的基础性研究工作,但是近年来在我国各地不断有稀土作为饲料添加剂的应用研究试验报告。

(2)稀土的概念　稀土是元素周期表中的一族元素,它是由性质十分相近的15种镧系元素及与其性质极为相似的钪、钇共17种元素组成,统称为稀土元素,简称稀土。

在元素周期表中稀土的位置是ⅢB族,习惯用R(Rdre Earth)或RE来表示整个稀土元素。稀土元素名称为:钪(Sc)、钇(Y)、镧(La)、铈(Ce)、镨(Pr)、钕(Nd)、钷(Pm)、钐(Sm)、铕(Eu)、钆(Gd)、铽(Tb)、镝(Dy)、钬(Ho)、铒(Er)、铥(Tm)、镱(Yb)、镥(Lu)。

研究发现,以镧、铈为主的稀土元素对植物具有生理活性,所以,农用稀土一般为轻稀土组的镧铈混合物的硝酸盐化合物。一般来说轻稀土比重稀土放射性弱一些。

从我国包头稀土矿提纯的混合稀土氧化物纯度大于99.9%,是畜禽稀土添加剂的良好原料。许多试验表明,稀土添加剂可促进畜禽增重、提高饲料报酬等。稀土作为一种新型饲料添加剂,具有用量少、促生长效果明显、经济效益显著等特点;同时,在畜产品中残留低、安全可靠。现已研制并应用于畜禽养殖的有4种:硝酸稀土、盐酸稀土、维生素C稀土和碳酸稀土。如呼和浩特稀土研究所研制的硝酸稀土$RE(NO_3)_3X_2O_3$,稀土氧化物(REO)含量>38%,其主要成分是氧化镧(La_2O_3)、氧化铈(Ce_2O_3)、氧化钕(Nd_2O_3),含量分别占稀土氧化物(REO)总量的22%,45%和15%。

(3)稀土在奶牛生产中的应用效果　目前,有关稀土添加剂对奶牛生产性能影响的报道不多见,效果也不一。沈启云等报道,添加硝酸稀土 $RE(NO_3)_3 \cdot XH_2O_3$ 200 毫克/千克和 800 毫克/千克时,试验组产奶量较基础日粮组分别提高 9.28% 和 21.52%。王京仁等在基础日粮中添加稀土添加剂,观察泌乳奶牛(平均体重 400 千克)生产性能的变化。结果表明,在基础日粮中添加 20 毫克/千克体重稀土添加剂作用效果明显优于添加 12.5 毫克/千克体重,试验 1、2 组的日均产乳量、乳脂肪、乳比重分别比对照组提高了 9.57%,9.87% 和 0.195%;7.59%,3.18% 和 0.097%,且组间存在极显著性差异。

(4)稀土应用的注意事项

第一,奶牛对稀土添加剂有一个适应过程。一般需经过饲喂 1 周后才能产生效果。这是因为稀土以无机盐的形式进入体内后,在体内生物环境下会很快发生水解,变成氢氧化物和磷酸盐,因而吸收缓慢。

第二,奶牛产奶量在一定范围内与稀土添加量成正比。但不是越高越好。据研究报道,低量稀土能增强机体免疫功能,高剂量有抑制作用,甚至有毒性作用。

第三,稀土与其他微量元素相比,价格便宜,是一项投资少、成本低、效益大的经济增产措施,确实具有推广应用价值。但是,在实际生产中应用,还必须注意稀土饲料添加剂的代谢及安全性。

第四,稀土包含 17 种元素,究竟哪一种元素起主要作用,还是协同作用,至今不明,有待进一步深入。

奶牛常用添加剂的建议添加量和成本估计见表 4-11。

表 4-11　奶牛常用添加剂的建议添加量和成本估计

添加剂名称	建议添加量 （克/日·头）	成本估计 （元/日·头）	适宜使用阶段
阴离子饲料添加剂	200	1.20～1.60	产前 3 周至产犊
膨润土	300～500	0.06～0.10	产奶牛
小苏打	110～225	0.13～0.27	产奶牛
氧化镁	50～90	0.25～0.45	产奶牛
异构酸	50～80	0.30～0.48	产奶牛
胆　碱	30	0.25～0.40	产奶牛
莫能菌素	0.05～0.2	0.02～0.07	育成牛、青年牛
蛋氨酸羟基类似物	30	0.75～0.90	产奶牛
烟　酸	6～12	0.29～0.58	产前 2 周至产后 16 周
酵母培养物	10～120	0.04～0.48	产前 2 周至产后 8 周
活菌制剂	10～50	0.25～1.25	产奶牛
蛋氨酸锌	5	0.17～0.22	产奶牛

第五章 奶牛粗饲料的加工与调制

奶牛饲草是奶牛饲粮中的主要部分,一般占奶牛饲粮的60%～80%,所以饲草质量的高低直接影响奶牛生产水平的发挥。奶牛饲草通常是指青绿饲草、青干草和农作物的副产品秸秆这三类。

由于饲草的加工贮藏不科学,加之粗喂整喂的习惯,饲草的利用率低,浪费严重,严重影响奶牛生产水平的发挥。据统计,由于青草田间干燥时间过长、晾晒后不能及时打捆、运输和堆垛,经过雨淋、叶片脱落及日光紫外线的损害作用,致使粗蛋白质含量由13%～15%降至5%～7%,胡萝卜素损失达90%左右。据不完全统计,牧草经刈割、晒干、贮运到畜群点,损失约30%。整草粗喂、牲畜践踏及粪便污染造成的损失为20%～30%,真正被采食到畜体内的牧草利用率只有40%～50%。

奶牛饲草加工调制与贮藏的目的就是通过合理加工、调制、贮藏,尽量减少因加工、调制与贮藏不科学而造成的营养损失,提高饲草的利用率,有效地利用饲草料资源,生产出尽可能多的奶牛畜产品。

第一节 青贮饲料的加工调制

青绿饲料富含水分、多种维生素、矿物质和品质优良的蛋白质,营养价值完善、适口性好、易消化,是奶牛良好的饲草。但是由于季节性供应差异,鲜、干草秋季过剩,冬季缺乏,造成奶牛青绿饲料季节性供应不平衡，带来营养物质供应不平衡，直接影响奶牛冬春季节生产性能的发挥。

一、青贮技术

（一）饲料青贮的优越性　青贮是调制贮藏青绿饲料和秸秆的有效方法。制作青贮饲料的目的是贮藏生长旺盛期或刚刚收获作物后的青绿秸秆，以供饲料短缺之时需要，保证长年均衡供应家畜饲料。实践证明青绿饲料青贮具有如下优越性。

1. 能长期保存青绿饲料原有的营养成分，减少养分损失　青绿饲料是青贮的主要原料。它富含水分、多种维生素、矿物质和品质优良的粗蛋白质，营养价值完善，质地柔软，适口性好，易消化，是奶牛良好的饲草料。青绿饲料经科学青贮后，能够将这些优良的特性完整地保存下来，因此青贮是保存青绿饲料使之维持多汁状态的最简单和可靠的方法。反之，青绿饲料在成熟和晒干后，常因落叶、氧化、光化学等作用，使营养物质损失30%以上，而其中胡萝卜素损失可高达90%。但是，在饲料青贮过程中，其营养物质的损失一般不超过15%，尤其是粗蛋白质和胡萝卜素的损失极小。舍饲牛的全部维生素可由青贮料供给。用同样的材料，青贮玉米比风干玉米秸粗蛋白质高1倍，粗脂肪高4倍，粗纤维低7.5个百分点。良好的青贮饲料可以长期保存，最长的可达20～30年。

2. 能使青饲料全年均衡供应　由于季节性变化的影响，青绿饲料一般夏秋季过剩，冬春季缺乏，造成奶牛青绿饲料季节性供应不平衡，带来营养物质供应不均衡，直接影响奶牛冬春季节生产性能的发挥。如果青贮足量的青绿饲料，可以弥补这种季节性营养供应不均衡与奶牛生产的矛盾，对提高饲草利用率，均衡青饲料的供应，满足奶牛冬春季节的营养需要等,都起着重要作用。全年给奶牛饲喂青贮饲料如同一年四季都可采食到青绿饲料,从而使奶牛保持高水平的营养状态和生产水平,从而最大限度地发挥青饲料的优良作用。

3. 改善饲料的适口性,提高饲料的消化利用率 饲料经青贮后,一方面保存了青绿饲料原有的柔软多汁的特性,另一方面产生大量的芳香有机酸,挥发出芳香的气味,具有酸甜清香味,能刺激家畜的食欲、消化液的分泌和肠道的蠕动,从而提高了适口性,增强了消化功能。实践证明,它能促进精料和粗料中营养物质更好地利用。如果将秸秆、秕壳等粗饲料与青贮饲料混喂,则可提高这些粗饲料的消化率和适口性。

4. 保存饲料经济而安全的方法 青贮饲料比贮藏干草需用的空间小。一般每立方米的干草垛只能垛 70 千克左右的干草,而 1 立方米青贮窖能贮藏含水青贮饲料 450～700 千克,折成干草为 100～150 千克。青贮饲料只要贮藏得法,可以长期保存,既不会受风吹日晒和雨淋等不利气候因素的影响,也不怕鼠害和火灾等。在阴雨季节或天气不好而难以调制干草时,对调制青贮饲料的影响较小。

(二)饲料青贮的原理 所谓的青贮饲料,是牧草、饲料作物或农副产物等在一定水分含量时,铡碎装入密闭的容器(塔、壕、窖、袋、堆)内,通过原料含有的糖和乳酸菌在厌氧条件下进行乳酸发酵的一种贮藏饲料。

饲料青贮是一种复杂的微生物与生物化学过程。这种生物与化学过程就是利用乳酸菌的新陈代谢所产生的乳酸,作为青贮饲料的保存剂,来保存青绿饲料品质的过程。青贮发酵过程中,参与活动和作用的微生物很多。青贮的成败,主要取决于乳酸菌发酵过程。刚收割的青饲料带有各种微生物,其中大部分是严格需氧的有害菌,如酪酸菌、霉菌、腐败菌、醋酸菌、酵母菌等,而乳酸菌是厌氧菌,为数极少,如果不及时入窖青贮,这些好氧的腐败菌在潮湿高温的环境中就会迅速繁殖,使青草腐败变质、发霉、杂菌孳生,产生难闻的臭味、苦味、腐败气味和大量的毒素与有害物质,使家畜不能利用。应及时将原料铡碎放入青贮窖,压实、密封,由于植物性细胞继续呼吸,有机物进行氧化分解,产生二氧化碳、水和热量,消耗饲料间剩余的氧气,造成厌氧环境,一些好氧性微生物逐渐死亡,促使乳酸菌正常活动、大量繁殖,4 天后 pH 值达 4.4～4.3 的酸性环境,乳酸含量占干物质的 5.13%,其他不耐酸的有害微生物如酪酸菌、厌氧腐败菌、大肠杆菌也全部死亡。随着青贮时间的延长,乳酸含量增多到一定的程度时,乳酸菌死亡,发酵停止,此时在大量乳酸条件下,青贮饲料也就得到满意的保存效果。

青贮的发酵过程,大致可分为以下 3 个阶段。

第一阶段:好气性活动阶段。新鲜的青贮原料在青贮窖内被密封后,植物本身并未死亡,切碎饲料的细胞仍在继续进行呼吸作用,分解有机质,一方面吸收氧气,一方面释放二氧化碳,当青贮料中的氧气用完后,植物细胞才慢慢死亡。

在此期间,附着在原料上的酵母菌、霉菌、腐败菌和醋酸菌等好氧性微生物,利用压榨植物细胞而排出的可溶性碳水化合物等养分,进行繁殖生长,植物细胞继续呼吸,好氧性微生物的活动和各种酶的作用,使青贮窖内遗留的少量氧气很快被耗尽,形成微氧甚至无氧环境,并产生二氧化碳、水和部分醇类、醋酸、乳酸和琥珀酸等有机酸。同时,植物呼吸作用和微生物的活动还放出热量。所以此阶段形成的厌氧、微酸性和较温暖的环境为乳酸菌的活动、繁殖创造了适宜条件。如果青贮料未踩紧压实,所遗留的空气越多则氧化过程越强烈,青贮饲料就易于发热,加速养分氧化,从而产生大量的热,好气微生物大量繁殖,使窖内温度达到 60℃ 以上,因而削弱了乳酸菌与其他微生物竞争的能力,使青贮饲料营养成分遭到破坏,降低饲料利用率和消化率,降低青贮品质。

第二阶段:乳酸发酵阶段。厌氧条件形成后,加上青贮原料中的其他条件适合乳酸菌的生长繁殖,乳酸菌迅速繁殖,形成大量乳酸,pH 值下降,低于 4.2 时,腐败菌、大肠杆菌、丁酸菌等死亡,从而抑制其他有害微生物的活动;乳酸菌自身活动也被抑制,乳酸菌的活动也被减慢。正常青贮时,乳酸发酵阶段历时 2～3 周。

第三阶段:稳定期,即青贮饲料保存阶段。当乳酸菌产生的乳酸积累达到高峰,产生足够的乳酸,其 pH 值为 4～4.2 时乳酸菌活动减弱,甚至完全停止,并开始死亡。转入安定状态,青贮料可长期保存而不腐败。

(三)饲料青贮成功的条件　青贮的成功关键在于乳酸的发酵程度。乳酸菌的发酵对温度环境、水分及糖等有一定的要求。

1. 青贮原料要有一定的糖含量　调制青贮料的关键是必须造成乳酸菌迅速繁殖的条件,这个前提条件就是必须使青饲料中具有足够的糖。每形成 1 克乳酸,就需要 1.7 克葡萄糖。乳酸菌能把糖分解为 2 个分子的乳酸,同时放出少量的热能。因此青贮质量的高低与含糖量有直接的关系。当可溶性糖的含量大于 2% 时,青贮质量高。含糖量高,青贮品质就好,适宜做青贮饲料;含糖量低的,青贮品质差,属于不易青贮的饲料。因此,青贮原料中的含糖量至少应占鲜重的 1%～1.5%。根据含糖量的高低,可将青贮原料分为以下 3 类。

第一类:易于青贮的原料。这类原料中含糖量较高,含糖量在10％以上,其含糖量普遍高于青贮所需最低含糖需要,即为正糖差,平均为＋12.35％,其范围为＋2.32％～＋27.84％。这类原料有玉米、甜高粱、禾本科牧草、甘薯秧、芜菁、甘蓝、甜菜叶、向日葵。豆科与禾本科混播作物,大豆与玉米混播作物,箭舌豌豆与向日葵混播作物等。它们青贮时不需要添加其他含糖量高的物质。

第二类:不易青贮的原料。这类原料含糖量低,一般在5％左右,实际含糖量低于最低需要含糖量,即糖差为负值,平均为－3.85％,其范围为－0.35％～－5.78％。这类饲料品质较高,蛋白质含量高,多为优质饲料,但难以青贮成功。这类饲料有苜蓿、草木樨、红豆草、沙打旺、三叶草、箭舌豌豆、马铃薯茎叶等豆科植物。

所以选用青贮原料时,一般要选择生长阶段的青绿饲料。绝不可选用枯老木质化和干物质含量增加时的植物,这种植物含糖量低,很难分解,其间又有空隙,会留下空气,用作青贮饲料,是不适当的。由于植物老化,含细胞液少,含糖低,即使是加水后湿润,也不能成为好青贮料。如果用这种饲料做原料,则应添加淀粉类饲料,增加糖分,促进乳酸发酵;可将(按重量计)3份不易青贮的饲料和2份易青贮的饲料混合青贮;或不易青贮的饲料加入5％～12％的含糖量高的玉米粉、马铃薯、大麦粉、燕麦粉、米糠等;或豆科植物与禾本科植物混合青贮,都可获得品质良好的青贮料。如果把4份青绿马铃薯茎叶混合到1份切碎的稿秆或谷糠中也可调制成良好的青贮料。

第三类:非青贮的饲料。这类饲料不仅含糖量低,而且营养成分含量不高,适口性差,这类饲料含有较大的负糖差,平均为－15.78％,范围为－9.75％～－23.85％。必须添加含糖量高的原料,才能调制出中等质量的青贮饲料。这些饲料只有在含有充分的天然水分时才能与易青贮的饲料混合青贮。一般1份非青贮饲料需加5份易青贮的饲料。这类原料有瓜蔓、西红柿茎叶等。

2. 原料的含水量适度 青贮饲料要有一定的水分,这是促进乳酸菌发酵的一个重要条件。水分过多,则发酵延长,并且青贮原料的汁液易被压挤出来,使养分渗漏流失。而且易引起酪酸发酵,不能达到乳酸菌发酵时所要求的浓度,乳酸菌含量不能增加,青贮料会发生腐烂现象;如果水分过少,便不易压实、窖内空气难以排出,导致青贮料腐败霉烂。一般青贮原料含水量宜在 $65\% \sim 75\%$,半干青贮料可低到 $45\% \sim 55\%$。测定青贮料含水量可用手挤压,如果水分从手指缝间滴出,其水分在 $75\% \sim 85\%$;松手仍呈球状,手无湿印,其水分为 $68\% \sim 75\%$;松手后球状慢慢膨胀,其水分为 $60\% \sim 67\%$。所以加水适当与否的检测方法是:用手捏压切碎的玉米秸,有水滴出现,但水滴又不下滴,即表示加水适宜。

含蛋白质丰富的饲料愈幼嫩,细胞液愈多,用于青贮就愈困难。如果青贮原料含水量过高,可在收割后于田间晾晒1～2天,以降低含水量。如遇阴雨天不能晾晒,可以添加一些秸秆粉或糠麸类饲料,以降低含水量。如果青贮原料湿度过低则需添加适量的水分,或加入含水量较高的饲料,混合均匀后青贮。

使用多汁而含糖多的饲料青贮,不能促进乳酸菌的发酵,只能促进醋酸菌的发酵。这种醋酸菌发酵的青贮料,味道变坏,品质不良。

3. 温度适宜 青贮料装入窖中后,植株细胞仍在呼吸,碳水化合物经氧化生成二氧化碳和水,同时释放热量。随着时间的推移,窖内温度不断升高,如果在青贮过程中,不踩紧或密封不严,排气不够,青贮窖内存留大量的气体,这就会使细胞呼吸作用增强,加速氧化,从而产生大量的热,存留的空气越多,温度上升就越高,窖内温度可高达60℃以上。温度过高一方面造成青贮料的过分氧化,营养物质损失严重,另一方面超过了乳酸菌适宜的生长温度(19℃～37℃),抑制了乳酸发酵,杂菌孳生,从而导致青贮料发霉变质,甚至腐烂。所以在制造青贮料时,必须使青贮饲料保持适当的温度,以促进乳酸菌繁殖与生长。一般青贮窖内的温度以不超过35℃为宜。

4. 厌氧的环境　乳酸菌的繁殖与生长,必须具备厌氧的环境条件。缺氧环境对青贮料中乳酸含量的增加,较有氧环境具有显著的促进作用。造成青贮料厌氧的环境首先是青贮原料必须切碎(甚至不超过1厘米),因为细碎便于压实。其次在青贮过程中,必须注意踩紧压实、封严,否则将滞留过多的空气,会使呼吸作用延长、糖分被消耗,形成高温发酵,产生较多的丁酸,并使pH值升高,导致发霉变质或腐烂。

(四)青贮原料　凡无毒的新鲜植物均可制作青贮,尤其是在我国目前饲料不足的条件下,作物秸秆、人工栽培牧草、青绿饲草都可作为青贮饲料的原料,可保存饲料营养提高利用率。主要的青贮原料有青饲料、秸秆类饲料。

1. 人工栽培牧草及饲料作物　人工栽培牧草是主要的青贮原料。人工栽培牧草有豆科牧草和禾本科牧草,它们是奶牛的优良饲草资源,重要的豆科牧草有苜蓿属牧草、三叶草属牧草、草木樨属牧草、野豌豆属牧草、黄芪属牧草。其中我国栽培的以紫花苜蓿、红三叶、白三叶、白花草木樨、印度草木樨、春箭舌豌豆、毛笤子、紫云英、沙打旺(黄芪属)为主。

豆科牧草青贮方法,有单贮和混贮两种方法。

单贮：要采用低水分青贮方法。在初花期收割后，进行晾晒，使水分含量在45％～55％之间，将原料铡碎、装填、踩实、密封等，按低水分青贮的程序要求进行。

混贮：与含糖量高的易青贮植物混匀，可采用一般青贮法的程序和要求进行。

主要的禾本科牧草有多年生黑麦草、鸡脚草、无芒雀麦、牛尾草、羊草、披碱草、象草、苏丹草。禾本科牧草青贮的适宜收割期为抽穗期。但在实际生产中，常不能做到适时收割，而根据牧草的含水量，采用高、中、低水分青贮法。

高水分青贮原料中水分含量达75％～85％或以上时，向原料内加入糠麸、干草粉或甜菜渣，以提高原料中的含糖量，可以调制成品质良好的青贮饲料。中水分青贮原料中水分含量达65％～75％时，可按一般青贮法进行。低水分青贮原料中水分含量为40％～64％时，按低水分青贮。

在进行栽培牧草与饲料作物青贮时，应根据牧草茎秆柔软程度，决定切碎长度，禾本科牧草及一些豆科牧草（苜蓿、三叶草等）茎秆柔软，切碎长度应为3～4厘米。沙打旺、红豆草等茎秆较粗硬的牧草，切碎长度应为1～2厘米。

豆科牧草不宜单独青贮，豆科牧草蛋白质含量较高而糖分含量低，满足不了乳酸菌对糖分的需要，单独青贮时容易腐烂变质。为了增加糖分含量，可采用与禾本科牧草或多糖饲料作物混合青贮。

禾本科牧草与豆科牧草混合青贮、禾本科牧草有些水分含量偏低，而糖分含量稍高，而豆科牧草水分含量稍高（苜蓿、三叶草），二者进行混合青贮，优劣可以互补，营养又能平衡。

2. 禾谷类作物 禾谷类作物是目前我国专门作为青贮原料的最主要作物。其中首推玉米，其次是高粱等。玉米秸分布广,为高产饲料作物,每公顷可产 5 万千克以上的青绿饲料,富含糖分,被认为是近似完美的青贮原料,是我国青贮的主要秸秆原料,是奶牛优良的饲草资源。用青贮玉米秸作奶牛粗饲料时应首先掌握其营养特性才能更科学地饲喂奶牛。

玉米干物质含量及其可消化的有机质含量均较高,富含水溶性碳水化合物。其主要组分为蔗糖、葡萄糖和果糖,很容易被乳酸菌发酵而生成乳酸。成熟期全株玉米干物质(DM)含量为 23.6%~33.5%,干物质中可消化有机物质为69.2%~77.2%。

二、玉米青贮形式

有两种青贮方式,即玉米青贮和玉米秸青贮。

(一)玉米青贮 是指专用青贮玉米品种,在蜡熟期收割,茎、叶、果穗一起切碎调制的青贮饲料。玉米青贮也叫全株青贮。具有干草和精料两种饲料的特点,它的产量高,品质好,可作为奶牛优质饲料大量贮备。一般 7~9 千克全株玉米青贮料中约含玉米粒 1 千克。

青贮玉米产量高,每公顷产量为 5 万~6 万千克,其产量一般高于其他作物。青贮玉米营养丰富,每千克含粗蛋白质20 克,其中可消化蛋白质 12.04 克,含粗脂肪 8~11 克,粗纤维 59~67 克,无氮浸出物 114~141 克。维生素含量丰富,其中每千克中含胡萝卜素 11 毫克,尼克酸 10.4 毫克,维生素 C75.7 毫克,维生素 A 18.4 单位。适口性强,青贮玉米含糖量高,具有酸甜清香味,酸度适中(pH 值 4.2),奶牛很喜欢吃。

青贮玉米适宜收割期在蜡熟期,此时玉米籽实将近成熟,大部分茎叶是绿色,且茎叶水分充足(65%~75%),而且也是单位面积土地上营养物质产量最高的时期。

玉米青贮采用一般青贮方法即可。青贮玉米柔嫩多汁,收割后必须及时切碎、装贮、否则营养物质将损失。

(二)玉米秸秆青贮 玉米籽实成熟收获后,叶片仍保持绿色,茎叶水分含量较高,是调制青贮饲料的良好原料。玉米秸秆青贮,其收割期以乳熟后期或黄熟初期为宜。此时收割的玉米植株茎、叶大部分还是青绿色,维生素及蛋白质含量仍然较高,粗纤维含量也较高,但含水量已减少到 55%～65%。用收获玉米籽实后的玉米秸秆制作青贮料,必须很好掌握水分。玉米秸青贮的含水量,要按原料切碎的长度不同而有所调整,在原料切成极细碎时含水量以 70%～75% 为宜,原料切得较长时,含水量 78%～82% 为好。测定水分含量,由茎叶青绿程度来判断,茎叶完全青绿的秸秆含水量为 75%～85%,叶片有 1/2 以上青绿的含水量为 70%～75%,叶片枯黄超过 1/2 的含水量为 65%～70%。可根据切碎情况,确定补加水量,加水时必须喷洒搅拌均匀,不要使原料干湿不均。

玉米秸具有光滑的外皮,质地坚硬,是难以消化的物质。反刍家畜对玉米秸的消化率在 65% 左右,对无氮浸出物的消化率在 60% 左右。玉米秸青绿时,胡萝卜素含量较多,为每千克含 3～7 毫克。生长期短的玉米秸秆比生长期长的玉米秸秆粗纤维少,易消化。同一株玉米秸,上部比下部的营养价值高,叶片比茎秆营养价值高,易消化,牛较为喜食。玉米秸秆的营养价值又稍优于玉米芯,与玉米包叶的营养价值相近(表5-1)。

表 5-1　玉米秸秆、玉米芯和玉米包叶的营养成分

（单位：千焦，%）

品　名	消化能	钙	磷	干物质	粗蛋白质	粗脂肪	粗纤维	无氮浸出物	粗灰分
马牙,去天花早玉米秸	267	0.36	0.03	83.2	2.0	1.5	34.4	39.7	5.6
新双1号中玉米秸	223	0.59	0.09	83.6	6.3	1.2	33.2	33.1	9.8
马牙早玉米芯	226	0.04	0.02	84.0	1.8	1.2	29.6	49.9	1.5
新双1号中玉米芯	215	0.08	0.02	81.9	2.1	0.5	29.8	45.6	3.9
新双1号中玉米皮	258	0.16	0.02	83.3	1.9	0.7	33.4	44.4	2.9

三、青贮设施

（一）青贮设施的种类、形式　在奶牛饲养中常用的青贮设施的形式有青贮壕、地面青贮设施及青贮袋等。应选地势干燥、土质坚实、地下水位低、靠近畜舍的地点做青贮场所。青贮设施应不透气，要有一定的深度，宽度或直径一般应小于深度，宽深比为1：1.5或1：2，以利于借青贮料本身重量而压紧压实。不漏水，远离水源和粪坑，密封性好。永久性的底部应用黏土夯实，然后用砖垫底，四周用砖砌成，内部表面应光滑平坦垂直。建造要简便、价低。

1. 青贮窖（图5-1、图5-2）　适应于小规模养殖户，不便于机械化操作，按窖的形状，可分为圆形窖和长方形窖两种。又根据地下水位的高低，可建造成半地下式和地下式。地下式

适用于地下水位低和我国北方气候寒冷的地区及土质坚实的地区,与地下水位保持0.5米以上的距离,深度一般不超过3米。在地下水位较高的地方,可建造半地下、半地上式。圆形窖占地面积小,装填原料多。但圆形窖开窖喂用时需将窖顶泥土全部揭开,窖口不易管理,取用不方便。长方形窖可从一端一段一段取用,用完一段现取一段,便于取用和管理,但长方形窖占地面积大。

 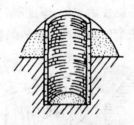

图 5-1　地下式青贮窖　　　　**图 5-2　半地下式青贮窖**

圆形窖的直径2~4米,深3~5米,上下垂直,有利于借助原料自身重力将原料压实。

长方形窖宽1.5~3米,深2.5~4米,长度根据需要而定。长度超过5米时,地上部分每隔4米砌一横墙,加固窖壁,防止墙壁倒塌。

2. 青贮壕（图 5-3、图 5-4）　是指大型的壕沟式青贮设施,适用于大中型养殖场,使用可分为地下式、半地下式和地上式。地下式、半地下式适用于地下水位低,我国北方的寒冷地区。此类建筑应选择在地势高、干燥或有斜坡的地方,开口在低处,以便夏季排出雨水。青贮壕一般宽4~6米,便于链轨拖拉机压实,深6~9米。如是半地下式地上部分一般为2~3米,长度可根据饲养的奶牛头数和贮量而定,一般为20~40米。青贮壕三面为墙,地势低的一端为开口,以便人工式机械化机具装填压紧操作。有条件的地方,应建筑永久性的青贮壕。如果不是永久性的青贮壕,应将壕的四周墙壁夯实,然后在内壁垫上塑料薄膜,以防水分渗出和空气进入。翌年使用时,要清除上年残留的饲料及泥土,铲去窖壁旧土层,以防杂菌污染,然后喷以5%石灰水消毒。对砖石结构的青贮壕第二年青贮之前,墙壁要用水刷洗。同时要用5%的石灰水涂刷消毒。地上部分的墙壁用泥土堆砌时,厚度不应小于0.7米,用砖石砌成的墙壁,厚度不应小于30厘米,并每隔4～5米墙外砌一个礅加固墙壁以防倒塌。

　　　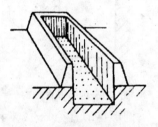

图 5-3　地下式青贮壕　　　图 5-4　半地下式青贮壕

（二）青贮设施容量的确定　建造青贮设施的容积要依家畜的数量、青贮饲料饲喂天数、每天的用量、原料的多少而定。在实际饲用中,要考虑到饲用青贮饲料期间,每日由青贮设施中取出青贮饲料的厚度不应少于0.1米,才能保证家畜每日能吃到新鲜的青贮饲料。如果家畜的头数少,青贮设施容积大,每日不能由整个青贮饲料的表面均匀地取出一层,则表面青贮料必将引起二次发酵,霉败变质或丧失水分而干枯,造成浪费。另一种情况,家畜的头数多,青贮设施的容积小,每日必须挖取很厚的一层青贮饲料,青贮容量不够,保证不了供应。原则上用量少宜做成青贮窖,用料多宜做成长方形青贮壕。青贮设施大,贮存原料多,四壁和底部损失原料的比例相对较少,深度大,青贮易下沉压紧,浅则压不紧,容易变坏,同样容积青贮设施,四壁面积愈小,贮藏损失愈少。

设计青贮窖的容量步骤如下。

第一步,根据青贮饲料单位体积的重量进行计算。常见青贮饲料的单位体积重量见表5-2,各种青贮设施的有效容积为:圆形窖(米³)=内径底面积×内径高,长方形窖(米³)=长×宽×高。青贮设施的有效容积乘以各种青贮饲料的单位体积重量即得出青贮窖容量。

表5-2　青贮饲料单位体积重量　（千克/米³）

青贮原料种类	青贮饲料重量
全株玉米、向日葵	500～550
玉米秸	450～500
甘薯藤	700～750
萝卜叶、芜菁叶	600
叶菜类	800
牧草、野草	600

第二步,计算饲养场每年消耗的青贮饲料量。例如某奶牛场全年肥育100头育肥牛,每头肥育牛每天平均饲喂全株青贮玉米20千克,全年则需730 000千克（20×100×365天）。

第三步,青贮玉米每立方米体积的重量为500千克,除以饲养场全年的饲料量即为所需的青贮设施的容量1 460立方米（730 000÷500）。

第四步,确定每天取料的容积。每天的饲喂量2 000千克除以青贮玉米单位体积重量,得出每天取料容量为4立方米。初步设计青贮壕深为6米,取料进度为0.15米,那么宽为4.5米[4/(6×0.15)]。壕的建筑要求,宽4.5米,深为6米。

第五步,确定青贮壕的长度。由每天的取料进度0.15米乘以 365 天,就得出青贮壕的长度为 55 米。

由以上 5 个步骤计算出,全年饲养 100 头育肥牛的青贮壕的规格为宽 4.5 米,深 6 米,长 55 米,每天取 0.15 米,可满足全年青贮的需要。如果全株玉米青贮结合豆科玉米青贮,可取得良好的饲喂效果,节省精饲料的饲喂量。

四、青贮方法

(一)原料的切碎 原料的切碎常用圆盘式铡草机按原料的不同种类铡成不同的长度。最新研制的铡草机可在铡短的同时将玉米秸秆撕裂,这样可以提高青贮质量,提高利用率。

切碎长度由原料的粗细、软硬程度、含水量、饲喂家畜的种类、切碎工具耗能条件而定。对细茎牧草,如禾本科牧草、豆科牧草、其他科牧草,一般切成 2~3 厘米长的小段,而粗茎或粗硬的牧草或饲用植物,如玉米、向日葵等,切成 0.5~2 厘米的小段为宜。一些柔软的幼嫩牧草可不切而直接青贮。原料的含水量越低,切割应越短。

青贮原料切碎的目的是便于压实,增加青贮料密度,排除空隙间的空气,并使植物细胞渗出汁液,浸湿饲料表面,有利于乳酸菌的生长发育,同时便于以后取用和家畜采食。

(二)适时收割 青贮原料的适时刈割,不但使水分和含糖量适当,而且可从单位面积上获得最高的干物质产量和最高的营养利用率,从而增加采食量,提高家畜生产性能。常用青贮原料的适宜收割期见表 5-3。豆科牧草应在花蕾期收割,禾本科牧草应在抽穗阶段收割,带穗玉米青贮的最佳收割期是乳熟后期到蜡熟前期,谷类作物在孕穗期收割,其蛋白质含量高。牧草及饲料作物适宜收割期见表 5-4。

表 5-3 常用青贮原料适宜收割期

青贮原料种类	收割适宜期
全株玉米	蜡熟期到黄熟期
收穗后的玉米秸秆	玉米果穗成熟,有一半以上叶为绿色时,立即收割做玉米秸秆青贮,或玉米成熟时(削尖青贮,削尖时果穗上都应保留 1 片叶)
高　粱	蜡熟期
豆科牧草及野草	开花初期
禾本科牧草及麦类	抽穗初期
甘薯藤	霜前或收薯前 1~2 日

表 5-4 牧草及饲料作物适宜收割期

饲料种类	收割时的生长阶段	收割时含水率(%)
紫花苜蓿	晚蕾至 1/10 开花	70~80
红三叶	晚蕾至初花	75~82
禾本科混合牧草	孕穗至抽穗初期	—
豆科禾本科混合牧草	按禾本科选择	—
谷类作物	孕穗至抽穗初期	
带穗玉米	蜡熟期	65~70
玉米秸秆	摘穗后尽快收割	50~60
整株高粱	蜡熟初期至中期	70
高粱秸秆	收穗后至降霜之前	60~70
燕　麦	孕穗至抽穗初期	82
燕　麦	乳熟期	78
燕　麦	蜡熟前期	70
大　麦	孕穗后期至蜡熟初期	82~70
黑　麦	孕穗后期至蜡熟期	80~75

（三）调节含水量　含水量按青贮温度要求进行。一般青贮原料含水量宜在 65%～75%，半干青贮可低于 50%～55%。刈割的青草含水量高（在 75% 以上），可加入干草、秸秆、糠麸等，或稍加晾晒可降低水分含量。一些谷物秸秆含水量过低，可以和含水较多的青绿原料混贮，也可以根据实际含水情况加水，填加的水应与原料搅拌均匀。水分含量可用手挤压测定，用手用力挤压青贮原料，松手后仍呈球状，无水滴滴出，稍微潮湿，其水分含量适宜（为 68%～75%）。

（四）装填与压实　切短的原料应立即填入窖压实，以防水分损失。原料入窖时，要层层装填层层压实，尤其要注意窖的四周边缘和窖角，大型长形青贮壕用链轨拖拉机反复压实，中小型青贮壕最好用拖拉机反复压实，或用重锤人工捣实，或人工用脚踩实，压不到的地方一定要人工踩实。如果用脚踩实，踩至堆贮物没有弹性时，可认为紧密了。为了保证青贮料的人工踩实，每平方米最少需要 1 人。

当不易青贮的植物、非青贮植物与易青贮植物混合青贮时，以及含水量多的与干饲料混合青贮时，必须保证原料搅拌均匀。尽管青贮料经过压实处理，但几天后也要发生下沉，所以装填青贮料应高出青贮设施的边缘 1 米左右。一般来说，一个青贮设施，要在 2～5 天内装满压实，装填时间越短，青贮品质越好。对青贮壕装填采用分段装填较好，从壕的一端开始，每天必须装满一段。

（五）密封　青贮原料装填完后，应立即封埋，其目的是隔绝空气继续与原料接触，并防止雨水进入。当原料装满后，中间可高出一些，在原料的上面盖一层 10～20 厘米切短的秸秆或牧草，覆盖塑料薄膜后，再覆上 30～50 厘米的土，踩实，呈馒头形，不能拖延密封期，否则温度上升，pH 值增高，营养损失增加,青贮饲料品质差。

密封后,尚须经常检查,发现漏缝处及时修补,杜绝透气并防止雨水渗入室内。

青贮窖密封好后,在四周约 1 米处挖沟排水,以防雨水渗入。降雨多的地区还应在青贮窖上面搭棚防雨。

五、开窖取用时注意事项

青贮料一般经过 40～50 天便能完成发酵过程,即可开窖使用。圆形窖应将窖顶覆盖的泥土全部揭开堆于窖的四周,长方形窖应从窖的一端挖开一段,清除泥土和表层发霉变质的饲料,从上到下,一层层取用。一旦开窖利用,就必须连续取用,每天用多少取多少,不能一次取出大量青贮饲料堆放在奶牛舍里慢慢饲喂。取用后立即用塑料薄膜覆盖压紧,以减少空气接触饲料。防止打洞掏心。

防止二次发酵,青贮饲料二次发酵是指青贮成功后,由于开窖或密封不严,或青贮袋破损,致使空气侵入青贮设备内,引起好气性微生物活动,分解青贮饲料中的糖、乳酸和乙酸等产生热量,使 pH 值升高,品质变坏。

防止二次发酵的重要措施是饲料中水分含量在 70%左右,糖分含量高,乳酸量充足,踩压紧实,每立方米青贮饲料重量在 600 千克以上,密封要严。

六、青贮品质鉴定

青贮饲料在饲用前,都要对它进行品质鉴定,确保其品质优良之后,方可饲用。鉴定指标有色泽、气味、结构、味道。

(一)色泽 优质的青贮饲料非常接近于作物原先的颜色,若青贮前作物为绿色,青贮后仍为绿色或黄绿色为最佳。

优良的青贮料呈黄绿色或青绿色,中等青贮料呈黄褐色或暗棕色,品质差的青贮为暗色、褐色、黑色或黑绿色。

(二)气味　品质优良的青贮料有芳香酸味和水果香味,给人以舒适感。品质中等的,酸味较浓,稍有酒味或醋味。若有陈腐的脂肪臭味或令人作呕的气味,说明产生了丁酸,这是青贮失败的标志;霉味则说明压得不实,空气进入了青贮窖引起饲料霉变;如果出现类似猪粪尿的气味,则说明蛋白质已大量分解。如果青贮饲料带有刺鼻臭味或霉烂味,手抓后,较长时间仍有难闻的气味留在手上,不易用水洗掉,则说明饲料已变质,不能饲用。

(三)质地　优良的青贮料,在窖内压得紧密,拿到手中较松散,质地柔软而略带湿润,植物的茎叶、花和果实等器官,仍保持原来状态,甚至可清楚地看出其上的叶脉和绒毛。品质低劣的青贮饲料,茎叶结构不能保持原状,多黏结成团,手感黏滑或干燥粗硬,腐烂。

(四)味道　优良的青贮饲料,味微甘甜,有酸味。有异味而品质低劣的青贮饲料不能用来饲喂奶牛,洗涤后也不能饲用,以免引起奶牛肠胃疾病或死亡。

我国农业部组织有关专家制定了适合我国国情的评定青贮饲料质量评定标准,见表5-5。

表 5-5　青贮饲料质量评定标准

项 目	评 分	优　　等	良　　好	一　　般	劣　　等
(1)青贮紫云英、青贮苜蓿					
pH 值	25	3.6～4.0	4.1～4.3	4.4～5.0	5.0 以上
		(25)	(17)	(8)	(0)
水 分	20	70%～75%	76%～80%	80%～85%	86%以上
		(20)	(13)	(7)	(0)

项 目	评 分	优 等	良 好	一 般	劣 等
气 味	25	酸香味舒适感 (25)	酸臭带酒酸味 (17)	刺鼻酸味不舒适感(8)	腐败味霉烂味 (0)
色 泽	20	亮黄色 (20)	金黄色 (13)	淡黄褐色 (7)	暗褐色 (0)
质 地	10	松散柔软不黏手(10)	中间 (7)	略带黏性 (3)	腐烂发黏结块 (0)
合 计	100	100～76	75～51	50～26	25 以下

(2)青贮红薯藤

项 目	评 分	优 等	良 好	一 般	劣 等
pH值	25	3.6～3.8 (25)	3.9～4.1 (17)	4.2～4.7 (8)	4.8 以上 (0)
水 分	20	70%～75% (20)	76%～80% (13)	80%～85% (7)	86%以上 (0)
气 味	25	甘酸味舒适感 (25)	淡酸味 (17)	刺鼻酒酸味 (8)	腐败味霉烂味 (0)
色 泽	20	棕褐色 (20)	中间 (13)	暗褐色 (7)	黑褐色 (0)
质 地	10	松散柔软不黏手(10)	中间 (7)	略带黏性 (3)	腐烂发黏结块 (0)
合 计	100	100～76	75～51	50～26	25 以下

(3)青贮玉米秸秆

项 目	评 分	优 等	良 好	一 般	劣 等
pH值	25	3.4～3.8 (25)	3.9～4.1 (17)	4.2～4.7 (8)	4.8 以下 (0)
水 分	20	70%～75% (20)	75%～80% (13)	80%～85% (7)	86%以上

项 目	评 分	优 等	良 好	一 般	劣 等
气 味	25	甘酸味舒适感 (25)	淡酸味 (17)	刺鼻酸味 (8)	腐败味霉烂味 (0)
色 泽	20	亮黄色 (20)	褐黄色 (13)	(中间) (7)	暗褐色 (0)
质 地	10	松散柔软不黏 手(10)	(中间) (7)	略带黏性 (3)	发黏结块 (0)
合 计	100	100～76	75～51	50～26	25 以下

七、青贮饲料的饲喂方法

青贮料开始饲喂时,奶牛有不肯采食的现象,实践证明,只要经过短期训饲,一般很快就能习惯。训练方法可在空腹时先喂青贮料,先少喂,逐渐增加,然后再喂草料;或将青贮料与精料混拌后先喂,然后再喂其他饲料;或将青贮料与草料拌匀饲喂。

青贮料在封窖 40～60 天后即可开窖饲喂。开窖时间以气温较低而又在缺草季节较为适宜,做到以丰补欠。从青贮设施中开始启用青贮料时,要尽量避开高温和高寒季节。高温季节,青贮料容易发生二次发酵,或干硬变质;高寒季节,青贮料容易结冰,须经融化后才能饲喂家畜。孕牛采食结冰青贮料还易流产。不管什么季节启用,都要根据青贮设施不同类型去取用。每天用多少取多少,不能一次取出大量青贮料堆放于畜舍,慢慢喂用。青贮料在空气中容易变质,一经取出就应尽快喂饲。食槽中牲畜没有吃完的青贮饲料要及时清除,以免腐败。因为青贮料只有在缺氧条件下，才不会变质，如果堆放在牛舍里，和空气接触，就会很快地感染霉菌和杂菌，使青贮料迅速变质。霉烂了的青贮料有害于奶牛健康，应禁止使用。

青贮料不能做为奶牛的惟一饲料，青贮料含水量高，喂量不能太多。这是因为青贮饲料不能完全满足奶牛的营养需要，必须与精料或其他饲料合理搭配饲用。青贮料的喂量应根据青贮料的种类、奶牛的年龄、生理阶段而定。一般禾本科牧草青贮饲料，每 100 千克体重喂 4 千克；豆科牧草青贮饲料，每 100 千克体重喂 3 千克；高淀粉青贮（如带穗玉米）饲料，每 100 千克体重喂 5 千克。青贮料有轻泻作用，用它饲喂妊娠母牛应当小心，用量不宜过大，以免引起流产，尤其在产前产后 20～30 天不宜饲喂。

八、青贮机械的选择

用于制作青贮饲料的铡草机主要是圆盘式青饲料切碎机（铡草机），主要用来切碎玉米青贮等含水量 65％以上的青饲料。

圆盘式切碎机（图 5-5）的特点是生产率高，并可将碎段抛到较高较远的地点，喂料和卸料的机械化使劳动生产率提高，劳动强度降低，特别适合于用来切碎青贮饲料。圆盘式青贮切碎机一般不能用来切碎秸秆等柔韧饲草，因为切碎质量不好（长草多）。近年发展起来的直刀多刀式自磨平板滚刀式切碎器，生产率很高，也适用于青贮的切碎。选择切碎机的要点如下。

第一，切碎质量好，不产生长草或尽量少，即切碎长度一致。对多汁青饲料还要求切碎过程中不被挤出汁水，以免营养损失，降低饲草质量。对麦秸、谷草等秸秆比较坚硬的饲草，还

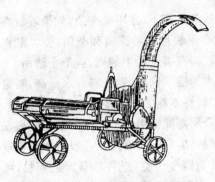

要求切碎的同时，使茎秆及其上的节裂开，将其撕碎。

第二，切碎长度可根据需要调节。青贮玉米饲喂奶牛时，切段长度不得超过 50 毫米，其中 30 毫米以下碎段不少于 75％，且玉米秸应破裂。青贮苜蓿切段长度为 10～15 毫米。

图 5-5　ZC-6.0型圆盘式青饲切碎机

第三，生产率高，喂入、卸出的机械化程度高，工人劳动强度低。

第四，安全设施齐备完好，保护人身与机器，安全生产。

第五，维修保养与使用方便，切碎机可方便地移置在不同地点作业，切碎机动刀片的磨锐要求简易方便。

第六，机器结构简单、坚固耐用，故障少，耗能少。

第二节　微贮饲料的加工调制

粗饲料的微生物处理法，简称秸秆微贮。就是在农作物秸秆中加入微生物高效活性菌种，放入密封的容器（如水泥青贮窖，土窖）中贮藏，经一定的发酵过程，使农作物秸秆变成具有酸香味、奶牛喜食的饲料。

养好奶牛的基础是具备优质的粗饲料，在粗饲料中微贮饲料占有非常重要的地位，如果没有微贮饲料，只饲喂干秸秆饲料等，因其营养低，采食量少，为保证较高的产奶量，于是饲喂过多的精料,最终导致奶牛出现一些消化性、营养代谢性疾病,如瘤胃积食、蹄叶炎、肝脓肿、真胃移位等,使奶牛养殖业蒙受巨大损失。微贮饲料以其自身的特点,不仅能解决这些问题,而且还能提高牛奶的产量和质量,从而创造出很好的经济效益,深受广大养殖户和养殖企业的欢迎。

一、秸秆微贮饲料的特点

(一)消化率高、增重快　微贮秸秆饲料由于秸秆发酵厌氧菌的作用,在适宜的温度和厌氧条件下,秸秆中纤维素、半纤维素——木聚糖链的木质素聚合物的酯键被酶解,增加了秸秆的柔软性和膨胀度,使牛瘤胃微生物能直接与纤维素接触,从而提高了粗纤维的消化率。同时发酵的过程中,部分木质素纤维类物质转化为糖类又被有机酸发酵菌转化为乳酸和挥发性脂肪酸,可使 pH 值降到 $4.5 \sim 5$,抑制了丁酸菌、腐败菌等有害细菌的繁殖,使秸秆能够长期保存不坏。牛采食量及消化率的提高,使瘤胃挥发性脂肪酸增加,从而使瘤胃微生物蛋白合成提高,因此可提高饲料报酬。

孟庆翔(1999)的试验表明,利用含有乳酸菌、纤维分解菌和丙酸菌的复合冻干菌剂处理小麦秸(并添加 1％尿素),使麦秸的粗蛋白质含量提高 78.8％($P < 0.01$),中性洗涤纤维(NDF)、酸性洗涤纤维(ADF)、纤维素和半纤维素含量分别下降 4.8％($P < 0.01$)、4.5％($P < 0.05$)、5.7％($P < 0.05$)和 5.2％($P < 0.05$)。使处理秸秆的干物质、有机物质和 NDF 消化率分别提高了 11.2％($P < 0.05$)、10.1％($P < 0.05$)和 12.0％($P < 0.05$)。用微生物处理的小麦秸饲喂生长肥育牛使奶牛秸秆进食量、日增重和饲料转化率分别提高 19.4％($P < 0.01$)、22.9％($P < 0.01$)和 9.6％($P < 0.05$)。

李秋玫(1999)试验结果表明,微贮秸秆的干物质、有机物质、中性洗涤纤维和酸性洗涤纤维的表观消化率分别比未处理的提高 9.2%、7.1%、6.6% 和 6.8%,微贮秸秆粗蛋白质的表观消化率比未处理秸秆提高 35.3%($P<0.01$)。微贮秸秆组养分消化率可达到与羊草相同的水平。

苗树君(1999)选用 150 头泌乳荷斯坦牛随机分为 3 组,采用对比饲养试验方法研究饲喂玉米秸微贮料对奶牛产奶量的效果,结果是饲喂玉米秸微贮组和去穗玉米青贮组牛的日平均产奶量均比饲喂黄玉米秸组牛有明显提高,分别提高 2.7 千克($P<0.05$)和 4.03 千克($P<0.01$)。张扬(1995)用微贮麦秸饲喂奶牛,平均每日多产 2.3~2.8 千克奶。戴运贤(1996)用微贮黄玉米秸和玉米青贮对比试验结果表明,产奶量没有差别,微贮黄玉米秸可以代替玉米青贮。生长速度微贮秸秆组显著高于未处理玉米秸秆,其效果高于或等于氨化秸秆,而秸秆微贮饲料的制作成本仅为氨化秸秆的 1/4 左右,经济效益显著。戴俊昌等(2003)试验表明,干玉米秸秆的微贮、氨化和未处理相比,微贮增重最快,头均日增重 734.2 克,比未处理组 485.7 克提高 51.16%($P<0.01$),比氨化组 663.2 克提高 10.71%($P<0.05$),氨化比未处理提高 36.55%($P<0.01$)。微贮、氨化和未处理组的精料日消耗分别为 2.08 千克,2.13 千克和 3.24 千克,微贮比氨化少消耗 2.4%,比未处理组少消耗 35.8%;粗料日消耗分别为 8.36 千克、8.46 千克和 10.96 千克,微贮比氨化少消耗 1.18%,比未处理组少消耗 23.72%($P<0.01$)。说明干玉米秸秆经微贮后营养价值得到改善,饲料转化率得到提高,处理效果高于或等于氨化,但处理成本低于氨化。

(二)适口性好,采食量高 秸秆经微贮处理后可使粗硬秸秆变软，并且有酸香味，刺激了家畜的食欲，从而提高了采食量。牛对秸秆微贮饲料的采食速度可提高 40%～43%，采食量可增加 20%～40%。

（三）**制作季节长**　秸秆微贮饲料制作季节长，与农业不争劳力，不误农时。秸秆发酵活干菌发酵处理秸秆的温度为 0℃～40℃，加之对青的或干的秸秆都能发酵，因此，在我国北方地区除冬季外，春、夏、秋三季都可制作秸秆微贮饲料，南方部分地区全年都可制作秸秆微贮饲料。一般气温在 20℃左右 15 天即可使用，气温在 0℃左右需要 20 天以上。

二、秸秆微贮的主要方法

（一）**水泥池微贮法**　此法与传统青贮窖青贮方法相似。将农作物秸秆切碎，按比例喷洒菌液后装入池内，分层压实、封口。这种方法的优点是：池内不易进气、进水，密封性好，经久耐用。

（二）**土窖微贮法**　此法选择地势高，土质硬，向阳干燥、排水容易，地下水位低，离畜舍近，取用方便的地方。根据贮量挖一长方形窖（深度以 2～3 米为宜），在窖的底部和周围铺一层塑料薄膜，将秸秆放入池内，分层喷洒菌液压实，上面盖上塑料薄膜后覆土密封。这种方法的优点是：贮量大，成本低，方法简单。

（三）**塑料袋窖内微贮法**　此法首先是按土窖微贮法选好地点，挖一圆形窖，将制作好的塑料袋放入窖内，分层喷洒菌液，压实后将塑料袋口扎紧覆土。这种方法优点是：不易漏气、进水，适于处理 100～200 千克秸秆。

三、制作秸秆微贮饲料的步骤

秸秆微贮饲料的制作方法与传统的青贮饲料制作方法大致相似。

(一)菌种的复活 秸秆发酵活干菌每袋 3～8 克,可处理麦秸、稻秸、玉米干秸秆 1 吨或青秸秆 2 吨。在处理秸秆前,先将菌剂倒入 200 毫升水中充分溶解,然后在常温下放置 1～2 小时,使菌种复活。复活好的菌剂一定要当天用完,不可隔夜使用。

(二)菌液的配制 将复活好的菌剂倒入充分溶解的 0.8%～1%食盐水中拌匀。

(三)秸秆的长短 用于微贮的秸秆一定要切短,牛用5～8 厘米。这样易于压实和提高微贮窖的利用率,保证微贮饲料制作质量。

(四)加入辅料 在微贮麦秸和稻秸时应根据自己拥有的材料,加入 5‰的大麦粉或玉米粉、麸皮。这样做的目的,是在发酵初期为菌种的繁殖提供一定的营养物质,以提高微贮饲料的质量。加大麦粉或玉米粉、麸皮时,铺一层秸秆撒一层粉。

(五)贮料水分控制与检查 微贮饲料的含水量是否合适,是决定微贮饲料好坏的重要条件之一。因此,在喷洒和压实过程中,要随时检查秸秆的含水量是否合适,各处是否均匀一致,特别要注意层与层之间水分的衔接,不得出现夹干层。含水量的检查方法是:抓取秸秆试样,用双手扭拧,若有水往下滴,其含水量约为 80%以上;若无水滴,松开手后看到手上水分很明显时含水量为 60%左右;若手上有水分(反光)时含水量为 50%～55%;感到手上潮湿时含水量 40%～45%,不潮湿时含水在 40%以下。微贮饲料含水量要求在 60%～70%

最为理想。

（六）秸秆入窖　在窖底铺放 20～30 厘米厚的秸秆，均匀喷洒菌液水，压实后再铺放 20～30 厘米厚秸秆，再喷洒菌液压实，直到高于窖口 40 厘米，再封口。分层压实的目的是为了排出秸秆中和空隙中的空气，给发酵菌繁殖造成厌氧条件。如果窖内当天未装满，可盖上塑料薄膜，第二天装窖时揭开薄膜继续工作。

（七）封窖　在秸秆分层压实直到高出窖口 30～40 厘米后，在最上面一层均匀撒上食盐粉，压实后盖上塑料薄膜。食盐的用量为每平方米 250 克，其目的是确保微贮饲料上部不发生霉烂变质。盖上塑料薄膜后，在上面撒 20～30 厘米稻、麦秸秆，覆土 15～20 厘米，密封。密封的目的是为了隔绝空气与秸秆接触，保证微贮窖内呈厌氧状态。

（八）秸秆微贮后的管理　秸秆微贮后，窖池内贮料会慢慢下沉，应及时加盖土使之高出地面，并在周围挖好排水沟，以防雨水渗入。

四、秸秆微贮饲料的品质鉴定

封窖 21～30 天后即可完成发酵过程。可根据微贮饲料的外部特征，用看、嗅和手感的方法鉴定微贮饲料的好坏。

（一）看　优质微贮青玉米秸秆饲料的色泽呈橄榄绿，稻、麦秸秆呈金黄褐色。如果呈褐色或墨绿色则质量较差。

（二）嗅　优质秸秆微贮饲料具有醇香和果香气味，并具有弱酸味。若有强酸味，表明醋酸较多，这是由于水分过多和高温发酵所造成的；若有腐臭味，发霉味，则不能饲喂。

（三）手感　优质微贮饲料拿到手里感到很松散，且质地柔软湿润；若拿到手里发黏，或者粘在一块，说明其质量不佳；

有的虽然松散，但干燥粗硬，也属不良的饲料。

微贮饲料用的活干菌属厌氧菌，只要按使用说明操作，掌握好贮料的水分，并将贮料尽量压实，排出多余空气，密封发酵，即可得到满意的优质微贮饲料。

五、使用秸秆微贮饲料应注意事项

第一，秸秆微贮饲料，一般需在窖内贮藏 21～30 天才能取喂。

第二，取料时要从一角开始，从上到下逐段取用。

第三，每次取出量应以当天喂完为宜。

第四，每次取完料后必须立即将口封严，以免雨水浸入引起微贮饲料变质。

第五，每次投喂微贮饲料时，要求槽内清洁，对冬季冻结的微贮饲料应化开后饲用。

第六，霉变的农作物秸秆，不宜制作微贮饲料。

第七，微贮饲料由于在制作时加入了食盐，这部分食盐应在饲喂牲畜的日粮中扣除。

六、秸秆微贮饲料饲喂奶牛技术

农作物秸秆微贮饲料可以作为奶牛日粮中的主要粗饲料，饲喂时可以与其他草料搭配，也可与精料同喂。开始饲喂时，家畜对微贮饲料有一个适应过程，应循序渐进，逐步增加微贮饲料的饲喂量。一般每天每头的饲喂量为 15～20 千克。

第三节　粗饲料在日粮中的应用
及精料补充料配方

　　我国奶牛饲养特别是农村饲养普遍存在的一个问题是，重视精饲料的投入，忽视粗饲料的投入。奶牛的产奶量和原料奶质量，奶牛的健康和繁殖能力在相当大程度上取决于日粮干物质进食量和粗饲料质量，特别是干草的品质和质量。奶牛的饲料成本一般占饲养成本的 60％，粗饲料成本一般占饲料成本的 40％，占饲养成本的 24％。用劣质粗饲料喂奶牛，特别是喂泌乳性能高的奶牛，相应的精饲料饲喂量要加大，才能满足高产奶牛的营养需要，饲养费用并不减少。由于粗饲料品质差，粗饲料采食不足，奶牛的泌乳潜力得不到充分的发挥，牛奶的理化性质达不到优质标准，奶牛发病率特别是代谢病、肢蹄病、不孕症的发病率提高，繁殖率下降，损失的牛奶产量、质量收入和增加的奶牛疾病、繁殖率下降等生产性能下降的成本要远远高于节省粗饲料的成本。因此，奶牛饲养不能片面追求低成本，使用劣质粗饲料，特别是不能克扣合理的粗饲料费用，关键是看奶牛的泌乳潜力是不是得到充分发挥，要看奶牛的健康和繁殖能力能不能得到正常维持，要看投入产出比。

一、苜蓿干草

　　目前我国奶牛的饲养模式基本上是"秸秆＋精料"，只有小部分国营牛场采用"苜蓿干草＋玉米青贮＋精料"的先进饲养模式。苜蓿干草在世界各国，尤其是美国、加拿大的奶牛饲养中已成为一种基本的日粮组分，在日粮干物质(DM)中占的比例 10％～75％，一般为 40％～50％。苜蓿干草产品主要有草捆、草粉、草颗粒、草块几种产品。苜蓿草产品是一种粗蛋白质含量高、品质优、泌乳净能较高、钙磷平衡、维生素含量高的奶牛优质粗饲料,其营养价值优于玉米秸秆和羊草。在奶牛日粮中添加十分有益,使用它可配出营养平衡且成本低于高精料日粮的高产奶牛日粮配方,对奶牛业的发展十分重要。

(一)苜蓿干草的营养特性 优质苜蓿干草的粗蛋白质含量通常在 20% 以上(干物质基础),几乎高于所有的禾本科干草、玉米青贮以及农作物秸秆。苜蓿干草粗蛋白质主要分布于叶,叶的粗蛋白质含量通常为 22%~30%(干物质基础);干物质、粗纤维含量随生长期的延长而增加,粗蛋白质的含量随生长期的延长而减少。现蕾期、初花期、盛花期、结荚期苜蓿干物质含量分别为 22%、22.5%、25%、29%,粗蛋白质含量分别为 22%、20%、18%、12%,粗纤维含量分别为 24%、26%、28%、40%。影响苜蓿干草粗蛋白质含量因素很多,主要有品种、生育期、刈割茬次及收获工艺。粗蛋白质的含量随着刈割时生育期的延长而逐渐下降,苜蓿通常在 1/10 开花期刈割,此时的粗蛋白质含量在各生育期中并不是最高的,但单位面积的粗蛋白质产量是最高的。加工工艺对苜蓿干草的粗蛋白质含量也有直接的影响,如翻晒和搂草次数太多就容易使苜蓿叶脱落,降低干草的粗蛋白质含量。苜蓿干草的粗蛋白质按化学性质可以分为真蛋白质和非蛋白氮(NPN)两大类,其中后者约占 1/3。NPN 的含量主要受收获工艺的影响,干燥时间越长,真蛋白质降解为游离氨基酸和氨的比例就越高,直接导致真蛋白质比例的下降和 NPN 比例的升高。

苜蓿干草粗蛋白质的瘤胃降解率的大小主要与加工工艺有关,自然干燥的苜蓿干草粗蛋白质的瘤胃降解率通常较高,达到 70% 以上,蒸汽处理的苜蓿干草粗蛋白质的瘤胃降解率降低到 50%。

(二)苜蓿干草对奶牛饲料利用的影响

1. 对奶牛干物质采食量(DMI)的影响　在泌乳初期,由于产后奶牛的干物质采食量高峰往往滞后于产奶高峰,提高干物质采食量对于高产奶牛十分重要。在我国奶牛生产中,由于粗饲料品质较差和国营牛场中大量使用高水分玉米青贮,使奶牛干物质采食量均低于其生理潜力,这是我国奶牛乳产量低的一个重要原因。美国国家研究理事会(NRC)认为奶牛日粮内干物质含量不宜低于 50%,我国大部分国营牛场低于此值,添加苜蓿干草后,因苜蓿产奶净能、粗蛋白质含量较高,所以能在不降低每千克干物质营养含量的前提下,提高日粮干物质比例超过 50%,从而有效地提高奶牛干物质采食量。但需要注意的是苜蓿干草添加量也不是越多越好,添加过多也会降低 DMI。因为苜蓿干草的能量浓度比精料低,添加过多还会降低日粮的能量浓度,从而使奶牛采食不到足够的能量,导致产奶量下降。

2. 对提高奶牛日粮粗蛋白质(CP)的影响　泌乳初期高产奶牛日粮中适宜的粗蛋白质含量为 18% 以上,一般来说,在一定范围内,日粮 CP 含量较高能提高产奶量。我国奶牛粗饲料多用玉米秸秆(DM 中 CP 为 5%)、玉米青贮(DM 中 CP 为 8%)和羊草(DM 中 CP 为 8%),所以配出来的奶牛日粮中精料偏多,一方面加大成本,另一方面有可能造成奶牛慢性酸中毒。由于苜蓿干草的价格居中,高于其他粗饲料,低于精料,所以,可以作为奶牛日粮经济的粗蛋白质来源,而不必考虑增加日粮成本。添加优质苜蓿干草后,日粮 CP 在减少精料的情况下仍能达到 18%,可以降低日粮成本以及减少由于精料带来的慢性酸中毒。这也充分体现了苜蓿干草高蛋白质的优点。

3. 对改善日粮纤维结构及提高乳脂率的影响　奶牛日粮的中性洗涤纤维(NDF)含量中应有 75％ 以上来自牧草等粗饲料,在日粮含有相同 NDF 的情况下,用苜蓿干草代替玉米青贮能提高乳脂率,表明苜蓿干草是高产奶牛日粮中更好的 NDF 来源。试验研究也表明苜蓿干草的瘤胃 72 小时 NDF 降解率明显高于玉米秸秆。在一定范围内,增加 NDF 会提高乳脂率,需要注意的是奶牛日粮中的 NDF 也不宜太高,否则严重影响 DMI 和乳产量。优质苜蓿干草的 NDF 含量为 DM 的 40％ 左右,大大低于玉米秸秆和羊草(DM 的 60％ 左右),正好符合上述要求。

(三)苜蓿干草在奶牛生产中的应用

1. 苜蓿草捆(整株未切的)在奶牛日粮中的应用　现今苜蓿干草产品多以草捆形式提供,按所含苜蓿干草干燥方式可分为自然干燥草捆和人工干燥草捆。经过人工干燥的苜蓿产品可降低蛋白质在瘤胃中的降解率、提供奶牛较高的过瘤胃蛋白。干草段或干草对于奶牛是高质量的长纤维饲草,它可以替代一部分饲草或作为惟一的饲草来源用于奶牛生产。初花期收获的苜蓿干草日采食量可达牛体重的 2％ 以上,这对于泌乳高峰期的奶牛十分重要。

李胜利(2001)试验表明,每头牛每天用 5 千克苜蓿干草替代等量玉米秸,已过产奶高峰期的奶牛经过一段时间饲喂后,产奶量回升,平均产奶量达到 31.7 千克,比对照组提高 3.2 千克,同时饲喂优质苜蓿干草后乳品质得到改善。饲喂紫花苜蓿每头牛每天可增收 9.18 元。

韩建国、李志强等(2002)进行了苜蓿干草在高产奶牛日粮中适宜添加量的研究。3 组奶牛日粮中苜蓿干草的添加量分别为 3 千克(对照组)、6 千克、9 千克,相应日粮干物质中粗蛋白质含量分别为 16.4%、17.9% 和 19.4%,组间中性洗涤纤维和产奶净能相同,分别为 37.8% 和 6.7 兆焦/千克。结果表明,在以苜蓿干草为主的奶牛日粮中提高粗蛋白质含量能极显著提高产奶量,干物质进食量显著增加,乳脂量显著增加,乳蛋白量极显著增加。同时证明奶牛日粮中使用苜蓿干草并不增加日粮成本,可以提高经济效益。

王运亨等(2002)用 2.5 千克苜蓿干草取代 2.5 千克羊草饲喂奶牛 60 天,结果表明,1～4 泌乳月每头每日增产牛奶 2.88 千克,提高 9.5%;5～7 泌乳月每头每日增产牛奶 1.97 千克,提高 7.2%,两者都达差异极显著水准($P < 0.01$)。

2. 苜蓿草颗粒在奶牛日粮中应用　人工干燥苜蓿草颗粒在奶牛日粮中有两种饲喂方式:一是作为奶牛精料的一部分,二是替代部分饲草。苜蓿草颗粒不仅可以提供日粮纤维,而且还可以缓解饲喂精料引起的瘤胃 pH 值较大幅度的变化,起到缓冲剂的作用。表 5-6 中列举了两个试验结果,它们表明奶牛日粮中添加人工草颗粒不仅增加产奶量,而且提高乳脂率。作为精饲料,每头泌乳奶牛每天人工干燥草颗粒的饲喂达到 4.5 千克(精饲料饲喂量的 30%)。苜蓿草颗粒还可以作为粗饲料饲草的替代物,最大替代量为 3.5 千克。在 3.5 千克这个水平可以维持或增加奶产量,如果替代量高于 3.5 千克,在某些情况下会降低牛奶的乳脂率。苜蓿草颗粒应用配方见表 5-7。

表 5-6　奶牛日粮中用人工干燥苜蓿草颗粒替代谷物

草颗粒在日粮中所占的比例	干物质采食量（千克）	产奶量（千克）	乳脂率（%）	校正为乳脂率4%产奶量（千克）
0.0	21.9	25.3	3.2	21.2
10.0	21.9	25.7	3.2	23.4
20.0	22.9	27.9	3.5	25.1
30.0	23.1	26.5	3.2	23.7
0.0	18.0	27.5	3.13	23.5
15.0	18.7	26.6	3.36	23.3
27.0	19.2	26.0	3.63	24.5

表 5-7　苜蓿草颗粒应用配方　（千克/日·头）

名　　称	1	2	3	4	5
玉米青贮(35%干物质)	30.0	—	21.0	—	8.0
中等质量干草	—	10.0	—	7.0	—
精料补充料(20%粗蛋白质)	6.3	—	—	—	—
精料补充料(18%粗蛋白质)	—	6.75	6.4	7.4	7.25
人工干燥苜蓿草颗粒	3.0	3.5	—	—	2.0
常规苜蓿草颗粒	—	—	6.0	6.0	3.5

注：650千克体重奶牛，日产奶25千克，乳脂率3.5%

3. 苜蓿草块在奶牛日粮中应用　对于奶牛，苜蓿草块可以作为一种很好的长纤维饲料。苜蓿草块可以作为奶牛惟一的饲草来源，或当粗饲料质量差或饲料缺乏时，来满足奶牛对长纤维的需求。饲喂苜蓿草块对保持、提高产奶量十分有效，应结合经济效益和日粮营养需求来确定草块在日粮中的添加水平。苜蓿草块与其他饲草一同饲喂时，泌乳牛苜蓿草块饲喂可达到 6～8 千克时,可提高泌乳牛采食饲草的质量与进食量。刚开始饲喂苜蓿草块时每头牛每天的饲喂量应在 2～2.5 千克,在 2～3 周内逐渐达到饲喂量。奶牛需要逐渐适应草块的大小以及质地比较硬的特性。在刚开始饲喂时,应将草块弄成薄片或用水浸泡草块以及与高水分青贮饲料混合饲喂,直到奶牛适应了采食草块。

4. 价格及其喂量 草捆的价格低,纤维长,可以全部取代其他干草,且质量较直观,但不容易保存,运输、保存过程中损耗大,叶片容易丢失,由于体积大,运输费用高。粉碎、压实可以提高密度,减少叶片损失,减少运费。苜蓿草粉可以掺入混合料中饲喂,代替部分混合精料,但因纤维短和能量含量低于谷物饲料,喂量不宜过多。草粉质量不直观,价格稍高于草捆。草颗粒可以代替部分干草饲喂奶牛,容易保存,饲喂方便,损耗小,但价格较高。用 1.5 千克苜蓿草颗粒与 1.5 千克苜蓿草捆饲喂奶牛对比试验表明:饲喂草颗粒比饲喂草捆投入产出比高,分别为 1:3.4 和 1:2.9。由于草颗粒纤维短,喂量不宜过大。草块因纤维较长可全部取代其他干草饲喂奶牛,且运输方便,保存方便,损耗小,但价格高。奶牛场可以适当贮存一些草颗粒或草块,以免中断饲喂苜蓿干草。

苜蓿草捆、草粉、草颗粒、草块的价格不应超过混合精料价格的 60%～80%,不应超过当地羊草价格的 1.5 倍和 2 倍,不应超过当地牛奶收购价格的 40%～60%。青苜蓿含有皂角素,喂量过多会发生瘤胃臌气。2.5 千克苜蓿加 2.5 千克玉米秸秆饲喂奶牛,价格低于 5 千克羊草,而营养含量高于 5 千克羊草。

对于干奶期奶牛,在饲喂苜蓿干草时没有限制。但要注意,由于苜蓿含钙高,日粮配方应做一定调整,以便每头牛每天钙采食量小于 100 克,以减少乳热症的发病机率。苜蓿干草可以作为惟一的饲料,用来提高母牛的采食量。

二、玉米秸秆

(一)全株玉米青贮 在平原地区,采取一年两茬玉米种植,进行全株玉米青贮,是提高青贮饲料品质和养殖效率的关键,是解决奶牛优质粗料来源的便捷办法。全株玉米青贮是用专用青贮玉米或粮饲兼用型玉米,在乳熟期至蜡熟期将整株玉米刈割后将果穗、茎叶全株进行青贮。此时籽粒没有乳浆汁液,籽粒尚未变硬,相当于煮熟鲜食青玉米果穗的时期,即籽粒剖面呈蜂蜡状,此时收割,不仅茎叶水分充足,而且也是单位面积土地上营养物质产量最高的时期。在畜牧业发达国家全株玉米青贮已普遍采用,但在我国使用量不到需要量的10%。专用型植株高大、生长迅速、群体生物产量高,每 667 平方米生物产量(鲜草产量)可达 10 吨以上。兼用型籽粒产量高、秸秆生物产量高,是全株玉米青贮的好品种。

1. 营养特性 全株玉米青贮极大地保存了青绿期的维生素,因全株玉米青贮中有籽粒,能量、蛋白质等营养物质得到了提高,且收获阶段秸秆中含糖量最高,甜度最高,具有青绿多汁饲料的适口性好、非结构性碳水化合物含量高、木质素含量低、易消化吸收及利用率高,具有营养价值高、营养浓度高的特点。全株玉米青贮干物质的营养价值比单纯玉米秸秆青贮高出 3 倍左右,且适口性更好,消化率高达 73% 以上。全株青贮较收获籽实后青贮能量产量增加 40%~50%,是奶牛饲养中主要的粗饲料和能量来源。全年饲喂全株玉米青贮,为奶牛提供了常年稳定、优质的粗饲料,满足了产奶所需的各种营养物质,节约了精饲料,降低了生产成本,提高了产奶量。据试验,利用全株玉米青贮饲喂奶牛比用去穗玉米青贮饲喂奶牛提高产奶量 14.9%。

青贮玉米是乳牛的主要青饲料,但是奶牛日粮青粗饲料不能全部利用玉米青贮,这是由于青贮饲料中酸度大,易发生乳房炎或其他部位的炎症,甚至影响配种,必须搭配其他青粗饲料。

2. 适合于全株玉米青贮类型的精料补充料配方 见表 5-8。配方 1～7 是全株玉米青贮粗饲料型日粮,适用于 600 千克活重产奶牛,按照表 5-8 的日粮组成进行饲喂,可满足日产 20 千克标准乳,日增重 0.3 千克中产奶牛的营养需要量。配方 4、5、7 适合全株玉米青贮、苜蓿干草混合型粗料的精料补充料配方。适用于 600 千克活重产奶牛,日喂全株玉米青贮 20～25 千克,小麦秸(稻草秸)1～2.2 千克,苜蓿干草(粗蛋白质 15%)2.2～3.3 千克,精料补充料 5.2～6.7 千克,可满足日产 20 千克标准乳,日增重 0.3 千克中产奶牛的营养需要量。配方 6、7 适合于全株玉米青贮＋苜蓿干草＋小麦秸(或稻草秸)＋啤酒糟的精料补充料配方。适用于 600 千克活重产奶牛,日喂全株玉米青贮 18 千克,小麦秸 2 千克,苜蓿干草(粗蛋白质 15%)2.2～2.8 千克,啤酒糟(鲜)8.6 千克,精料补充料 5.2～5.9 千克,可满足日产 20 千克标准乳,日增重 0.3 千克中产奶牛的营养需要量。

表 5-8　全株玉米青贮型日粮组成

饲料原料	精料补充料配方(%)						
	1	2	3	4	5	6	7
玉　米	21.0	21.0	21.0	48.0	49.0	47.1	55.0
小麦麸	25.8	25.0	25.0	—	—	—	6.7

饲料原料	精料补充料配方（%）						
	1	2	3	4	5	6	7
豆 粕	8.0	—	15.0	18.0	—	—	5.0
菜籽粕	14.0	13.0	13.0	14.0	14.0	14.0	13.0
芝麻饼或花生饼	—	21.1	6.1	—	18.0	19.0	—
棉籽粕或棉籽	12.0	13.0	13.0	14.0	13.0	12.0（籽）	13.0
胡麻粕	13.0	—	—	—	—	—	—
小苏打	1.0	1.0	1.0	1.0	1.0	1.0	1.0
石 粉	2.0	2.5	2.5	—	0.5	2.5	1.5
磷酸氢钙	1.6	1.8	1.8	3.3	2.8	2.6	3.0
食 盐	0.6	0.6	0.6	0.7	0.7	0.8	0.8
预混料	1.0	1.0	1.0	1.0	1.0	1.0	1.0
日粮组成（千克/日·头）							
精料补充料	7.5	7.1	7.0	6.6	6.7	5.9	5.2
全株玉米青贮（鲜）	25.0	25.0	25.0	25.0	25.0	21.2	21.2
苜蓿干草（风干）	—	—	—	3.3	3.3	2.8	2.2
鲜啤酒糟	—	—	—	—	—	8.6	8.6
小麦秸（风干）	2.2	2.8	2.8	2.2	1.0	2.2	1.1

注：以上各组日粮配方是专门针对全株玉米青贮使用的，精料使用量较少，
某些营养物质浓度较高，不可随意加大使用量

（二）玉米秸秆青贮 玉米秸秆青贮是指在玉米成熟期收获玉米果穗后，将青绿的茎叶，经切碎加工、贮藏发酵后，调制成的粗饲料。

1. 营养特性 玉米秸秆青贮能有效地保存蛋白质和维生素。玉米秸秆经青贮发酵后，使粗老的茎秆软化，长期保存

青绿多汁,具有酒香味,适口性好,所含营养易于消化吸收,消化率、可利用养分和采食量均优于干枯的玉米秸秆,是奶牛生产中的当家粗饲料。但是玉米秸秆能量、蛋白质含量低,缺乏维生素和某些微量元素,仅靠玉米秸秆青贮不能满足奶牛的营养需要,还需用精料补充料进行营养补充,使营养物质供应全面均衡,达到高产的目的。

2. 适合于玉米秸秆青贮的精料补充料配方 见表 5-9。配方 1、2、3 适用于 600 千克活重产奶牛,日喂青贮玉米秸秆 23 千克,精料补充料 10.6 千克,可满足日产 20 千克标准乳,日增重 0.3 千克中产奶牛的营养需要量。配方 4 适用于 600 千克活重产奶牛,日喂青贮玉米秸秆 16 千克,苜蓿干草(粗蛋白质 15%)3 千克,精料补充料 9.6 千克。可满足日产 20 千克标准乳,日增重 0.3 千克中产奶牛的营养需要量。配方 5 适用于 600 千克活重产奶牛,日喂青贮玉米秸秆 23 千克,精料补充料 9.6 千克,啤酒糟(干)1 千克。可满足日产 20 千克标准乳,日增重 0.3 千克中产奶牛的营养需要量。配方 6、7 适用于 600 千克活重产奶牛,日喂玉米秸秆青贮 16 千克,苜蓿干草 2 千克,精料补充料 9.6 千克,啤酒糟(干)1 千克。可满足日产 20 千克标准乳,日增重 0.3 千克中产奶牛的营养需要量。

表 5-9 玉米秸秆青贮型日粮组成

饲料原料	精料补充料配方(%)						
	1	2	3	4	5	6	7
玉　米	53.2	52.1	57.0	58.2	52.6	58.9	62.3
小麦麸	5.0	—	10.0	—	7.0	—	—
豆　粕	—	6.0	—	5.0	—	13.0	—
菜籽粕	11.0	12.0	—	11.0	12.0	12.0	12.0

饲料原料	精料补充料配方(%)						
	1	2	3	4	5	6	7
棉籽粕或棉籽	11.0 籽	13.0 籽	13.0	11.0	12.0	11.0	
胡麻粕	—	12.0	—	—	12.0		—
芝麻饼或花生饼	15.0		15.0	10.0			21.0
小苏打	1.0	1.0	1.0	1.0	1.0	1.0	1.0
石　粉	—		0.2				
磷酸氢钙	2.2	2.3	2.2	2.2	1.8	2.5	2.1
食　盐	0.6	0.6	0.6	0.6	0.6	0.6	0.6
预混料	1.0	1.0	1.0	1.0	1.0	1.0	1.0
日粮组成(千克/日·头)							
精料补充料	9.7	9.5	9.0	9.7	9.9	9.4	9.8
玉米秸秆青贮(鲜)	19.0	19.0	19.0	19.0	19.0	20.0	19.0
苜蓿干草(风干)	3.3	3.3	3.3	3.3	3.3	3.3	3.3

三、稻　草

（一）**适合于稻草的精料补充料配方**　水稻是我国主要的粮食作物，而稻草是收获稻谷后的秸秆，资源十分丰富。稻草含有一定的能量、蛋白质和粗纤维等营养物质，是奶牛粗饲料的来源之一。但由于稻草的木质素含量高，消化率和适口性差，作为奶牛的粗饲料的惟一来源时，其营养不足部分，要由精料补充料弥补。推荐一组精料补充料配方和日粮配方列于表 5-10，供养牛户参考。

表 5-10　稻草型日粮组成

饲料原料	精料补充料配方（%）				
	1	2	3	4	5
玉　米	54.2	53.7	58.2	55.2	53.1
小麦麸	5.0	—	—	—	—
豆　粕	16.0	6.8	6.0	9.0	18.0
菜籽粕	10.0	12.0	12.0	12.0	12.0
胡麻粕	—	12.0	—	—	—
棉籽粕或棉籽	9.0	10.0	—	—	11.0
芝麻饼	—	—	18.0	18.2	—
小苏打	1.0	1.0	1.0	1.0	1.0
石　粉	1.2	1.2	1.2	1.0	0.9
磷酸氢钙	1.8	1.5	1.8	1.8	2.2
食　盐	0.8	0.8	0.8	0.8	0.8
预混料	1.0	1.0	1.0	1.0	1.0
日粮组成（千克/日·头）					
精料补充料（风干）	10.9	11.0	10.1	9.4	9.4
玉米秸秆青贮（鲜）	—	—	—	12.0	16.0
稻草（风干）	7.0	7.0	7.0	4.0	4.0
产奶量（千克/日·头）					

注：预混料中含有微量元素铜、锰、锌、铁、硒、碘、钴，维生素 E、维生素 A、烟
　酸等。配方中的稻草可用玉米青贮或羊草部分替代

第六章　奶牛常见疾病及其防治

第一节　奶牛营养状况评价

形态特征评价法是根据动物身体的形态结构与体况之间存在的相关关系评价动物营养状况的方法,常用的形态特征评价法有外貌直观法和体重法。

一、外貌直观法

体型的外貌特征是评价有蹄类动物营养状况最直观和最简单的方法之一。其具体方法主要是依据动物的肌肉丰满度、皮下脂肪蓄积量及被毛情况来判定,作为判断牛群营养状况好、中、差等级的依据。

(一)**营养良好的奶牛**　发育正常,躯体结构紧凑而匀称,各部位比例适当,而且肌肉丰满、骨骼棱角不显露,鼻镜湿润并附有少许水珠,触之有凉感,被毛平顺并富有光泽。

(二)**营养不良的奶牛**　表现发育不良,躯体矮小、消瘦,骨骼表露明显,被毛粗乱无光、易脱落,皮肤缺乏弹性,可视黏膜苍白或黄染。

由于该评价方法采用非量化的指标,因此判断标准受观察者经验、水平和观察工具的影响较大,使这种方法的应用范围受到限制。在实践中,该方法通常用于对牛只的营养状况进行初步评价。

二、体 重 法

动物的体重存在明显的季节性差异,并且这种变化趋势与动物体内脂肪贮存量的变化相一致。体重的增加预示着动物具有较好的营养状态,因此测量体重变化是动物营养状况评价的确切指标。

第二节　营养代谢病概述

营养代谢是指生物体内部和外部之间的营养物质通过一系列同化与异化、合成与分解,实现生命活动的物质交换和能量转化的过程。由于营养物质的绝对和相对缺乏或过多,营养物质吸收不良、营养物质需求增加、参与物质代谢的酶缺乏和内分泌功能障碍,导致机体生长发育迟滞,生产力、生殖能力和抗病能力降低,甚至危及生命。此类疾病,统称营养代谢病。

一、营养代谢病的病因

引起营养代谢病的原因很多,主要有以下几个方面。

(一)营养物质供给和摄入不足　日粮不足或日粮中缺乏某种必需的营养物质,其中以蛋白质(特别是必需氨基酸)、维生素、常量元素和微量元素的缺乏更为常见。此外,食欲降低或废绝,也可引起营养物质摄入不足。

(二)动物对营养物质消化、吸收不良　胃肠道、肝脏及胰腺等功能障碍时,不仅可影响营养物质的消化吸收,而且能影响营养物质在动物体内的合成代谢。

(三)动物机体对营养物质的需要量增多

1. 生理性增多　如公畜配种期,母畜妊娠期和泌乳期,幼畜生长期等,其所需的营养物质大量增加。

2. 疾病时消耗增多 如结核、寄生虫病等慢性消耗性疾病,其体内营养消耗增多。

3. 饲料中的抗营养物质过多 如蛋白质抑制剂、皂甙等,能降低蛋白质的消化和代谢利用;植酸、草酸、硫葡糖甙等,能降低矿物质元素的溶解利用;脂氧合酶抗维生素 A、维生素 E 及维生素 K,硫胺素酶抗硫胺素、烟酸、吡哆醇等,均能使某些维生素灭能或增加其需要量。

(四)营养物质的平衡失调 动物体内营养物质间的关系是极其复杂的,除各营养物质的特殊作用外,还可通过转化、依赖和颉颃作用,以维持营养物质间的平衡。

1. 转化 如糖能转变成脂肪及部分氨基酸,脂肪可转变为糖和部分非必需氨基酸,蛋白质能转变为糖及脂肪。

2. 依赖 如钙、磷、镁的吸收,需有维生素 D;脂肪是脂溶性维生素的载体;合成半胱氨酸和胱氨酸时,需有足量的甲硫氨酸;磷过少,则钙难以沉积;缺钴则维生素 B_{12} 不能合成;维生素 E 和硒的协同作用等。

3. 颉颃 如钾与钠对神经—肌肉的应激性,起着对钙的颉颃作用;充足的锌和铁可以防止铜中毒,维生素 E 的补给可以防止铁中毒。

(五)动物体功能衰退 机体年老和久病,使其器官功能衰退,从而降低其对营养物质的吸收与利用能力,导致营养缺乏。

(六)遗传因素 牛的先天性卟啉症(单隐性因子遗传)、安格斯牛的甘露糖甙过多症(特殊的溶酶体水解酶的遗传性缺乏)等。

二、营养代谢病的诊断

营养代谢病多呈慢性,涉及的脏器与组织比较广泛,且其典型症状出现较晚。因此,对于此类疾病的诊断,必须从饲养条件着手,结合临床症状、化验资料等,进行详细而全面的综合分析,才能作出正确的判断。下述几点值得注意。

(一)**饲养条件调查** 由于营养代谢性疾病,大都影响动物的生长发育、生理功能和生产性能,故其症状有许多相似之处,所以对饲养条件的调查有着重要的意义。

根据日粮的数量,可以估计热量的摄入量;从日粮饲料的种类及其数量,能估量所含营养成分的多寡;对土壤性质的了解,有助于分析土质对饲料质量的影响;了解饲料的加工调制,能帮助分析饲料中营养成分的破坏程度。

(二)**生理状况及生产性能的了解** 动物的种类、年龄、用途以及生理的不同阶段,对营养的需要量和成分是不同的。役用家畜对糖和脂肪的需要量较多;配种期、妊娠期、生长期、泌乳期,不仅所需营养量大,而且对蛋白质的需要量较多。以粗饲料为主的反刍兽,缺磷比缺钙多见。

(三)**症状识别** 通过调查和现场观察,以了解畜禽的异常表现,常能提示重要的诊断指征。如皮肤干燥肥厚,眼结膜干燥发炎,夜盲,以及种公畜高比率的无头精子,是维生素 A 缺乏症的特征。幼畜、幼禽长骨骨端粗大,肋骨与肋软骨连接处明显肿大并形成圆形结节,甲状腺肿大是碘缺乏症的特征。牛的汗液、尿液、乳汁或呼出气有酮味(近似氯仿气味),是牛酮血症的特征。异食,多是矿物质缺乏的先期症状。

(四)**实验室诊断** 动物生理生化指标检测和饲料营养分析对营养代谢病的诊断与某些疾病的鉴别有重要意义。测定血、尿中的钙、磷浓度，能帮助分析骨软症的病因。血浆维生素A的测定，对确诊维生素A缺乏症有帮助。肝及血液中的铜水平，可作为缺铜症的指标。必要时，进行细菌和寄生虫卵检验，可与传染病和寄生虫病鉴别。

（五）**治疗试验**　通过补给患病畜禽可能缺少的营养成分（饲料或营养制剂），观其效果，也是一种重要的诊断方法。如补给维生素A后，症状明显减轻，则为维生素A缺乏症。有出血性倾向时，补给维生素K不见效，而补给维生素C有效，则是维生素C缺乏症。犊腹泻时，用多种抗菌药治疗无效，而用亚硒酸钠和维生素E迅速治愈，则为硒—维生素E缺乏症。

（六）**病理剖检**　对病死畜禽和抽选发病畜禽，在严格控制的条件下剖检，多能给群发病提供重要根据。如幼畜、幼禽肌肉变性，外观灰黄，骨骼肌有白色条纹，横断面有灰色白色斑点，是"白肌病"的特征。

三、营养代谢病的预防措施

（一）**首先应给予合理的日粮**　应根据畜禽的种类、用途和生理的不同阶段，合理搭配饲料。日粮的数量和质量，既要考虑机体的生理需要（绝对量），又要注意营养物质间的平衡（相对量）；既要考虑生理的一般需要，又要注意公畜配种期、母畜妊娠期和泌乳期、幼畜生长期、家禽产卵期，以及役畜在农忙季节等情况下的特殊需要。

（二）**做好饲料的收藏、贮存，防止霉败变质**　饲料要合理加工调制，在对饲料进行加工调制时，要防止营养物质的破坏。畜禽应加强运动，多晒太阳。纠正错误饲养，补给所缺营养物质（包括营养制剂），防治影响营养物质的消化吸收和消耗性的疾病。合理改良土壤和施肥，以保证生产良好的饲料。

第三节　奶牛常见营养代谢病防治

一、乳酸中毒

乳酸中毒即瘤胃酸中毒，是指因奶牛采食了过多的富含碳水化合物的谷物饲料，从而引起瘤胃内异常发酵产生大量乳酸，并使胃内微生物群落的活性降低的一种消化不良疾病。

（一）**病因**　主要为过食富含碳水化合物的谷物如大麦、小麦、玉米、水稻和高粱或其糟粕等能量饲料所引起。如一次或多次饲喂大量谷类能量饲料，或对家畜管理不严，致使偷食大量谷类饲料以及突然急剧地增加谷类饲料的喂量等，均可发生本病。

（二）**症状及诊断**　临床上以精神兴奋或沉郁，食欲和瘤胃蠕动废绝，胃液 pH 值和血浆二氧化碳结合力降低以及脱水等为特征。根据过食能量饲料的病史，临床的严重脱水，瘤胃液 pH 值降低，血液二氧化碳结合力降低等特征，可以确诊。

（三）**防　治**

1. 预防　主要控制能量饲料喂量，特别在泌乳早期，能量饲料的饲喂量应逐渐增加，让其有一个适应过程。阴雨天、农忙季节粗饲料不足时，更应严格控制喂量，防止过食而发生中毒。此外，应加强饲养管理，防止动物偷食。

2. 治疗　本病的治疗以中和瘤胃内容物的酸度，解除脱水以及强心为原则。

中和酸度可用石灰水（生石灰 1 千克，加水 5 升，充分搅拌，用其上清液）洗胃，直至胃液呈碱性为止，最后再灌入

5 000～10 000毫升（根据动物体格大小，决定灌入量）。

解除脱水，可补充5％葡萄糖盐水或复方氯化钠注射液，每次8 000～10 000毫升，分2次静脉注射。在补液中加入强心剂和碳酸氢钠效果更好。

根据病情变化，随时采用对症疗法。如伴发蹄叶炎时，则注射抗组胺药物。

二、酮 病

本病是泌乳奶牛在产后几天至几周内发生糖代谢紊乱，产生大量酮体蓄积于体内的一种疾病。

（一）病因 母牛泌乳早期碳水化合物摄入不足，而摄入蛋白、脂肪较多或动物产前高度营养不良，糖消耗过多，机体持续低血糖造成泌乳时大量的体脂肪动员，产生过量酮体，超过机体利用能力。另外，肝脏疾病可影响糖异生作用，脑垂体－肾上腺系统平衡失调，均可诱发本病。

（二）症状 病牛主要表现为呼出气、乳汁、尿液具有烂苹果味的丙酮气味，而且食欲减少、很快消瘦，泌乳量下降。根据其他症状可分为三种类型，但常混合发生。

1. 生产瘫痪型 患牛卧地不起，伴有神经症状，如目光凶视、肌肉颤搐、狂躁不安、横冲直撞、感觉过敏等。

2. 消化系统混合症状型 多在产后发生，病牛头下垂，眼半闭及眼睑常有颤搐。病牛常无目的行走，有时蹒跚、跌倒。站立时，背腰常拱起。体温正常，有的达39.5℃左右。呼吸有时较快或较慢，个别病例可出现呼吸困难。瘤胃蠕动迟缓、蠕动音减弱。排粪减少，有时出现腹泻。病牛有时肌肉颤抖，多有轻度瘫痪表现，但一般无知觉紊乱。

3. 脑神经型 病牛表现食欲废绝，泌乳停止。神经症状明显,横冲直撞,眼球突出,目光凶视。各式的异常运动,如舐舌、眼球震颤、空口咀嚼动作、颈或背部肌肉痉挛、转圈行走等。患牛皮肤感觉过敏,沿脊椎的皮肤敏感度明显增高,叩击皮肤,病牛有不安表现。

(三)诊断　依症状(如异嗜、前胃弛缓、产奶减少、迅速消瘦、呼出气、口气、尿及皮肤均有丙酮味)可初诊。确诊需做尿酮、乳酮、血酮试验。一般血清酮含量在每 100 毫升 10～20 毫克为亚临床指标,超过 20 毫克为临床酮病指标。

(四)防　治

1. 预防　产前提供高能量饲料,使动物肥瘦适中,提供易消化饲料;每次饲服丙酸钠 120 克,每日 2 次,连用 10 天,可有效预防本病。

2. 治　疗

(1)调整饲料　增加粗纤维,减少高蛋白质、高脂肪饲料,同时结合健胃、助消化,增加食欲。

(2)补充血糖及生糖物质　40％～50％葡萄糖溶液,每天 2 000～3 000 毫升,分 4～6 次静脉注射,或 50％葡萄糖溶液 500 毫升 1 次静脉注射,每天 2 次。或内服甘油 500 克或丙酸钠 120～250 克。

(3)促进糖代谢　体质好的患畜可试用激素疗法,肌注促肾上腺皮质激素 200～600 单位,效果较好。

三、肥胖综合征

母牛肥胖综合征,又称母牛妊娠毒血症,是干奶期精料喂量过多而引起的消化、代谢、生殖等功能失调的综合表现。临床以食欲减退、进行性消瘦、黄疸为特征。

(一)症状及诊断

1. 急性型 随分娩而发病。病畜表现食欲废绝,少乳或无乳,可视黏膜发绀或黄染,体温初期升高至 39.5℃～40℃,步态强拘,目光呆滞,反应迟钝,排黄色恶臭稀粪,对药物无反应,于 2～3 天内卧地不起或死亡。

2. 亚急性型 多于分娩后 3 天发病,主要表现为酮病。

(二)防治 应采取综合防治方法。

1. 加强饲养管理,供应平衡日粮

(1)饲料稳定,避免突然变更 干奶期牛应限制精料喂量,增加干草喂量。每天饲喂混合料 3～4 千克、青贮料 15 千克,干草自由采食。

(2)分群管理 根据不同生理阶段,随时调整营养比例,为避免进食精料过多,可将干奶期牛与泌乳期牛分开饲喂。

(3)适当运动 为增强母牛体质,减少产后胎衣不下、子宫弛缓的发生,干奶期牛每天应有 1～1.5 小时运动时间。

2. 加强产前、产后母牛的健康检查

(1)建立酮体监测制度,提早发现病牛 产前 1 周,隔天测 1 次尿酮和 pH 值。产后 1 天,可测尿 pH 值、酮体,隔 1～2 天 1 次,凡阳性患牛,立即治疗。

(2)定期补糖、补钙 对年老、高产、食欲不振和有酮病史的母牛,于产前 1 周静脉注射 1～3 次 20%葡萄糖针剂和 20%葡萄糖酸钙针剂各 500 毫升。

3. 防止产后发生酮病 于日粮中补喂烟酸 4～8 克,产前 7 天加喂,每天 1 次;丙二醇 200 毫升或丙酸钠 125～250克,产前 8 天饲喂,每天 1 次,连服 15～30 天。

4. 及时配种、防止漏掉发情牛,提高受胎率 以防止奶牛因干奶期过长而致肥。

5. 药物治疗　目的在于抑制脂肪分解,减少脂肪酸在肝中的积存,加速脂肪的利用,防止并发酮病,其原则是解毒、保肝、补糖。

可用 50% 葡萄糖溶液 500～1 000 毫升,静脉注射;50% 右旋糖酐,第一次注射 500 毫升,每天注射 2～3 次,静脉注射;尼克酰胺(烟酸),12～15 克,每天 1 次内服,连服 3～5 天,可抗解脂作用和抑制酮体的生成;氯化钴或硫酸钴每天 100 毫克,内服;丙二醇,170～340 克,口服,每天 2 次,连服 10 天,喂前静脉注射 50% 左旋糖酐 500 毫升,可提高效果;氯化胆碱 50 克,每天 1 次内服,日服 2 次;防止继发感染,可使用广谱抗生素,常选用金霉素或四环素 200 万～250 万单位,1 次静脉注射,每天 2 次;防止氮血症,可用 5% 碳酸氢钠注射液 500～1 000 毫升,1 次静脉注射。

四、母牛产后血红蛋白尿症

该病一般发生于高产奶牛,临床上以低磷酸盐血症、急性溶血性贫血和血红蛋白尿为特征。

(一)病因　低磷酸盐血是本病的主要病因,也与产后泌乳而增高磷脂需求有关。另外,饲喂十字花科植物或铜缺乏也可发病。

(二)症状　红尿为典型症状。病牛乳产量下降,而体温、呼吸、食欲均无明显变化。最初 1～3 天内尿液逐渐由淡红向红色、暗红色直至紫红色和棕褐色转变,以后又逐渐消退。尿液做潜血试验,呈强阳性反应,而尿沉渣中很少或不见红细胞。随着病程的延长,贫血加重,可视黏膜及皮肤变为淡红色或苍白色,或黄染。血液稀薄,凝固性降低,血清呈樱桃红色。

(三)剖检变化　尸体消瘦,全身黄疸,黏膜苍白;肝、胆囊肿大,胆囊内积满浓稠带颗粒的胆汁;脾肿大,肾色淡似胶冻样;膀胱内积有褐色血红蛋白尿;淋巴结肿大,切面多汁外翻,呈褐色。

(四)**诊断**   本病多发生在寒冷冬季,呈地区性。本病的发生常与分娩有关,临床上有红尿、贫血、低磷酸盐血症等典型症状,饲料中磷缺乏或不足,且磷制剂疗效显著,不难诊断。

(五)**防　治**

1. 预防

(1)饲喂平衡日粮   按母牛需要量调节日粮营养标准,特别应注意磷的供应量。

(2)控制块根类饲料喂量   严格甜菜、甘蓝、萝卜的日饲喂量,以 5～10 千克为宜。

(3)定期监测土质,掌握本地区土壤成分   为防制本病的发生,应对土壤及饲料成分进行分析。做到饲喂时缺什么补什么。对缺铜的病牛,每日用 120 毫克有效铜,对预防本病的发生也有益。

(4)做好防寒保暖工作,减少应激因素的刺激

2. 治疗   原则为尽快补磷,以提高血磷水平;输入新鲜血液以扩充血容量;静脉输液以维持水分。

20%磷酸二氢钠溶液 300～500 毫升,1 次静脉注射,每日 1 次或 2 次,对重病牛可 2～4 次。在静脉注射的同时,可用相同剂量再皮下注射,增加疗效。

骨粉 120～180 克,每日 2 次或 3 次口服,连续饲喂 5～7天。如结合静脉注射磷酸二氢钠,则可大大缩短病程,加速痊愈。

输血 500～2 000 毫升,每天 1 次,连续输血 2～3 天。

15%磷酸二氢钠注射液 1 000 毫升、5%葡萄糖氯化钠注

射液 500 毫升、25％葡萄糖注射液 500 毫升、5％碳酸氢钠注射液 500 毫升、醋酸氢化可的松注射液 25 毫升,复方氯化钠注射液 500 毫升,1 次静脉注射,早晚各 1 次。

五、生产瘫痪

本病又称为产后瘫痪、乳热症和临床分娩低血钙症,是指母牛在分娩后精神沉郁、全身肌肉无力、昏迷、瘫痪卧地不起。本病常见于母牛后躯神经受损,亦可见于钙、磷及维生素 D 缺乏。

（一）病　因

1. 饲养管理不当　为引起本病发生的根本原因,特别是日粮不平衡,钙、磷含量及其比例不当。

2. 奶牛产后血钙下降　为该病的主要原因。导致血钙下降的原因主要有钙随初乳丢失量超过了由肠吸收和从骨中动员的补充钙量;由肠吸收钙的能力下降;从骨骼中动员钙贮备的速度降低。

3. 难产等原因致神经损伤或硬软产道损伤　胎儿过大、胎位、胎势不正,以及产道狭窄引起的难产时间过长;或胎位不正,强力拉出胎儿,使坐骨神经及闭孔神经长时间受压迫或挫伤,引起麻痹;也有因分娩时荐髂韧带剧烈拉伸、骨盆骨折或肌肉拉伤,导致母牛产后后躯不能站立。

（二）症状及诊断　分三个阶段。

1. 前驱症状　呈现出短暂的兴奋和搐搦。病牛敏感性增高,四肢肌肉震颤,食欲废绝,站立不动,摇头、伸舌和磨牙。运动时,步态踉跄,后肢僵硬,共济失调,易于摔倒。被迫倒地后,兴奋不安,极力挣扎,试图站立,当能挣扎站起后,四肢无力,步行几步后又摔倒卧地。也有的病牛只能前肢直立,而后肢无力,呈犬坐样。

2. 瘫痪卧地 几经挣扎后,病牛站立不起便安然卧地。卧地有伏卧和躺卧两种姿势。伏卧的牛,四肢缩于腹下,颈部常弯向外侧,呈"S"状,有的常把头转向后方,置于一侧肋部,或置于地上,人为将其头部拉向前方后,松手又恢复原状。躺卧病牛,四肢直伸,侧卧于地。鼻镜干燥,耳、鼻、皮肤和四肢发凉,瞳孔散大,对光反射减弱,对感觉反应减弱至消失,肛门松弛,肛门反射消失。尾软弱无力,对刺激无反应,系部呈佝偻样。体温可低于正常,为 37.5～37.8℃。心音微弱,心率加快可达 90～100 次/分。瘤胃蠕动停止,粪便干、便秘。

3. 昏迷状态 精神高度沉郁,心音极度微弱,心率可增至 120 次/分,眼睑闭合,全身软弱不动,呈昏睡状;颈静脉凹陷,多伴发瘤胃臌气。治疗不及时,常可导致死亡。

据临床症状结合临床检查可确诊。

(三)防 治

1. 预防 对高产牛或以前患过本病的牛,在产前 2 周减少料中的钙含量,在分娩之前及产后则立即增加钙的补充,可有效防止本病的发生。另外,产后 3 天内不将奶挤尽,适当抑制泌乳,亦可减少本病的发生。治疗可依实际情况采用相应的方法。

2. 治疗

(1)**药物疗法** 可缓慢静脉注射 10％葡萄糖酸钙注射液 500 毫升,还可加入 20 毫升硼酸,注射后 6～12 小时如无反应,可重复注射,但不可超过 3 次。注射过程中要注意观察心脏活动情况,如出现心动过缓,应立即停止注射。还可结合静脉注射 15％磷酸二氢钠注射液 250 毫升或 3％次磷酸钙溶液 1 000 毫升,亦可试用 25％硫酸镁注射液 100 毫升肌内注射。

（2）**乳房送风法**　即向乳房内打入空气,本法适用于钙剂治疗不良的病例。在对乳头、乳头管口、送气导管消毒后,向四个乳区打入经过滤的清洁空气,打入空气量以乳房饱满、乳部皮肤平展且富有弹性时为止,密封乳管,1小时后缓慢放出气体。应注意避免送气不足或送气过多。

（3）**针灸疗法**　对由神经麻痹引起的截瘫病例,可采用针灸进行治疗,根据患病部位,针刺或电针相应的穴位,同时在腰荐部进行醋灸,可收到一定的效果。

在治疗过程中应定期翻动患牛,并多垫柔软的干草,以防止发生褥疮。

六、佝偻病

指处于生长发育期的犊牛,因维生素 D 不足,钙、磷代谢障碍所致的骨骼变形性疾病。临床特征为消化紊乱、异嗜、跛行及骨骼变形。

（一）病因　主要见于饲料中维生素 D 含量不足及日光照射不够,怀孕母畜或哺乳饲料中钙、磷比例不当,以致哺乳期幼畜体内维生素 D 缺乏。圈舍潮湿、污浊、阴暗,幼畜消化不良,营养不佳等可成为发病诱因。

（二）症状　动物精神沉郁,喜卧,多有异嗜现象,如舔食墙土、煤渣、砖头及粪尿等物。患畜四肢软弱无力,站立时,四肢频频交换负重,运步时步样强拘,有时呈跛行。骨骼变形,关节肿大,骨端粗厚。肋骨扁平,胸廓狭窄,脊柱弯曲,肋骨与肋软骨结合部呈串珠状肿胀。头骨肿大。四肢弯曲,呈内弧或外弧肢势。发病动物发育迟缓、消瘦、贫血。体温、脉搏及呼吸一般无明显变化。

（三）诊断　该病常发生于犊牛,根据病史调查、临床特征,结合检查血清钙、磷水平及血清碱性磷酸酶的活性变化,可得出诊断。

(四)防　治

1. 预防　加强对妊娠母畜和哺乳母畜的饲养,经常补充维生素 D 和钙;幼畜要经常运动,多晒太阳;调整日粮,保证有足够的维生素 D 和矿物质;及时治疗胃肠道疾病。

2. 治疗　可应用鱼肝油 10～15 毫升,内服,每日 1 次,发生腹泻时停止服用;或骨化醇胶性钙注射液 40 万～80 万单位,肌内注射,每周 1 次;或维生素 D_2 胶性钙注射液 1～4 毫升,皮下或肌内注射,每日 1 次;也可用 10%氯化钙注射液 5～10 毫升,或 10%葡萄糖酸钙注射液 10～20 毫升,静脉注射,每日 1 次。

七、骨　软　病

本病是动物在软骨骨化作用完成后发生的一种骨营养不良病。

(一)病因　主要是因为饲料、饮水中磷含量不足,导致钙、磷比例失调,引起钙、磷代谢紊乱。

(二)症状及诊断　特征症状是消化紊乱、异嗜、跛行、骨骼变形、疏松。早期患病动物消化紊乱,明显异嗜癖,患畜采食泥土、砖头或吞食胎衣等。中期出现跛行症状,肢体僵直,行走时后躯摇摆,拱背,喜卧。有时患牛腿部颤抖,后肢伸展呈拉弓势。后期出现脊柱,肋弓,四肢关节疼痛,外观异常,骨盆变形,肋骨、肋软骨接合部肿胀、易断。血液检查可见血钙浓度升高,血磷浓度降低,血清碱性磷酸酶水平亦有升高。

(三)防　治

1. 预防　注意日粮配合,保证钙、磷供给及比例适宜。

2. 治疗　在患畜刚出现异食癖时,可立即补充骨粉,跛行者仍须在症状消失后连续用1～2周。对于重症者可补充骨粉同时配合补磷,即取适量20%磷酸二氢钠注射液或3%次磷酸钙溶液静脉注射,每天1次,连用3～5天。

八、维生素 A 缺乏症

(一)病因　饲料中维生素 A 含量不足;维生素 A 合成、吸收障碍,慢性肠道病,肝病可致维生素 A 缺乏;胆汁酸分泌过少,长期腹泻;料中脂肪过少或过多都可影响维生素 A 的吸收。

(二)症　状

1. 视力障碍　夜盲症,夜间或光线较暗时,视力降低。对于犊牛可在角膜上出现白的云雾状物,有时角膜出现溃疡甚至穿孔失明。

2. 皮肤病变　皮肤干燥、脱屑、甚至发生皮炎,被毛无光泽,脱毛,蹄、角生长不良。

3. 神经症状　以犊牛最明显,出现无目的行走,转圈,共剂失调,有时出现假死和晕厥。

4. 繁殖障碍　公畜精液不良,母畜发情紊乱,受胎率降低,易发生流产、早产或死产。胎儿发育不全,常有先天性缺陷、畸形,仔畜活力低下。

5. 抗病力低下　患畜易发生支气管炎、肺炎、胃肠炎等病。

(三)诊断　初生仔畜突然出现神经症状及夜盲。母畜出现流产、死胎、畸形胎增多。血浆中维生素 A 及胡萝卜素显著低于正常水平。

(四)防治　主要是补充维生素 A,可按每千克体重133

微克,皮下注射,效果明显;也可料中投饲,每千克体重12～24微克;或者内服鱼肝油胶囊,成年动物20～30毫升,仔畜5～10毫升。

九、白 肌 病

白肌病是由于硒或维生素E缺乏引起犊牛以骨骼肌、心肌纤维以及肝脏发生变性、坏死为特征的疾病。病变特征是肌肉色淡、苍白。多发于冬春气候骤变、缺乏青绿饲料之时,往往呈地方性流行。

(一)病 因

1. 原发性硒缺乏 主要是饲料含硒不足,动物对硒的需要量是每千克饲料0.1～0.2毫克,低于0.05毫克时,就可出现硒缺乏症。而土壤硒低于每千克0.5毫克时,该土壤上种植的植物含硒量便不能满足机体的要求。

2. 土壤、饲料硒不能有效利用 酸性土壤硒不易溶解吸收,而碱性土壤硒易被植物吸收。另外,硫等能制约硒的吸收;饲料硒能否被充分利用,还受铜、锌等元素的影响。

3. 饲料缺乏维生素E 如长期给予劣质干草、干稻草、块根食物。另外如油料种子、植物油及麦胚中维生素E含量较少。

4. 饲料维生素E不能有效利用 饲料中含不饱和脂肪酸、矿物质等可促进维生素E的氧化。

(二)**症状** 白肌病根据病程经过可分为急性、亚急性及慢性等类型。

1. 急性型 犊牛往往不表现症状突然死亡,剖检主要是心肌营养不良。如出现症状,主要表现兴奋不安,心动过速,呼吸困难,有泡沫血样鼻液流出,约10～30分钟后死亡。

2. 亚急性型 机体衰弱,心衰,运动障碍,呼吸困难,消化不良为特点。

3. 慢性型 犊牛生长发育停滞,心功能不全,运动障碍,并发顽固性腹泻。表现为精神沉郁,喜卧地,站立不稳,共济失调,肌颤。心跳 140 次/分,呼吸 80 次/分,结膜炎,角膜混浊、软化,最后卧地不起,心衰,肺水肿,死亡。

（三）**剖检病变** 主要是骨骼肌变性、色淡,似煮肉样,呈灰黄色条状、片状等。心扩张、心肌内外膜有黄白、灰白与肌纤维方向一致的条纹状斑。

（四）**诊断** 本病诊断可结合缺硒历史,临床特征,饲料、组织硒含量分析,病理剖检,血液有关酶学,以及应用硒制剂取得良好效果做出诊断。

（五）**防　治**

1. 近期预防 冬春注射 0.1% 亚硒酸钠液 10～20 毫升。同时应注意整体营养水平,适当补充精料。冬春气候突然骤变,寒冷应激,加上营养不良,易诱发某些缺乏症的发生。母牛产前给生育酚 1 克,产后犊牛每天补给 150 毫克。

2. 远期预防 保证每千克饲料含硒量 0.1～0.2 毫克,如达不到这一水平,可采取下述措施。

（1）定期给硒盐供舔食　每千克食盐均匀添加 20～30 毫克硒,定期舔食。

（2）瘤胃硒丸　对于放牧牛只,可采取瘤胃硒丸的办法补硒。

（3）施肥与喷洒　对于高产牧场或专门从事牧草生产的草地,可用施硒肥或在牧草收割前进行硒盐喷洒,增加牧草含硒量。

（4）皮下埋植　将 10～20 毫克亚硒酸钠植入牛的肩后疏

松组织中,使其慢慢吸收。这种方法类似瘤胃硒丸。采用此法必须注意,动物不能提前屠宰,否则植入部位硒吸收不全造成高硒残留,不符合食品卫生要求。

(5)饮水补硒　在人工饮水条件下,可定期将所需的硒盐加入。

3. 治疗　可用 0.1% 亚硒酸钠注射液,皮下或肌内注射,5～10 毫升。根据情况 7～14 天重复 1 次。同时可配合维生素 E,300～500 毫克。

第四节　奶牛其他常见病防治

一、消化不良

奶牛的消化不良指单纯性消化不良、重度消化不良及乳酸中毒一系列临床综合征。

(一)**病　因**

1. 单纯性消化不良　主要与饲料变质和突然改变饲料有关,见于泌乳的各个阶段,诊断时需排除其他因素的干扰。

2. 重度消化不良　也称为中毒性消化不良或精料中毒,与误食大量精饲料或大量变质饲料有关。例如,误食大量谷物和被风吹落的苹果等,病因较明确。

3. 乳酸中毒　见本章第三节。

(二)**症状**　初期食欲减损、脱水加重、体温偏低,随后产奶量下降,食欲废绝,沉郁,反刍停止,瘤胃弛缓至蠕动消失。触压瘤胃呈面团样,皮温低,粪便减少,初期干,随后变软、恶臭;过食青贮饲料时胃胀满。后期可发生腹泻、低血钙,严重者出现卧地不起。

（三）治疗 反复多次小剂量皮下注射甲基硫酸新斯的明注射液，每 50 千克体重 5 毫克，2～3 小时 1 次。静脉注射促反刍液，如 10%氯化钠注射液、10%氯化钙注射液（20%糖酸钙）、20%安钠咖注射液或 10%葡萄糖注射液等。灌服大黄苏打片、小苏打、陈皮、生姜、大蒜、硫酸钠（镁）或石蜡油进行缓泻。也可先洗胃后灌药。维生素 B_1 注射液肌内注射，并加强运动和瘤胃按摩。瘤胃臌气严重的病例可行胃管或瘤胃穿刺放气。

二、皱胃变位

皱胃变位是皱胃的自然解剖位置发生改变的疾病，分左方变位和右方变位两种。左方变位是皱胃通过瘤胃下方移行到左侧腹腔，嵌留在瘤胃与左腹壁之间。右方变位又叫皱胃向前方（逆时针）扭转，嵌留在网胃与膈肌之间。后方变位是皱胃向后方（顺时针）扭转，嵌留在肝脏与右腹壁之间。

（一）病因 一般多由于皱胃弛缓或体位骤然改变致使皱胃机械性转移所致。

（二）症状及诊断

1. 左方变位 病牛食欲减损，拒食精料，仅吃少量干草，反刍减少或不反刍，有的食欲废绝。由于长期采食量少，瘤胃大多空虚，有的瘤胃体积变小但内容物充满，少数病牛瘤胃积液。产乳量伴随采食量的减少而下降。排粪减少，多腹泻，粪便呈绿色糊状。体温、呼吸、心跳基本正常。眼球下陷，严重脱水。逐渐消瘦，腹围缩小，肷部下陷，显露两侧肋骨及腰椎，尾根部凹陷。一般在左侧倒数 1～3 肋间中部（肩端水平线上）出现特征性"钢管音"。病程较长，有的可达 40～60 天。如不采取及时有效的治疗，最终可消瘦而死。

2. 右方变位　病牛发病比较急,饮食欲废绝,迅速脱水,眼球下陷。常并发瘤胃积液,腹痛,排黑色浓稠粪便。右腹增大,有的病牛右侧肷窝明显膨出,可在右侧倒数第一、第二、第三肋间及右肷部最后肋骨后缘上角出现钢管音。并发瘤胃积液的牛,左侧最后几个肋间上方也出现大范围的钢管音。体温、呼吸基本正常。病程一般较短,如不采取及时治疗,一般在发病 4～5 天后全身情况恶化,心跳达 110 次/分,常因脱水和代谢性碱中毒而死亡。对于持续输液的病牛,病程可相应延长。

依临床症状,结合临床检查可确诊。

(三)治疗　对于左方变位,采取保守疗法和手术疗法;对于右方变位,手术治疗是惟一确实有效的治疗方法。

1. 左方变位保守治疗

(1)支持疗法　采用输液纠正代谢性碱中毒、低血钾、低血氯,并配合兴奋胃肠、消气导滞的药物。连续用药 3～5 天,治疗期间停饲,正常饮水。建议处方:

10%高渗氯化钠注射液	500 毫升×2 瓶
复方生理盐水注射液	500 毫升×1 瓶
5%葡萄糖氯化钠注射液	500 毫升×4 瓶
青霉素粉针	80 万单位×20 瓶
维生素 C	2～4 克
10%安钠咖注射液	10 毫升×3 支

静脉注射,每天 1 次,连用 3 天。

(2)滚转法　整复前病牛限制饮水。首先使牛右侧卧于软地上,前、后肢分别用绳捆绑,牛两旁各由二人拉绳,一人保定牛头,协同将牛转为仰卧。随后以背部为轴心,先向左滚转45°,回到正中,再向右滚转45°,再回到正中。如此来回地左右摆动约3分钟,突然停止在右侧横卧位。此时对左侧倒数1~3肋间听诊与叩诊,根据钢管音的消失来判断真胃是否复位。若真胃已经复位,应保持右侧卧15~20分钟,然后再转成俯卧式(胸部着地),最后使之站立。如尚未复位,可重复进行。滚转后配合支持疗法巩固疗效。

2. 左方变位手术治疗　六柱栏内站立保定,3%盐酸普鲁卡因腰旁神经传导麻醉,配合0.5%盐酸普鲁卡因局部浸润麻醉。选择左肷部前下切口,切口距最后肋骨3~4厘米。

常规切开腹壁,于创口稍前方可显露轻度臌气的真胃。将真胃缓慢拉出创口外,用生理盐水纱布隔离。如果真胃积气较多,可先行穿刺放气减压,再将真胃拉出创口外,显露网膜安置固定线。取2米长的双股10号缝合线,于真胃大弯的大网膜起始部上做第一个水平钮扣缝合固定线,间距5厘米再做第二根和第三根固定线。将三条线尾用止血钳按先后顺序固定在创巾上。

术者将真胃推送回腹腔内,并用手掌下压真胃,经瘤胃下方向右侧腹腔推挤复位。多数病牛可顺利复位,少数病牛则需要反复下压及向右侧推挤真胃才能初步复位。

术者手持第一根真胃预置固定线的线尾,经瘤胃下方绕到右侧腹腔,确定该预置缝线与右侧腹壁相应的位置后,指示助手在对应的腹壁处剃毛、消毒和局部浸润麻醉。助手用手术刀在皮肤上做一1厘米长小切口,用止血钳经皮肤小切口向腹腔内戳入,使止血钳尖端刺破腹膜进入腹腔,与此同时,术者手掌在腹腔内保护戳入腹内的止血钳前端,以防止损伤腹腔内脏器。术者与助手配合,助手用止血钳钳夹术者手指夹持的缝合线,夹紧并拉出皮肤创口外,暂不拉紧。然后按相同方法在右侧腹壁上第一根预置固定线的后方5厘米处引出第二根固定线。同法引出第三根固定线。术者手再次检查真胃的位置,并进一步推送真胃进入右侧腹腔。与此同时,助手将三根固定线向腹外牵拉,使真胃在推送和牵拉的配合下复位。确信真胃复位正常、固定线对内脏无缠结的情况下,将三根固定线打结于皮肤小切口内。打结方法为先在皮肤小切口内放入一长1厘米烟卷粗的无菌纱布卷,将线结打在纱布卷上,剪去线尾,使纱布卷与线结都埋于皮下。皮肤小切口缝合1~2针。常规闭合腹壁切口,打结系绷带。

3. 右方变位手术治疗 六柱栏内站立保定,3%盐酸普鲁卡因腰旁神经传导麻醉,配合0.5%盐酸普鲁卡因局部浸润麻醉。右肷部前切口。

常规切开腹壁,于创口内或稍前方可显露严重积液的真胃,有轻度扩张的真胃在最后肋骨稍内侧的腹腔内。术者手进入腹腔,判明真胃的扩张积液严重程度。对高度积液的真胃,排液减压后再整复。在真胃壁上做一荷包缝合,于线圈中央切开真胃壁并迅速插入导管,抽紧荷包缝合线,通过导管放出真胃内积液,然后将导管抬高,放出真胃内气体。拔出导管抽紧荷包缝合线,缝合真胃切口,再将真胃轻轻向腹壁切口外牵引,并显露真胃大弯及网膜。在真胃大弯的网膜上做2~3个水平钮扣预置固定线,用生理盐水冲洗真胃后将其还纳回腹腔,并用手掌下压,按逆时针方向向前下方推送真胃,一边推送真胃,一边将瓣胃按逆时针方向向上向后滚转,使瓣胃复位。只有瓣胃复位以后,真胃才能完全复位。待瓣胃和真胃完全复位后,再将真胃的固定线经右侧腹底壁小切口引出并打结。缝线引出腹壁的方法与左方变位手术的真胃固定线引出法相同。

4. 术后护理 术中、术后使用抗生素,输液纠正脱水、代谢性碱中毒以及低血钾、低血氯症。出现反刍后饲喂少量易消化饲草,逐日增多,待食欲恢复正常后再添加精料,并逐日增多。术后可做自由活动或适当的牵骝运动。术后 7～11 天拆除皮肤缝线。

三、黄曲霉毒素中毒

因食入被黄曲霉毒素污染的料草而引起的中毒性疾病。本病主要以肝脏受到损害,肝功能障碍,肝细胞变性、坏死、出血、增生为特征。

(一)病因 由于采食被黄曲霉毒素污染的花生、玉米、麦类、豆类、酒糟及其他农副产品而致。

(二)症状 多为慢性经过,病畜表现为厌食,消瘦,精神委顿,一侧或两侧角膜浑浊。腹腔积液,间歇性腹泻。少数病例呈现神经症状,突发转圈运动,最终昏迷、死亡。

(三)诊断 发现黄曲霉毒素中毒的可疑病例,应立即调查病史,并对现场的饲料进行检查,结合临床症状,可作出初步诊断。确诊必须进行毒素检测和病原菌分离培养。

(四)防 治

1. 预防 做好饲料的防霉工作,妥善保存,避免遭受雨淋、堆场发热,以防止霉菌生长繁殖。尽量不喂发霉的饲料。

2. 治疗 目前尚无特效疗法。发现中毒病例,应立即停喂霉败饲料,给予含碳水化合物丰富的青绿饲料,减少含脂肪多的饲料。对于重剧病例,可服盐类泻剂(如硫酸镁、人工盐等),排除胃肠内有毒物质。解毒保肝,防止出血,可用 25%～

50％葡萄糖注射液并加入维生素 C 做静脉注射或用 5％氯化钙注射液或葡萄糖注射液、40％乌洛托品注射液，静脉注射。心脏衰弱者，可肌内注射 20％安钠咖注射液 10～20 毫升。

四、蹄 叶 炎

又称弥散性无败性蹄皮炎，可分为急性、恶急性和慢性，通常侵害几个指（趾），可发生于奶牛、肉牛和青年公牛。该病可能是原发性的，也可能继发于其他疾病，如严重的乳腺炎、子宫炎和酮病。母牛发生本病与产犊有密切关系，而以精料为主的青年母牛发病率较高。

（一）**病因**　引起蹄叶炎的发病因素很多，长期以来认为牛蹄叶炎是全身代谢紊乱的局部表现，但确切原因尚无定论，倾向于综合性因素所致，包括分娩前后到泌乳高峰时期吃过多的碳水化合物精料、不适当运动、遗传和季节因素等。

（二）**症　状**

1. 急性型　病牛典型表现为运动困难。站立时拱背，四肢收于一起，如仅前肢发病时，症状更加严重，后肢向前伸，达于腹下，以减轻前肢的负重。有时可见两前肢交叉，以减轻患肢的负重。通常内侧趾疼痛更明显，一些动物常用腕关节跪地采食。后肢患病时，常见后肢运步时划圈。患牛不愿站立，较长时间躺卧，在急性期早期可见明显的出汗和肌肉颤抖。体温可升高，脉搏可加快。

局部症状可见患肢静脉扩张，前肢的趾动脉搏动明显，蹄冠的皮肤发红，仅在蹄可感到发热。蹄底角质脱色，变为黄色，有不同程度的出血。

急性型如不能在早期抓紧治疗，可变成慢性型。

2. 慢性型　常常没有全身症状，可看到患牛站立时以球部负重,蹄底负重不确实。时间较长后,患畜全身状态变坏,出现蹄变形,蹄延长,蹄前壁和蹄底形成锐角。由于角质生长紊乱,出现异常蹄轮。由于蹄骨下沉、蹄底角质变薄,甚至出现蹄底穿孔。

(三)**诊断** 急性型应根据长期过量饲喂精料,以及典型症状如突发跛行、异常姿势、拱背、步态强拘及全身僵硬,可以做出确诊。类症鉴别诊断时应与多发性关节炎,蹄骨骨折,软骨症、蹄糜烂、腱鞘炎、腐蹄病、乳热症、镁缺乏症、破伤风等区分。

慢性型蹄叶炎往往误认为蹄变形,而这只能通过 X 线检查确定。其依据是系部和球节的下沉;指(趾)静脉的持久性扩张;生角质物质的消失及蹄小叶广泛性纤维化。

(四)**防 治**

1. 预防 分娩前后应避免饲料的急剧变化,产后增加精料的速度应慢。给精料后应给适量的粗饲料。饲料内可添加重碳酸钠。可让牛自由舔盐,以增加唾液分泌。

2. 治疗 首先应除去病因。给抗组胺制剂,也可应用止痛剂。瘤胃酸中毒时,静脉注射重碳酸钠液,并用胃管投给健康牛瘤胃内容物。慢性蹄叶炎时注意护蹄,维持其蹄形,防止蹄穿孔。

五、胎衣不下

母牛产后超过 12 小时,胎衣仍未排出,称为胎衣不下。临床上可分为部分胎衣不下和全部胎衣不下。本病多可继发子宫内膜炎而引起不孕。

(一)**病 因**

1. 产后子宫收缩无力 常见原因是妊娠期运动不足、营养不良以及分娩牛年老体弱,另外胎儿过大、胎水过多、双胎及多胎妊娠都可导致本病。

2. 胎儿胎盘与母体胎盘发生炎性粘连 多见于子宫内膜炎和胎膜炎症过程中,胎儿胎盘和子宫内膜发生粘连,使分娩时胎盘不易脱落。

3. 其他 流产、孕期缩短、胎盘少而大、产后宫缩过早也可引起胎衣不下。

(二)症状及诊断 临床上分为全部胎衣和部分胎衣不下两种。

1. 部分胎衣不下 胎衣排出后,尚有部分胎衣滞留在子宫内,不能排出。多在 3～5 天后,滞留的胎衣开始腐败,可见阴门内排出大量含有胎衣碎片和黏液的脓汁。甚至发生子宫内膜炎,导致败血症。

2. 全部胎衣不下 可见部分土红色胎衣悬挂于阴门外,表面有大小不等的胎儿子叶。有的病例在分娩后可见胎衣全部滞留在子宫或阴道内。滞留的胎衣多在 1～2 天发生腐败,从阴门内流出大量红色、恶臭的黏液,多混有腐败的胎衣碎片。腐败物质被机体吸收后,常引起全身中毒症状,患牛精神不振,出现体温升高,呼吸、心跳加快,食欲、反刍略减少,有时有腹泻,前胃弛缓。患牛常有拱背、努责现象。

(三)防 治

1. 预防 加强饲养管理,在妊娠期及妊娠后期给予适当的运动,以增强母牛的产力。

2. 治疗 原则是促进子宫收缩和黏膜溶解,促进胎衣和子宫内容物排出。

具体可用下列药物:皮下注射麦角浸出液,每次 5～10 毫升,或人造雌酚注射液 4～5 毫升,亦可在分娩后立即皮下注射垂体后叶素注射液 5～10 毫升,效果较好。

下列中药方对本病效果良好:益母草 200 克,艾叶 100 克,生桃仁 40 克,炮姜 40 克,生蒲黄 40 克,赤芍、当归、川芎、白术各 25 克,黑豆、红糖各 250 克、炙甘草 20 克,共为细末,开水冲调,加黄酒 200 克作引,1 次灌服。

防止子宫炎症,可用青霉素粉针 200 万单位加 100 毫升生理盐水溶解后注入子宫内,早晚各 1 次;也可用金霉素或土霉素、四环素 0.5～1 克,装入胶囊内,置于孕角子宫黏膜与绒毛膜之间,2 天 1 次,连用 3 次。另外还可放置环丙沙星或恩诺沙星胶囊 10～15 粒,效果亦较好。

若药物治疗无效,则须进行手术剥离。在做好消毒工作后,向子宫内灌入 10％生理盐水 500～1 000 毫升,母牛努责强烈时,可在后海穴或荐尾间隙用普鲁卡因做局部麻醉后手术。用左手轻轻拉住外露的胎衣,右手伸进子宫,沿绒毛膜摸到胎盘附着部,用食指和中指夹住子叶,用拇指推压胎盘,进行剥离。应注意由近及远,要把近处的胎盘剥离完全,再向前剥离。注意,剥离胎衣必须彻底,否则可引起子宫内膜的炎症。剥离后用温和的消毒液冲洗,排尽冲洗液后再放置抗生素胶囊。

六、不 孕 症

奶牛不孕症常由卵巢功能减退、卵巢囊肿、持久黄体以及子宫内膜炎等疾病引起。

(一)卵巢功能减退 本病是指母牛受各种因素影响引起的暂时性卵巢功能紊乱,出现发情异常或长期不发情,或卵泡发育中途停滞,严重者可导致卵巢萎缩性病变而丧失生殖能力。

1. 病因 多因子宫及卵巢疾病所致。另外,气候温热不定、母牛营养不良、日照不足及缺乏运动锻炼等,引起垂体前叶功能减退;产后饲养管理不当使母牛产后子宫复位不全,或长期患慢性、消耗性疾病,都可引发本病。

2. 症状 多见发情异常,表现为长期不发情,或发情周期延长,或发情周期不定,或发情时外部无明显表现,有时有发情表现但不见排卵。直肠检查,多见卵巢表面光滑,卵泡发育不明显,亦无大的黄体,有时可在一侧卵巢上摸到一个较小的黄体残迹。有时可见卵巢形态质地正常,亦有重症病例出现卵巢萎缩、质地变硬。卵巢萎缩时,母牛不发情,直肠检查,卵巢多变硬,体积变小,大小如豌豆。有时可见子宫体积缩小。

3. 诊断 依临床表现可见性周期紊乱或长期不发情,结合直肠检查卵巢可确诊。

4. 防治

(1)预防 主要是加强饲养管理,注意维生素、矿物质及微量元素的补充,增加日照和运动锻炼,对营养差的高产奶牛要控制产奶量,并积极治疗原发病。

(2)治疗

①激素疗法 促黄体素释放激素,每次 500～1 000 单位肌内注射或后海穴注射,每 2 天 1 次,连用 3 次。亦可用促卵泡素(每次 200～300 单位)或雌二醇(每次 4～10 毫克)进行肌内注射,每 2 天 1 次,连用 3 次。

②按摩疗法 用手在直肠内按摩卵巢及子宫,每次 3～5分钟,每日 1 次,连做 4～5 次,结合肌内注射雌二醇 20～40毫克。

③中药疗法 当归、菟丝子、阳起石、淫羊藿、灸黄芪各35 克;川芎、巴戟天、续断、骨碎补、党参、白术、远志各 25 克;

石菖蒲 5 克,共研为末,加黄酒 200 克作引,1 次灌服,每 2 日 1 次,连用 3 次。

④激光疗法　可用氦—氖激光器照射母牛地户穴或阴蒂部,每日 1 次,连用 12～14 次。

(二)**卵巢囊肿**　本病分为卵泡囊肿和黄体囊肿。卵泡囊肿是因卵泡上皮变性、卵泡结缔组织增生、卵细胞死亡、卵泡液蓄积形成;黄体囊肿是因未排卵的卵泡壁上皮细胞黄体化形成,又称黄体化囊肿。本病多发于产后 1.5 个月。

1. 病因　主要因饲养管理不当所致,例如饲喂精料过多但未注意维生素、微量元素及矿物质的补充;舍饲牛光照不足、缺乏运动;垂体前叶机能紊乱,长期过量使用雌激素都可引发本病;另外,子宫内膜炎、胎衣不下及其他卵巢疾病多可引起卵巢炎而继发本病。在卵泡发育过程中,气温骤变,也可引起本病。

2. 症状

(1)卵泡囊肿　母牛生产周期变短,发情期延长,或频繁、持续发情,有时出现所谓"慕雄狂"表现:患牛极度不安,拒食,大声哞叫,时常追逐爬跨其他母牛。少数母牛不发情,多见于产后 2 个月以内。

(2)黄体囊肿　无发情表现,外阴及骨盆部无明显变化。

直肠检查,上述两种情况患畜卵巢上都有 1 个或几个大的囊泡,直径为 3～7 厘米,多可持续 2～3 天仍不消失。

3. 诊断　依据患牛发情异常,无规律持续、频繁发情,有时呈慕雄狂现象。直肠检查,卵巢上有 1 个或数个有波动感的囊泡。

4. 防治

(1)预防　主要是消除病因,改善饲养管理,增加运动,提高母牛体质。高产乳牛要适当减少挤奶量。

（2）治疗

①激素疗法　可用绒毛膜促性腺激素1万单位肌内注射或静脉注射。亦可肌内注射黄体酮注射液（每次100毫克）或促黄体素（每次200～400单位），隔日1次，连用3～6次。也可用地塞米松10～20毫克肌内注射，对激素疗法无效者可有一定的效果。

②穿刺法　可用长针在臀部穿刺，刺破囊肿，放出囊肿内的液体，再注入绒毛膜激素5 000单位。

③徒手法　也可徒手在直肠内隔肠壁找到囊泡，并挤破，放出液体，再挤压5分钟左右以达止血目的。本法可能损伤卵巢及周围组织，应慎用。

④手术法　如上述方法无效，可通过手术摘除囊肿。

（三）持久黄体　在发情周期或分娩之后，发情周期黄体或者怀孕黄体经过20～30天仍不消失，并对机体产生作用的黄体称为持久黄体。由于持久黄体持续分泌孕酮，抑制了卵巢重新产生卵泡，使发情停止，引起不孕。

1. 病　因

（1）饲养管理不当　饲料单纯、缺乏矿物质及维生素，特别是缺乏青绿饲料及产乳量过高等均可引起卵巢功能减退，致使黄体不能如期消退，形成持久黄体。

（2）性激素分泌失调　由于脑垂体前叶分泌的促卵泡素不足，促黄体素和催产素过多，以致黄体长期存在。

（3）子宫疾病继发　患子宫疾病如子宫炎、子宫内膜炎、子宫内积水或积脓、产后子宫复位不全、子宫内滞留部分胎衣及子宫内有死胎、脓肿或异物等，均会抑制黄体的消退和吸收，使之成为持久黄体。

2. 症状及诊断 产后90天以上仍不见发情。直检子宫无明显病变,双侧卵巢表面均无发育卵泡,但单侧或双侧有稍硬、光滑、体积增大的持久黄体,呈圆锥状或蘑菇状。

3. 防治 可根据具体情况选择前列腺素治疗、催产素治疗或激光照射治疗。

(1)前列腺素治疗 肌内注射,每次0.2毫克,一般5天后便出现发情表现。对少数不发情母牛可于1周后进行第二次注射。也可于子宫颈内或阴唇黏膜下注射。

(2)催产素治疗 患牛连续在8小时内肌内注射催产素总量为400单位,间隔2小时1次,1次100单位。

(3)氦—氖激光治疗 照射部位为阴蒂部或阴蒂部加地户穴。将患牛妥善保定,将牛尾拉向侧方,用2只夹子夹住两侧,轻轻将阴唇向两侧拉开少许并加以固定,充分暴露阴蒂,当照射地户穴时,可将牛尾向上拉,充分暴露尾根下方凹陷部,用氦—氖激光仪照射,功率为8毫瓦,波长6328A,照射距离为40厘米,每天1次,每次照射10分钟,10天为一疗程。

附 录

附录一 中华人民共和国农业行业标准——奶牛饲养标准(2004)

体重 (千克)	日粮干 物质 (千克)	奶牛能 量单位 (NND)	产奶 净能 (兆卡)	产奶 净能 (兆焦)	可消化 粗蛋 白质 (克)	小肠可 消化粗 蛋白质 (克)	钙 (克)	磷 (克)	胡萝 卜素 (毫克)	维生 素A (单位)
350	5.02	9.17	6.88	28.79	243	202	21	16	63	25000
400	5.55	10.13	7.60	31.80	268	224	24	18	75	30000
450	6.06	11.07	8.30	34.73	293	244	27	20	85	34000
500	6.56	11.97	8.98	37.57	317	264	30	22	95	38000
550	7.04	12.88	9.65	40.38	341	284	33	25	105	42000
600	7.52	13.73	10.30	43.10	364	303	36	27	115	46000
650	7.98	14.59	10.94	45.77	386	322	39	30	123	49000
700	8.44	15.43	11.57	48.41	408	340	42	32	133	53000
750	8.89	16.24	12.18	50.96	430	358	45	34	143	57000

注1:对第一个泌乳期的维持需要按上表基础增加 20%,第二个泌乳期增加 10%

注2:如第一个泌乳期的年龄和体重过小,应按生长牛的需要计算实际增重的营养需要

注3:放牧运动时,须在上表基础上增加能量需要量,按正文中的说明计算

注4:在环境温度低的情况下,维持能量消耗增加,须在上表基础上增加需要量,按正文说明计算

注5:泌乳期间,每增重 1 千克体重需增加 8NND 和 325 克可消化粗蛋白质;每减重 1 千克需扣除 6.56NND 和 250 克可消化粗蛋白质

附表 1-2　每产 1 千克奶的营养需要

乳脂率 (%)	日粮干物质 (千克)	奶牛能量单位 (NND)	产奶净能 (兆卡)	产奶净能 (兆焦)	可消化粗蛋白质 (克)	小肠可消化粗蛋白质 (克)	钙 (克)	磷 (克)	胡萝卜素 (毫克)	维生素A (单位)
2.5	0.31～0.35	0.80	0.60	2.51	49	42	3.6	2.4	1.05	420
3.0	0.34～0.38	0.87	0.65	2.72	51	44	3.9	2.6	1.13	452
3.5	0.37～0.41	0.93	0.70	2.93	53	46	4.2	2.8	1.22	486
4.0	0.40～0.45	1.00	0.75	3.14	55	47	4.5	3.0	1.26	502
4.5	0.43～0.49	1.06	0.80	3.35	57	49	4.8	3.2	1.39	556
5.0	0.46～0.52	1.13	0.84	3.52	59	51	5.1	3.4	1.46	584
5.5	0.49～0.55	1.19	0.89	3.72	61	53	5.4	3.6	1.55	619

附表 1-3　母牛妊娠最后 4 个月的营养需要

体重 (千克)	怀孕 (月)	日粮干物质 (千克)	奶牛能量单位 (NND)	产奶净能 (兆卡)	产奶净能 (兆焦)	可消化粗蛋白质 (克)	小肠可消化粗蛋白质 (克)	钙 (克)	磷 (克)	胡萝卜素 (毫克)	维生素A (单位)
350	6	5.78	10.51	7.88	32.97	293	245	27	18	67	27
	7	6.28	11.44	8.58	35.90	327	275	31	20		
	8	7.23	13.17	9.88	41.34	375	317	37	22		
	9	8.70	15.84	11.84	49.54	437	370	45	25		
400	6	6.30	11.47	8.60	35.99	318	267	30	0	76	30
	7	6.81	12.40	9.30	38.92	352	297	34	22		
	8	7.76	14.13	10.60	44.36	400	339	40	24		
	9	9.22	16.80	12.60	52.72	462	392	48	27		
450	6	6.81	12.40	9.30	38.92	343	287	33	22	86	34
	7	7.32	13.33	10.00	41.84	377	317	37	4		

体重 （千克）	怀孕 （月）	日粮 干物质 （千克）	奶牛 能量 单位 （NND）	产奶 净能 （兆卡）	产奶 净能 （兆焦）	可消化 粗蛋 白质 （克）	小肠可消 化粗蛋 白质 （克）	钙 （克）	磷 （克）	胡萝 卜素 （毫克）	维生 素A （单位）
	8	8.27	15.07	11.30	47.28	425	359	43	26		
	9	9.73	17.73	13.30	55.65	487	412	51	29		
500	6	7.31	13.32	9.99	41.80	367	307	36	25	95	38
	7	7.82	14.25	10.69	44.73	401	337	40	27		
	8	8.78	15.99	11.99	50.17	449	379	46	29		
	9	10.24	18.65	13.99	58.54	511	432	54	32		
550	6	7.80	14.20	10.65	44.56	391	327	39	27	105	42
	7	8.31	15.13	11.35	47.49	425	357	43	29		
	8	9.26	16.87	12.65	52.93	473	399	49	31		
	9	10.72	19.53	14.65	61.30	535	452	57	34		
600	6	8.27	15.07	11.30	47.28	414	346	42	29	114	46
	7	8.78	16.00	12.00	50.21	448	376	46	31		
	8	9.73	17.73	13.30	55.65	496	418	52	33		
	9	11.20	20.40	15.30	64.02	558	471	60	36		
650	6	8.74	15.92	11.94	49.96	436	365	45	31	124	50
	7	9.25	16.85	12.64	52.89	470	395	49	33		
	8	10.21	18.59	13.94	58.33	518	437	55	35		
	9	11.67	21.25	15.94	66.70	580	490	63	38		
700	6	9.22	16.76	12.57	52.60	458	383	48	34	133	53
	7	9.71	17.69	13.27	55.53	492	413	52	36		
	8	10.67	19.43	14.57	60.97	540	455	58	38		
	9	12.13	22.09	16.57	69.33	602	508	66	41		

附录二　奶牛常用饲料成分与
　　　　营养价值表

附表 2-1　青绿饲料类

编号	饲料名称	样品说明	原样中						
			干物质(%)	粗蛋白质(%)	钙(%)	磷(%)	总能量(兆焦/千克)	奶牛能量单位(NND/千克)	可消化粗蛋白质(克/千克)
2—01—601	岸杂一号	2省3样平均值	23.9	3.7	—	—	4.43	0.42	22
2—01—602	绊根草	湖北,大地绊根草,营养期	23.8	2.7	0.13	0.03	4.09	0.39	16
2—01—604	白茅	湖北	35.8	1.5	0.11	0.04	6.42	0.49	9
2—01—605	冰草	北京,中间冰草	23.0	3.1	0.13	0.06	4.15	0.40	19
2—01—606	冰草	北京,西伯利亚冰草	24.6	4.1	0.18	0.07	4.42	0.42	25
2—01—607	冰草	北京,蒙古冰草	28.8	3.8	0.12	0.09	5.17	0.50	23
2—01—608	冰草	北京,沙生冰草	27.2	4.2	0.14	0.08	4.91	0.47	25
2—01—017	蚕豆苗	四川新都,小胡豆,花前期	11.2	2.7	0.07	0.05	2.08	0.24	16
2—01—018	蚕豆苗	四川新都,小胡豆,盛花期	12.3	2.2	0.08	0.04	2.23	0.24	13
2—01—026	大白菜	北京,小白口	4.4	1.1	0.06	0.04	0.78	0.10	7
2—01—027	大白菜	北京,大青口	4.6	1.1	0.06	0.04	0.83	0.10	7
2—01—609	大白菜	上海	4.5	1.0	0.11	0.03	0.72	0.09	6
2—01—030	大白菜	长沙,大麻叶齐心白菜	7.0	1.8	0.10	0.05	1.19	0.15	11

编号	饲料名称	样品说明	干物质 (%)	粗蛋白质 (%)	钙 (%)	磷 (%)	总能量 (兆焦/千克)	奶牛能量单位 (NND/千克)	可消化粗蛋白质 (克/千克)
			原样中						
2—01—610	大麦青割	北京,五月上旬	15.7	2.0	—	—	2.78	0.29	12
2—01—611	大麦青割	北京,五月下旬	27.9	1.8	—	—	4.84	0.52	11
2—01—614	大豆青割	北京,全株	35.2	3.4	0.36	0.29	5.76	0.59	20
2—01—238	大豆青割	江苏扬州,全株	25.7	4.3	—	0.30	4.85	0.51	26
2—01—615	大豆青割	浙江,茎叶	25.0	5.4	0.11	0.03	4.46	0.49	32
2—01—616	大早熟禾	北京	33.0	3.4	0.15	0.07	5.93	0.52	20
2—01—617	多叶老芒麦	北京	30.0	5.2	0.17	0.08	5.51	0.53	31
2—01—618	甘薯蔓	上海	11.2	1.0	0.23	0.06	1.89	0.19	6
2—01—619	甘薯蔓	南京	12.4	2.1	—	0.26	2.29	0.23	13
2—01—062	甘薯蔓	湖北,加蓬红薯藤营养期	11.8	2.4	—	—	2.06	0.21	14
2—01—620	甘薯蔓	广西,夏甘薯藤	12.7	2.2	—	—	2.44	0.25	13
2—01—621	甘薯蔓	广西,秋甘薯藤	14.5	1.7	—	—	2.50	0.26	10
2—01—622	甘薯蔓	四川,成熟期	30.0	1.9	0.60	0.01	5.03	0.44	11
2—01—068	甘薯蔓	四川荣昌,南瑞苕成熟期	12.1	1.4	0.17	0.05	2.08	0.20	8
2—01—071	甘薯蔓	贵州,红薯藤成熟期	10.9	1.7	0.27	0.03	1.85	0.18	10
2—01—072	甘薯蔓	11省市15样平均值	13.0	2.1	0.20	0.05	2.25	0.22	13
2—01—623	甘蔗尾	广州	24.6	1.5	0.07	0.01	4.32	0.37	9

编号	饲料名称	样品说明	原样中						
			干物质(%)	粗蛋白质(%)	钙(%)	磷(%)	总能量(兆焦/千克)	奶牛能量单位(NND/千克)	可消化粗蛋白质(克/千克)
2—01—652	雀麦草	北京,坦波无芒雀麦草	25.3	4.1	0.64	0.07	4.45	0.48	25
2—01—246	三叶草	北京,苏联三叶草	19.7	3.3	0.26	0.06	3.65	0.39	20
2—01—247	三叶草	武昌,新西兰红三叶,现蕾期	11.4	1.9	—	—	2.04	0.24	11
2—01—248	三叶草	武昌,新西兰红三叶,初花期	13.9	2.2	—	—	2.51	0.27	13
2—01—250	三叶草	武昌,地中海红三叶,盛花期	12.7	1.8	—	—	2.36	0.25	11
2—01—653	三叶草	广西,分枝期	13.0	2.1	—	—	2.22	0.26	13
2—01—654	三叶草	广西,初花期	19.6	2.4	—	—	3.45	0.38	14
2—01—254	三叶草	贵州,红三叶,6样平均值	18.5	3.7	—	—	3.46	0.38	22
2—01—655	沙打旺	北京	14.9	3.5	0.20	0.05	2.61	0.30	21
2—01—343	苕子	浙江,初花期	15.0	3.2	—	—	2.86	0.29	19
2—01—658	苏丹草	广西,拔节期	18.5	1.9	—	—	3.34	0.23	11
2—01—59	苏丹草	广西,抽穗期	19.7	1.7	—	—	3.60	0.35	10
2—01—333	甜菜叶	新疆	8.7	2.0	0.11	0.04	1.39	0.17	12
2—01—661	通心菜	上海	9.9	2.0	0.10	—	1.63	0.20	14
2—01—663	象草	湖南	16.4	2.4	0.04	—	3.11	0.31	14
2—01—664	象草	广东,湛江	20.0	2.0	0.05	0.02	2.70	0.26	12
2—01—665	向日葵托	广州	10.3	0.5	0.10	0.01	1.69	0.17	3
2—01—666	向日葵叶	2省市2样品平均值	17.0	2.7	0.74	0.04	2.63	0.29	16
2—01—667	小冠花	北京	20.0	4.0	0.31	0.66	3.59	0.40	24
2—01—668	小麦青割	北京春小麦	29.8	4.8	0.27	0.03	5.43	0.57	29
2—01—669	鸭茅	北京,杰斯柏鸭茅	20.6	3.2	0.49	0.06	3.70	0.34	19

编号	饲料名称	样品说明	原样中						
			干物质(%)	粗蛋白质(%)	钙(%)	磷(%)	总能量(兆焦/千克)	奶牛能量单位(NND/千克)	可消化粗蛋白质(克/千克)
2—01—670	鸭茅	北京,伦内鸭茅	21.2	2.8	0.11	0.06	3.64	0.32	17
2—01—671	燕麦青割	北京,刚抽穗	19.7	2.9	0.11	0.07	3.65	0.40	17
2—01—672	燕麦青割	黑龙江	25.5	4.1	9.00	0.06	4.68	0.45	25
2—01—673	燕麦青割	广西,扬花期	22.1	2.4	—	—	3.93	0.38	14
2—01—674	燕麦青割	广西,灌浆期	19.6	2.2	—	—	3.50	0.32	13
2—01—677	野青草	北京,狗尾草为主	25.3	1.7	—	0.12	4.36	0.40	10
2—01—678	野青草	北京,稗草为主	34.5	3.8	0.14	0.11	5.81	0.54	23
2—01—680	野青草	广州,混杂草	29.6	2.3	—	—	5.26	0.49	14
2—01—681	野青草	广西,沟边草	32.8	2.3	—	—	5.73	0.53	14
2—01—682	拟高粱	北京	18.4	2.2	0.13	0.03	3.22	0.34	13
2—01—683	拟高粱	湖南,拔节期	18.5	1.2	0.21	0.08	3.29	0.31	7
2—01—243	玉米青割	哈尔滨,乳熟期,玉米叶	17.9	1.1	0.06	0.04	3.37	0.32	7
2—01—685	玉米青割	黑龙江	22.9	1.5	—	0.02	4.11	0.41	9
2—01—686	玉米青割	上海,未抽穗	12.8	1.2	0.08	0.06	2.30	0.23	7
2—01—687	玉米青割	上海,抽穗期	17.6	1.5	0.09	0.05	3.16	0.31	9
2—01—688	玉米青割	上海,有玉丝穗	12.9	1.1	0.04	0.03	2.26	0.22	7
2—01—689	玉米青割	上海,乳熟期占1/2	18.5	1.5	0.06	—	3.20	0.32	9
2—01—241	玉米青割	宁夏,西德2号,抽穗期	24.1	3.1	0.08	0.08	4.19	0.48	19
2—01—690	玉米全株	北京,晚熟品种	27.1	0.08	0.09	0.10	4.72	0.49	5
2—01—693	紫云英	上海	16.2	3.2	0.21	0.05	2.94	0.33	19
2—01—695	紫云英	南京,盛花期	9.0	1.3	—	—	1.68	0.19	8
2—01—429	紫云英	8省市8样平均值	13.0	2.9	0.18	0.07	2.42	0.28	17

附表 2-2 青贮饲料类

编号	饲料名称	样品说明	原样中						
			干物质 (%)	粗蛋白质 (%)	钙 (%)	磷 (%)	总能量 (兆焦/千克)	奶牛能量单位 (NND/千克)	可消化粗蛋白质 (克/千克)
3—03—002	草木樨青贮	青海西宁,已结籽,pH值4.0	31.6	5.1	0.53	0.08	5.55	0.53	31
3—03—601	冬大麦青贮	北京,7样平均值	22.2	2.6	0.05	0.03	3.82	0.40	16
3—03—602	甘薯藤青贮	北京,秋甘薯藤	33.1	2.0	0.46	0.15	5.14	0.47	12
3—03—004	甘薯藤青贮	广西,窖贮6个月	21.7	2.8	—	—	3.77	0.34	17
3—03—005	甘薯藤青贮	上海	18.3	1.7	—	—	2.98	0.24	10
3—03—091	甜菜叶青贮	吉林	37.5	4.6	0.39	0.10	6.05	0.69	28
3—03—025	玉米青贮	吉林双阳,收获后黄干贮	25.0	1.4	0.10	0.02	4.35	0.25	8
3—03—031	玉米青贮	浙江,乳熟期	25.0	1.5	—	—	4.35	0.39	9
3—03—603	玉米青贮	黑龙江红色草原牧场	29.2	1.6	0.09	0.08	5.28	0.47	10
3—03—605	玉米青贮	4省市5样平均值	22.7	1.6	0.10	0.06	3.96	0.36	10
3—03—606	玉米大豆青贮	北京	21.8	2.1	0.15	0.06	3.46	0.35	13
3—03—010	胡萝卜青贮	甘肃	23.6	2.1	0.25	0.03	3.29	0.44	13
3—03—011	胡萝卜青贮	青海西宁,起苔	19.7	3.1	0.35	0.03	3.21	0.33	19
3—03—019	苜蓿青贮	青海西宁,盛花期	33.7	5.3	0.50	0.10	6.25	0.52	32

附表 2-3 块根、块茎、瓜果类

编号	饲料名称	样品说明	原样中						
			干物质(%)	粗蛋白质(%)	钙(%)	磷(%)	总能量(兆焦/千克)	奶牛能量单位(NND/千克)	可消化粗蛋白质(克/千克)
4—04—601	甘薯	北京	24.6	1.1	—	3.07	4.08	0.58	7
4—04—602	甘薯	上海	24.4	1.1	—	—	4.12	0.57	7
4—04—018	甘薯	贵州,贵阳	23.0	1.1	0.14	0.06	3.86	0.54	7
4—04—200	甘薯	7省市8样平均值	25.0	1.0	0.13	0.05	4.25	0.59	7
4—04—207	甘薯	8省市甘薯干40样平均值	90.0	3.9	0.15	0.12	1.52	2.14	25
4—04—603	胡萝卜	张家口	9.3	0.8	0.05	0.03	1.58	0.23	5
4—04—604	胡萝卜	黑龙江,红色胡萝卜	13.7	1.4	0.06	0.05	2.32	0.33	9
4—04—605	胡萝卜	黑龙江,黄色胡萝卜	13.4	1.3	0.07	—	2.32	0.33	8
4—04—606	胡萝卜	上海,2样平均值	11.6	0.9	0.16	0.04	2.05	0.29	6
4—04—077	胡萝卜	贵州	10.8	1.0	—	—	1.85	0.27	7
4—04—208	胡萝卜	12省市13样平均值	12.0	1.1	0.15	0.09	2.04	0.29	7
4—04—092	萝卜	北京,白萝卜	8.2	0.6	0.05	0.03	1.32	0.20	4
4—04—094	萝卜	浙江,长大萝卜	7.0	0.9	—	—	1.17	0.17	6
4—04—210	萝卜	11省市11样平均值	7.0	0.9	0.05	0.03	1.15	0.17	6
4—04—607	马铃薯	浙江	21.2	1.1	0.01	0.05	3.53	0.51	7

编号	饲料名称	样品说明	原样中						
			干物质（%）	粗蛋白质（%）	钙（%）	磷（%）	总能量（兆焦/千克）	奶牛能量单位（NND/千克）	可消化粗蛋白质（克/千克）
4—04—110	马铃薯	宁夏固原	18.8	1.3	—	—	3.15	0.44	8
4—04—114	马铃薯	贵州威宁,米粒种	15.2	1.1	0.02	0.06	2.59	0.36	7
4—04—211	马铃薯	10 省市 10 样平均值	22.0	1.6	0.02	0.03	3.72	0.52	10
4—04—608	木薯粉	广西	94.0	3.1	—	—	1.61	2.26	20
4—04—135	南 瓜	四川成都,柿饼瓜青皮	6.4	0.7	—	—	1.12	0.15	5
4—04—212	南 瓜	9 省市 9 样平均值	10.0	1.0	0.04	0.02	1.71	0.24	7
4—04—610	甜 菜	黑龙江,2 样平均值	9.9	1.4	0.03	—	1.75	0.22	9
4—04—157	甜 菜	贵州威宁,糖用	13.5	0.9	0.03	0.04	2.33	0.32	6
4—04—213	甜 菜	8 省市 9 样平均值	15.0	2.0	0.06	0.04	2.59	0.31	13
4—04—61	甜菜丝干	北京	88.6	7.3	0.66	9.07	1.54	1.97	47
4—04—162	芜菁甘蓝	云南,洋萝卜新西兰 2 号	10.0	1.1	0.05	0.01	1.77	0.25	7
4—04—164	芜菁甘蓝	云南,洋萝卜新西兰 3 号	10.0	1.0	0.06	微	1.71	0.25	7
4—04—161	芜菁甘蓝	云南,洋萝卜新西兰 4 号	10.0	1.0	0.05	微	1.69	0.25	7
4—04—215	芜菁甘蓝	3 省 5 样平均值	10.0	1.0	0.06	0.02	1.71	0.25	7
1—04—168	西瓜皮	甘肃兰州	6.6	0.6	0.02	0.02	1.17	0.14	4

附表 2-4 青干草类

编号	饲料名称	样品说明	干物质(%)	粗蛋白质(%)	钙(%)	磷(%)	总能量(兆焦/千克)	奶牛能量单位(NND/千克)	可消化粗蛋白质(克/千克)
1—05—601	白茅	南京	90.9	7.4	0.28	0.09	1.68	1.23 1.0	44
1—05—602	稗草	黑龙江	93.4	5.0	—	—	1.62	7	30
1—05—603	绊根草	湖南,营养期茎叶	92.6	9.6	0.52	0.13	1.68	1.33	58
1—05—604	草木樨	江苏,整株	88.3	16.8	2.42	0.02	1.50	1.36	101
1—05—605	大豆干草	大庆	94.6	11.8	1.50	0.70	1.70	1.44	71
1—05—606	大米草	江苏,整株	83.2	12.8	0.42	0.02	1.50	1.26	77
1—05—608	黑麦草	四川	90.8	11.6	—	—	1.63	1.50	70
1—05—609	胡枝子	江西	94.7	16.6	0.93	0.11	1.90	1.42	100
1—05—610	混合牧草	内蒙,夏季,以禾本科为主	90.1	13.9	—	—	1.76	1.36	83
1—05—611	混合牧草	内蒙,秋季以禾本科为主	92.2	9.6	—	—	1.68	1.41	58
1—05—612	混合牧草	内蒙,冬季状态	88.7	2.3	—	—	1.54	0.97	14
1—05—614	苨苨草	内蒙,结实期	89.3	10.7	—	—	1.65	1.19	64
1—05—615	碱草	内蒙,营养期	90.3	19.0	—	—	1.72	1.54	114
1—05—616	碱草	内蒙,抽穗期	90.1	13.4	—	—	1.69	1.40	80
1—05—617	碱草	内蒙,结实期	91.7	7.4	—	—	1.68	1.03	44
1—05—619	芦苇	新疆,抽穗前地面10厘米以上	91.3	8.8	0.11	0.11	1.61	1.27	53
1—05—620	芦苇	2省市2样平均值	95.7	5.5	0.08	0.10	1.66	1.15	33

编号	饲料名称	样品说明	原样中						
			干物质(%)	粗蛋白质(%)	钙(%)	磷(%)	总能量(兆焦/千克)	奶牛能量单位(NND/千克)	可消化粗蛋白质(克/千克)
1—05—621	米儿蒿	河北察北牧场,结籽期	89.2	11.9	1.09	0.81	1.59	1.48	71
1—05—622	苜蓿干草	北京,苏联苜蓿2号	92.4	16.8	1.95	0.28	1.63	1.64	101
1—05—623	苜蓿干草	北京,上等	86.1	15.8	2.08	0.25	1.55	1.54	95
1—05—624	苜蓿干草	北京,中等	90.1	15.2	1.43	0.24	1.63	1.37	91
1—05—625	苜蓿干草	北京,下等	88.7	11.6	1.24	0.39	1.61	1.27	70
1—05—626	苜蓿干草	黑龙江,紫花苜蓿	93.9	17.9	—	—	1.68	1.86	107
1—05—627	苜蓿干草	黑龙江齐市,野生	93.1	13.0	—	—	1.71	1.60	78
1—05—029	苜蓿干草	吉林,公农1号苜蓿,现蕾期一茬	87.4	19.8	—	—	1.60	1.74	119
1—05—031	苜蓿干草	吉林,公农1号苜蓿,营养期一茬	87.7	18.3	1.47	0.19	1.63	1.64	110
1—05—040	苜蓿干草	河南扶沟,盛花期	88.4	15.5	1.10	0.22	1.60	1.58	93
1—05—044	苜蓿干草	新疆石河子,紫花苜蓿,盛花 RF	91.3	18.7	1.31	0.18	1.73	1.24	112
1—05—628	苜蓿干草	新疆,和田苜蓿2号	92.8	15.1	2.19	0.20	1.63	1.63	91
1—05—629	披碱草	河北,5～9月份	94.9	7.7	0.30	0.01	1.75	1.24	46
1—05—630	披碱草	吉林,抽穗期	88.8	6.3	0.39	0.29	1.55	1.23	38
1—05—631	披碱草	吉林	89.8	4.8	0.11	0.10	1.57	1.19	29
1—05—632	雀麦草	内蒙,无芒雀麦抽穗期野生	91.6	2.7	—	—	1.67	1.39	16

编号	饲料名称	样品说明	原样中						
			干物质(%)	粗蛋白质(%)	钙(%)	磷(%)	总能量(兆焦/千克)	奶牛能量单位(NND/千克)	可消化粗蛋白质(克/千克)
1—05—633	雀麦草	内蒙,无芒雀麦,结实期野生	93.2	10.3	—	—	1.66	1.37	62
1—05—634	雀麦草	黑龙江	94.3	5.7	—	—	1.68	1.26	34
1—05—635	雀麦草	湖南,雀麦草叶	90.9	14.9	0.64	0.13	1.60	1.69	89
1—05—637	苕子	浙江,初花期	90.5	19.1	—	—	1.73	1.73	115
1—05—638	苕子	浙江,盛花期	95.6	17.8	—	—	1.77	1.79	107
1—05—640	标丹草	辽宁,抽穗期	90.0	6.3	—	—	1.67	1.32	38
1—05—641	苏丹草	南京	91.5	6.9	—	—	1.61	1.39	41
1—05—642	燕麦干草	北京	86.5	7.7	0.37	0.31	1.50	1.31	46
1—05—644	羊草	东北三级草	88.3	3.2	0.25	0.18	1.56	1.15	19
1—05—645	羊草	黑龙江,4样平均值	91.6	7.4	0.37	0.18	1.70	1.38	44
1—05—646	野干草	北京,秋白草	85.2	6.8	0.41	0.31	1.43	1.25	41
1—05—647	野干草	北京,水涝池	90.8	2.9	0.50	0.10	1.54	1.22	17
1—05—648	野干草	河北张家口,禾本科野草	93.1	7.4	0.61	0.39	1.65	1.38	44
1—05—054	野干草	内蒙,海金山	91.4	6.2	—	—	1.64	1.32	37
1—05—055	野干草	吉林,山草	90.6	8.9	0.54	0.09	1.63	1.27	53
1—05—056	野干草	山东,沿化,野生杂草	92.1	7.6	0.45	0.07	1.61	1.30	46
1—05—649	野干草	上海,次杂草	90.9	6.3	0.31	0.29	1.38	1.14	38
1—05—650	野干草	河南,杂草	90.8	5.8	0.41	0.19	1.49	1.25	35
1—05—060	野干草	河南洛阳,杂草	90.8	6.9	0.51	0.22	1.53	1.29	41

编号	饲料名称	样品说明	原样中						
			干物质 (%)	粗蛋白质 (%)	钙 (%)	磷 (%)	总能量 (兆焦/千克)	奶牛能量单位 (NND/千克)	可消化粗蛋白质 (克/千克)
1—05—651	野干草	广州,杂草	84.0	3.3	0.03	0.02	1.47	1.11	20
1—05—003	野干草	新疆,草原野干草	91.7	6.8	0.61	0.08	1.67	1.27	41
1—05—062	野干草	新疆,羽茅草为主	90.2	7.7	—	0.08	1.66	1.21	46
1—05—063	野干草	新疆,芦苇为主	89.0	6.2	0.04	0.12	1.53	1.13	37
1—05—652	针茅	内蒙,沙生针茅,抽穗期	86.4	7.9	—	—	1.64	1.10	47
1—05—653	针茅	内蒙,贝尔加针茅,结实期	88.8	8.4	—	—	1.70	1.15	50
1—05—081	紫云英	江苏,盛花,全株	88.0	22.3	3.63	0.53	1.68	1.91	134
1—05—082	紫云英	江苏,结夹,全株	90.8	19.4	—	—	1.71	1.67	116

附表 2-5 农副产品类饲料

编号	饲料名称	样品说明	原样中						
			干物质 (%)	粗蛋白质 (%)	钙 (%)	磷 (%)	总能量 (兆焦/千克)	奶牛能量单位 (NND/千克)	可消化粗蛋白质 (克/千克)
1—06—602	大麦秸	宁夏固原	95.2	5.8	0.13	0.02	16.19	1.31	15
1—06—603	大麦秸	新疆	88.4	4.9	0.05	0.06	15.62	1.04	12
1—06—632	大麦秸	北京	90.0	4.9	0.12	0.11	15.81	1.17	14
1—06—604	大豆秸	吉林公主岭	89.7	3.2	0.61	0.03	16.32	1.10	8
1—06—605	大豆秸	辽宁盘山	93.7	4.8	—	—	17.17	1.12	12
1—06—606	大豆秸	河南淮阳	92.7	9.1	1.23	0.20	17.11	1.09	23

编号	饲料名称	样品说明	干物质 (%)	粗蛋白质 (%)	钙 (%)	磷 (%)	总能量 (兆焦/千克)	奶牛能量单位 (NND/千克)	可消化粗蛋白质 (克/千克)
			原样中						
1—06—630	稻草	北京	90.0	2.7	0.11	0.05	13.41	1.04	7
1—06—612	风柜谷尾	广州,瘪稻谷	88.5	5.6	0.16	0.21	14.29	0.79	14
1—06—613	甘薯蔓	北京,土多	90.5	13.2	1.72	0.26	14.66	1.25	42
1—06—038	甘薯蔓	山东,25样平均值	90.0	7.6	1.63	0.08	15.72	1.39	24
1—06—100	甘薯蔓	7省市13样平均值	88.0	8.1	1.55	0.11	15.29	1.34	26
1—06—615	谷草	黑龙江,小米秆,2样平均值	90.7	4.5	0.34	0.03	15.54	1.33	10
1—06—617	花生藤	山东,伏花生	91.3	11.0	2.46	0.04	16.11	1.54	28
1—06—618	糜草	宁夏,糯小米秆	91.7	5.2	0.25	—	15.78	1.34	11
1—06—619	荞麦秸	宁夏,固原	95.4	4.2	0.11	0.02	15.74	1.07	9
1—06—620	小麦秸	北京,冬小麦	90.0	3.9	0.25	0.03	7.49	0.99	10
1—06—623	燕麦秸	河北张家口,甜燕麦秸,青海种	93.0	7.0	0.17	0.01	16.92	1.33	15
1—06—624	莜麦秸	河北张家口,油麦秸	95.2	8.8	0.29	0.10	17.39	1.27	19
1—06—631	黑麦秸	北京	90.0	3.5	—	—	16.25	1.11	9
1—06—629	玉米秸	北京	90.0	5.8	—	—	15.22	1.21	18

附表 2-6 谷实类

编号	饲料名称	样品说明	干物质(%)	粗蛋白质(%)	钙(%)	磷(%)	总能量(兆焦/千克)	奶牛能量单位(NND/千克)	可消化粗蛋白质(克/千克)
							原样中		
4—07—029	大米	江苏,糙米,4样平均值	87.0	8.8	0.04	0.25	15.55	2.28	57
4—07—601	大米	广州,广场131	87.1	6.8	—	—	15.30	2.24	44
4—07—602	大米	广州,木泉	86.1	9.1	—	—	15.34	2.24	59
4—07—038	大米	9省市16样籼稻米平均值	87.5	8.5	0.06	0.21	15.54	2.29	55
4—07—034	大米	湖南,碎米,较多谷头	88.2	8.8	0.05	0.28	15.77	2.26	57
4—07—603	大米	3省市3样平均值	86.5	7.1	0.02	0.10	15.39	2.26	46
4—07—604	大麦	河北察北牧场,春大麦	88.8	11.5	0.23	0.46	16.41	2.08	75
4—07—022	大麦	20省市,49样平均值	88.8	10.8	0.12	0.29	15.80	2.13	70
4—07—041	稻谷	江苏,粳稻	88.8	7.7	0.06	0.16	15.72	2.05	50
4—07—043	稻谷	浙江上虞,早稻	87.0	9.1	—	0.31	15.23	1.94	59
4—07—048	稻谷	湖北天门,中稻	90.3	6.8	—	—	15.63	1.98	44
4—07—068	稻谷	湖南牧县,杂交晚稻	91.6	8.6	0.05	0.16	15.92	2.05	56
4—07—074	稻谷	9省市34样籼稻平均值	90.6	8.3	0.13	0.28	15.68	2.04	54
4—07—605	高粱	北京,红高粱	87.0	8.5	0.09	0.36	15.79	2.05	55
4—07—075	高粱	北京,杂交多穗	88.4	8.0	0.05	0.34	15.62	2.04	52

编号	饲料名称	样品说明	原样中						
			干物质(%)	粗蛋白质(%)	钙(%)	磷(%)	总能量(兆焦/千克)	奶牛能量单位(NND/千克)	可消化粗蛋白质(克/千克)
4—07—081	高粱	黑龙江	87.3	8.0	0.02	0.38	15.79	2.06	52
4—07—083	高粱	吉林农安,小粒高粱	86.0	6.9	0.12	0.20	14.85	1.93	45
4—07—091	高粱	辽宁,10样平均值	93.0	9.8	—	—	16.94	2.20	64
4—07—606	高粱	广州,多穗高粱	85.2	8.2	0.01	0.16	15.18	1.97	53
4—07—103	高粱	贵州,蔗高粱	85.2	8.0	0.03	0.31	15.10	1.98	41
4—07—104	高粱	17省市高粱38样平均值	89.3	8.7	0.09	0.28	16.12	2.09	57
4—07—607	荞麦	上海	89.6	10.0	—	0.14	16.49	2.08	65
4—07—120	荞麦	贵州威宁,带壳	86.2	7.3	0.02	0.30	15.72	1.62	47
4—07—123	荞麦	11省市14样均值	87.1	9.9	0.09	0.30	15.82	1.94	64
4—07—608	小麦	北京八一鸭场,次等	87.5	8.8	0.07	0.48	15.50	2.30	57
4—07—157	小麦	湖南零陵,加拿大进口	90.0	11.6	0.03	0.18	16.07	2.37	75
4—07—609	小麦	广州,小麦碎	96.6	15.4	0.31	0.00	17.56	2.51	100
4—07—164	小麦	15省市,28样平均值	91.8	12.1	0.11	0.36	16.43	2.39	79
4—07—610	小米	北京,小米粉	86.2	9.2	0.04	0.28	15.50	2.23	60
4—07—173	小米	8省9样平均值	86.8	8.9	0.05	0.32	15.69	2.24	58

编号	饲料名称	样品说明	原样中						
			干物质(%)	粗蛋白质(%)	钙(%)	磷(%)	总能量(兆焦/千克)	奶牛能量单位(NND/千克)	可消化粗蛋白质(克/千克)
4—07—176	燕麦	河北张家口,玉麦当地种	93.5	11.7	0.15	0.43	17.85	2.16	76
4—07—188	燕麦	11省市17样平均值	90.3	11.6	0.15	0.33	16.86	2.13	75
4—07—193	玉米	北京,白玉米1号	88.2	7.8	0.02	0.21	16.03	2.27	51
4—07—194	玉米	北京,黄玉米	88.0	8.5	0.02	0.21	16.18	2.35	55
4—07—611	玉米	黑龙江齐齐市,龙牧一号	89.2	9.8	—	—	16.72	2.40	64
4—07—247	玉米	新疆,碎玉米	89.8	9.1	—	0.21	15.80	2.30	59
4—07—25F	玉米	云南,黄玉米,6样品平均值	88.7	7.6	0.02	0.22	16.34	2.31	49
4—07—254	玉米	云南,白玉米,6样品平均值	89.9	8.8	0.05	0.19	16.65	2.33	57
1—07—222	玉米	山东,32样玉米平均值	87.6	8.6	0.09	0.18	15.92	2.26	56
4—07—263	玉米	23省市120样玉米平均值	88.4	8.6	0.08	0.21	16.14	2.28	56

附表 2-7 豆类

编号	饲料名称	样品说明	原样中						
			干物质(%)	粗蛋白质(%)	钙(%)	磷(%)	总能量(兆焦/千克)	奶牛能量单位(NND/千克)	可消化粗蛋白质(克/千克)
5—09—601	蚕豆	上海,等外	89.0	27.5	0.11	0.39	17.03	2.29	179
5—09—012	蚕豆	广东,次蚕豆	88.0	28.5	—	0.18	16.70	2.29	185
5—09—200	蚕豆	云南,7样平均值	88.0	23.8	0.10	0.47	16.55	2.24	155
5—09—201	蚕豆	全国14样平均值	88.0	24.9	0.15	0.40	16.45	2.25	162
5—09—026	大豆	北京	90.2	40.0	0.28	0.61	21.21	2.94	260
5—09—202	大豆	吉林,2样平均值	90.0	36.5	0.05	0.42	21.43	2.97	237
5—09—082	大豆	黑龙江,次品	90.8	31.7	0.31	0.48	21.75	2.61	206
5—09—206	大豆	上海2样平均值	88.0	40.5	—	0.47	20.54	2.85	263
5—09—207	大豆	河南9样平均值	90.0	37.8	0.33	0.41	21.08	2.92	246
5—09—047	大豆	广东	88.0	39.6	—	0.26	20.44	2.84	257
5—09—602	大豆	贵州,本地黄豆	88.0	37.5	0.17	0.55	20.11	2.74	244
5—09—217	大豆	全国16省市40样平均值	88.0	37.0	0.27	0.48	20.55	2.76	241
5—09—028	黑豆	河北黄骅	94.7	40.7	0.27	0.60	21.63	2.97	265
5—09—031	黑豆	内蒙	92.3	34.7	—	0.69	21.04	2.83	226
5—09—082	橄豆	贵州安顺	85.6	21.5	0.39	0.47	15.58	2.16	140

附表 2-8　糠麸类

编号	饲料名称	样品说明	原样中						
			干物质(%)	粗蛋白质(%)	钙(%)	磷(%)	总能量(兆焦/千克)	奶牛能量单位(NND/千克)	可消化粗蛋白质(克/千克)
1—08—001	大豆皮	北京	91.0	18.8	—	0.35	17.16	1.85	113
4—08—002	大麦麸	北京	87.0	15.4	0.33	0.48	16.00	2.07	92
4—08—016	高粱糠	2省8个样品平均值	91.1	9.6	0.07	0.81	17.42	2.17	58
4—08—007	黑麦麸	甘肃山丹,细麸	91.9	13.7	0.04	0.48	16.80	1.98	82
1—08—006	黑麦麸	甘肃山丹,粗麸	91.7	8.0	0.05	0.13	16.43	1.45	48
4—08—601	黄面粉	湖北,三等面粉	87.8	11.1	0.12	0.13	15.70	2.33	67
4—08—602	黄面粉	北京,进口小麦次粉	87.5	16.8	—	0.12	16.55	2.24	101
4—08—603	黄面粉	北京,土面粉	87.2	9.5	0.08	0.44	17.84	2.26	57
4—08—018	米糠	广东,玉糠	89.1	10.6	0.10	1.50	17.38	2.09	64
4—08—003	米糠	上海	88.4	14.2	0.22	—	18.67	2.27	85
4—08—012	米糠	四川德阳,杂交中稻	92.1	14.0	0.12	1.60	17.84	2.11	84
4—08—029	米糠	云南弥渡	91.0	12.0	0.18	0.83	18.53	2.18	72
4—08—030	米糠	4省市13样平均值	90.2	12.1	0.14	1.04	18.20	2.16	73
4—08—058	小麦麸	山西,2样平均值	87.2	13.9	—	—	16.00	1.88	83
4—08—049	小麦麸	山东,39样平均值	89.3	15.0	0.14	0.54	16.27	1.89	90
4—08—604	小麦麸	上海,进口小麦	88.2	11.7	0.11	0.87	16.22	1.86	70
4—08—060	小麦麸	江苏,3样平均值	86.0	15.0	0.35	0.80	16.27	1.87	90

编号	饲料名称	样品说明	原样中						
			干物质(%)	粗蛋白质(%)	钙(%)	磷(%)	总能量(兆焦/千克)	奶牛能量单位(NND/千克)	可消化粗蛋白质(克/千克)
4—08—057	小麦麸	河南,9样平均值	88.3	15.6	0.21	0.81	16.44	1.95	94
4—08—067	小麦麸	广东,14样平均值	87.8	12.7	0.11	0.92	16.06	1.89	76
4—08—070	小麦麸	贵州	90.8	11.8	—	—	16.59	1.69	71
4—08—045	小麦麸	吉林	89.3	13.1	0.25	0.90	16.23	1.93	79
4—08—077	小麦麸	云南,19样平均值	89.8	13.9	0.15	0.92	16.55	1.96	83
4—08—075	小麦麸	四川,七二粉麸皮	89.8	14.2	0.14	1.86	16.24	1.94	85
4—08—076	小麦麸	四川,八四粉麸皮	88.0	15.4	0.12	0.85	15.90	1.90	92
4—08—078	小麦麸	全国115样平均值	88.6	14.4	0.18	0.78	16.24	1.91	86
4—08—088	玉米皮	北京	87.9	10.1	—	—	16.74	1.58	61
4—08—089	玉米皮	内蒙,玉米糠	87.5	9.9	0.08	0.48	16.07	1.79	59
4—08—092	玉米皮	河南	89.5	7.8	—	—	16.31	1.87	47
4—08—094	玉米皮	6省市6样品平均值	88.2	9.7	0.28	0.35	16.17	1.84	58

编号	饲料名称	样品说明	原样中						
			干物质 (%)	粗蛋白质 (%)	钙 (%)	磷 (%)	总能量 (兆焦/千克)	奶牛能量单位 (NND/千克)	可消化粗蛋白质 (克/千克)
5—10—609	棉籽饼	上海	86.4	20.7	0.78	0.63	15.73	1.49	135
5—10—610	棉籽饼	上海,去壳浸提,2样平均值	88.3	39.4	0.23	2.01	17.25	2.24	256
5—10—101	棉籽饼	湖南,土榨,棉绒较多	93.8	21.7	0.26	0.55	18.91	1.82	141
5—10—611	棉籽饼	四川,去壳浸提	92.5	41.0	0.16	1.20	18.15	2.35	267
5—10—612	棉籽饼	4省市,去壳,机榨,6样平均馆	89.6	32.5	0.27	0.81	18.00	2.34	211
5—10—110	向日葵饼	北京,去壳浸提	92.6	46.1	0.53	0.35	18.65	2.17	300
5—10—613	向日葵饼	内蒙	93.3	17.4	0.40	0.94	18.34	1.50	113
5—10—113	向日葵饼	吉林,带壳,复浸	92.5	32.1	0.29	0.84	17.87	1.57	209
5—10—124	椰子饼	广东	90.3	16.6	0.04	0.19	19.07	2.20	108
5—10—126	玉米胚芽饼	北京	93.0	17.5	0.05	0.49	18.39	2.33	114
5—10—614	芝麻饼	广西,片状	89.1	38.0	—	—	18.04	2.35	247
5—10—147	芝麻饼	河南南阳	92.0	39.2	2.28	1.19	19.12	2.50	255
5—10—138	芝麻饼	10省市,机榨,13样平均值	90.7	41.1	2.29	0.79	18.2	2.40	267

编号	饲料名称	样品说明	原样中						
			干物质 (%)	粗蛋白质 (%)	钙 (%)	磷 (%)	总能量 (兆焦/千克)	奶牛能量单位 (NND/千克)	可消化粗蛋白质 (克/千克)
5—10—022	牛乳	北京,全脂鲜奶	13.0	3.3	0.12	0.09	3.22	0.50	21
5—13—601	牛乳	哈尔滨,全脂鲜奶	12.3	3.1	0.12	0.09	2.98	0.47	20
5—13—602	牛乳	哈尔滨,脱脂奶	9.6	3.7	—	—	1.81	0.29	24
5—13—021	牛乳	上海,全脂鲜奶	13.3	3.3	0.12	0.09	3.32	0.52	21
5—13—132	牛乳	四川,全脂鲜奶	12.0	3.2	0.10	0.10	2.93	0.46	21
5—13—024	牛乳粉	北京,全脂乳扮	98.0	26.2	1.03	0.88	24.76	3.78	170
5—13—089	鱼粉	北京,橡皮龟、带鱼	88.8	50.4	4.63	3.29	16.95	2.52	326
5—13—085	鱼粉	天津,淡鱼	91.0	52.9	—	—	15.0	2.24	344
5—13—086	鱼粉	天津,咸鱼	94.2	42.6	—	—	14.25	2.07	277
5—13—084	龟粉	上海	89.5	60.3	3.53	0.63	20.79	3.07	392
5—13—093	鱼粉	浙江,龟粉	91.2	58.6	6.13	1.03	11.07	1.78	381
5—13—096	鱼粉	浙江杭州,淡鱼	96.8	50.8	—	—	18.32	2.72	330
5—13—099	鱼粉	广东电白	90.8	46.4	—	—	16.67	2.50	302
5—13—105	鱼粉	日本鱼粉3省3样平均值	89.0	50.2	4.51	2.67	17.48	2.59	391
5—13—114	鱼粉	秘鲁鱼粉8省9样平均值	89.0	50.5	3.90	2.90	18.33	2.74	393

编号	饲料名称	样品说明	原样中						
			干物质 (%)	粗蛋白质 (%)	钙 (%)	磷 (%)	总能量 (兆焦/千克)	奶牛能量单位 (NND/千克)	可消化粗蛋白质 (克/千克)
1—11—601	豆腐渣	广州,黄豆	10.1	3.1	0.05	0.03	2.10	0.29	20
1—11—602	豆腐渣	2省市4样平均值	11.0	3.3	0.05	0.03	2.27	0.31	21
1—11—032	粉渣	北京,绿豆粉渣	14.0	2.1	0.06	0.03	2.57	0.30	14
4—11—046	粉渣	河北石家庄,玉米粉渣	15.0	1.6	0.01	0.05	2.85	0.40	10
4—11—603	粉渣	上海,玉米淀粉渣	8.9	1.0	0.03	0.05	1.66	0.20	7
4—11—058	粉渣	玉米粉渣,6省7样平均值	15.0	1.8	0.02	0.02	2.79	0.39	12
1—11—044	粉渣	湖南,蚕豆粉渣	15.0	1.4	0.13	0.02	2.73	0.28	9
1—11—063	粉渣	云南南涧,蚕豆粉渣	15.0	2.2	0.07	0.01	2.78	0.26	14
1—11—048	粉渣	河南郑郊,豌豆粉渣	15.0	3.5	0.13	—	2.67	0.28	23
1—11—059	粉渣	重庆,豌豆粉渣	9.9	1.4	0.05	0.02	1.84	0.20	9
4—11—032	粉渣	福建南安,甘薯粉渣	15.0	0.3	—	—	2.59	0.36	2
1—11—040	粉渣	贵州,巴山豆粉渣	10.9	1.7	—	—	2.00	0.26	11
4—11—069	粉渣	马铃薯粉渣,3省3样平均值	15.0	1.0	0.06	0.04	2.63	0.29	7
4—11—073	粉浆	上海,玉米粉浆	2.0	0.3	—	0.01	0.41	0.06	2

编号	饲料名称	样品说明	原样中						
			干物质（%）	粗蛋白质（%）	钙（%）	磷（%）	总能量（兆焦/千克）	奶牛能量单位（NND/千克）	可消化粗蛋白质（克/千克）
5—11—083	酱油渣	巫庆,黄豆2份、麸1份	22.4	7.1	0.11	0.03	4.74	0.48	46
5—11—080	药汕渣	宁夏银川,豆饼3份、麸2份	24.3	7.1	0.11	0.03	5.48	0.66	46
5—11—103	酒糟	吉林,高粱酒糟	37.7	9.3	—	—	7.54	0.96	60
5—11—098	酒糟	江苏,米酒糟	20.3	6.0	—	—	4.43	0.57	39
4—11—096	酒糟	河南淮阳,甘薯干	35.0	5.7	1.14	0.10	5.41	0.53	37
1—11—093	酒糟	湖南,甘薯稻谷	35.0	2.8	0.22	0.12	4.97	0.17	18
4—11—113	酒糟	四川乐山,玉米加15%谷壳	35.0	6.4	0.09	0.07	6.92	0.70	
4—11—092	酒糟	贵州,玉米酒糟	21.0	4.0	—	—	4.26	0.43	26
4—11—604	木薯渣	广州,风干样	91.0	3.0	0.32	0.02	15.95	2.15	20
1—11—605	啤酒糟	上海	11.5	3.3	0.06	0.04	8.98	0.26	21
5—11—606	啤酒糟	哈尔滨	13.6	3.6	0.06	0.08	2.71	0.27	23
5—11—607	啤酒糟	2省市3样平均值	23.4	6.8	0.09	0.18	4.77	0.51	44
1—11—608	甜菜渣	北京	15.2	1.3	0.11	0.02	2.28	0.30	8
1—11—609	甜菜渣	黑龙江	8.4	0.9	0.08	0.05	1.35	0.16	6
1—11—610	甜菜渣	黑龙江	12.2	1.4	0.12	0.01	2.00	0.24	9
1—11—146	饴糖渣	内蒙	22.9	7.6	0.10	0.16	4.99	0.56	49
1—11—147	饴糖渣	四川双流,大米95%、大麦5%	22.6	7	0.01	0.04	4.54	0.51	45
1—11—148	饴糖渣	重庆,玉米	16.4	1.4	0.02	—	3.22	0.34	9
1—11—611	饴糖渣	朝南,麦芽糖渣	28.5	9.0	—	0.13	5.35	0.60	59

附表 2-12　矿物质饲料类

编号	饲料名称	样品说明	干物质 （%）	钙 （%）	磷 （%）
6—14—001	白云石	北京	—	20.16	0
6—14—002	蚌壳粉	东北	99.3	40.82	0
6—14—003	蚌壳粉	东北	99.8	46.46	—
6—14—004	蚌壳粉	安徽	85.7	23.51	—
6—14—006	贝壳粉	吉林榆树	98.9	32.93	0.03
6—14—007	贝壳粉	浙江舟山	98.6	34.76	0.02
6—14—015	蛋壳粉	湖南	91.2	29.33	0.14
6—14—016	蛋壳粉	四川	—	37.00	0.15
6—14—017	蛋壳粉	云南会泽	96.0	25.99	0.10
6—14—018	骨　粉	天津	94.5	31.26	14.17
6—14—021	骨　粉	浙江余杭、脱胶	95.2	36.39	16.37
6—14—022	骨　粉	河南南阳	91.0	31.82	13.39
6—14—027	骨　粉	云南昆明	93.4	29.23	13.13
6—14—030	蛎　粉	北京	99.6	39.23	0.23
6—14—032	磷酸钙	北京、脱氟		27.91	14.38
6—14—035	磷酸氢钙	云南、脱氟	99.8	21.85	8.64
6—14—035	马牙石	云南昆明	风干	38.38	0
6—14—038	石　粉	河南南阳、白色	97.1	39.49	—
6—14—039	石　粉	河南大理石、灰色	99.1	32.54	—
6—14—040	石　粉	广东	风干	42.21	微
6—14—041	石　粉	广东	风干	55.67	0.11
6—14—042	石　粉	云南昆明	92.1	33.98	0

编号	饲料名称	样品说明	干物质 (%)	钙 (%)	磷 (%)
6—14—044	石灰石	吉林	99.7	32.0	—
6—14—045	石灰石	吉林九台	99.9	24.48	—
6—14—046	碳酸钙	浙江湖州,轻质碳酸钙	99.1	35.19	0.14
6—14—048	蟹壳粉	上海	89.9	23.33	1.59

参考文献

1. 韩向敏. 奶牛营养与饲料[M]. 北京:中国农业大学出版社,2003

2. 佟建明. 饲料添加剂手册[M]. 北京:中国农业大学出版社,2003

3. 赵昌廷. 巧配牛羊饲料[M]. 北京:中国农业出版社,2006

4. 柳楠,牟永义. 牛羊饲料配制和使用技术[M]. 北京:中国农业出版社,2003

5. 周建民等译. 奶牛营养需要(美国国家委员会著,第六版)[M]. 北京:科学技术文献出版社,1992

6. 宋洛文等. 高产奶牛新技术[M]. 郑州:河南科学技术出版社,1999

7. 全国畜牧兽医总站. 奶牛营养需要和饲养标准[M]. 北京:中国农业大学出版社,2000

8. 高氏,卢德勋. 酶制剂在反刍动物中的应用[J]. 中国饲料,2004(20):5～7

9. 王楠,宋青龙,潘宝海等. 酶制剂在反刍动物中的作用机理及在奶牛中的应用[J]. 中国奶牛,2006(3):19～22

10. 刘德义,周玉传,陆水天等. 大豆异黄酮对奶牛产奶量和乳脂率及饲料转化率的影响[J]. 中国畜牧杂志,2004,40卷,(4):31～33

11. 冯强,王惠,段李浅等. 复合酶制剂对奶牛泌乳性能影响的试验报告[J]. 饲料工业,1996,17卷,(6):15～17

12. 孙海洋,陈旭东,张宏福. 复合酶制剂对奶牛产奶量影响的研究[J]. 粮食与饲料工业,2000(11):36

13. 张涛,胡跃高. 苜蓿产品在奶牛日粮中的应用[J]. 中国草食动物,2003,23(6):35～36

14. 韩建国,李志强等. 高产奶牛日粮中添加苜蓿干草提高产奶量的研究[A]. 现代草业科学进展—中国国际草业发展大会论文集[C]. 2002:24～28

15. 李胜利. 优质粗饲料——苜蓿干草和鲁梅克斯对奶牛产奶性能的影响[A]. 首届中国苜蓿发展大会论文集[C]. 2001:140～143

16. 刘建仁,胡跃高,陈越. 苜蓿替代乳牛日粮中部分粗饲料的效益评估[A]. 草与畜杂志,1996(4):13～14

17. 王运亨,张振山,何启军. 高产奶牛日粮中添加苜蓿干草提高产奶量的研究[A]. 现代草业科学进展—中国国际草业发展大会论文集[C],2002:208

18. 黄虎平. 苜蓿干草蛋白质营养特性[J]. 中国乳业,2003(9):19～21

19. 阎龙凤,李志强等. 苜蓿干草对奶牛的营养价值. 中国牧业通讯,2003,6月B版

20. 苗树君,李华,刘彦敏. 玉米秸秆微贮饲料饲喂奶牛的效果[J]. 黑龙江八一农垦大学学报,1999,11(3):15～18